財務報表分析理論與實務

洪潔・趙昆 著

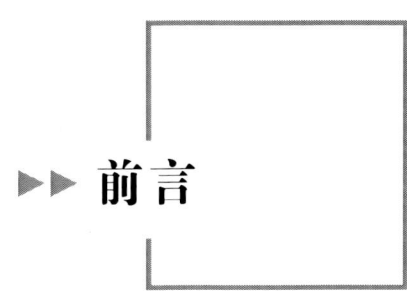

前言

　　財務報表分析課程一直是高等學校財務、會計專業能力學習模塊中的核心課程之一，具有很強的應用性。本教材是在編者多年教學探索的基礎上，參考和學習了國內外眾多優秀的相關著作和參考資料，吸收和借鑑了同行最新的相關成果，在強調對財務報表分析相關知識、方法的學習的同時，遵循「學做一體」「理實結合」「活學活用」的原則編寫的。本教材突出實務分析，致力於體現如下特色：

　　1. 幫助學習者完整認識財務報表，建立財務報表分析的基本框架

　　本教材側重幫助學習者正確認識財務報表的完整體系及報表間的關係，在此基礎上，幫助學習者掌握財務報表分析的基本方法、程序及分析思路。

　　2. 突出案例教學

　　本教材堅持案例與理論教學相結合，使學習者在學習理論的同時，能及時將分析方法、思路應用於案例分析。本教材包含大量的財務報表實例計算和案例分析，且所涉及的案例都是以近年來國內外真實的公司事件為背景編寫的，這使本教材具有很強的可讀性和實用性。

　　3. 具有知識的拓展性

　　本教材每章都設有學習目標及學習小結、主要概念、習題和案例分析題等內容，並附有參考答案，幫助學習者集中瞭解應該關注的知識點及學習要求；同時設計了大量有價值、生動有趣的相關連結資料來拓展學習者的知識面，這使得本教材在側重培養學習者分析能力的同時，又兼顧了對財務報表分析相關知識的探討。

　　4.「學做一體」

　　本教材強調實用性和可操作性，按照學習內容和要求，精心設計了相應的實訓內容，以指導學習者在學完每個單元後能將知識用來分析某一實際上市公司財務報表。通過實訓內容，學習者可以將理論教學內容、分析方法、思路等立即應用於對實際上

市公司的實踐分析。

為方便安排學習者動手實踐，提高動手能力和計算機軟件的使用技能，本教材同時提供了實訓中會用到的基於 Excel 的財務報表分析實訓使用模板，以連結的形式供學習者參考使用。

5. 注重提升學習者綜合運用財務知識的能力

本教材注重培養學習者分析和解決財務報表問題的基本能力，以提升學習者綜合運用財務知識的能力。這些能力主要包括：搜尋分析目標企業的財務報表分析信息源；根據給定的財務報表，運用財務報表分析的基本方法進行數據的初步加工、整理；運用財務相關知識對企業財務基本狀況、整體質量、資產質量、利潤質量和現金流的質量做出基本的評判；對給定的財務報表，通過分析提出一定的財務、管理方面的建議。

因此，本教材適用性較強，可作為高等學校本（專）科會計學、財務管理、審計、工商管理、金融學等專業開設的相應課程的教學用書，還可作為 MPAcc（專業會計碩士）、MBA（工商管理碩士）的參考用書，也可作為財務分析師、工商管理者、財務管理人員進行財務分析的工具書。

還需要特別說明的是，本教材編寫過程中採用了兩家實際上市公司（案例中的 A 公司與 B 公司）的財務報表數據，且以兩家公司財務報表為例貫穿始終。由於教材編寫時間較長，筆者在獲取 A、B 兩家公司財務數據時，兩家公司財務報表未按財政部 2019 年版財務報表格式要求編製，因此兩家公司財務報表與財政部 2019 年版財務報表在幾個項目上有所出入，但財務報表主要項目沒有差別；且考慮到本教材以介紹財務報表分析的原理、思路及方法為主，幾個財務報表項目的變化並不會影響教材編寫的主旨，因此對本教材中 A、B 兩家公司的財務報表格式，未按照 2019 年版財務報表格式進行調整。但本教材介紹了新版財務報表基本格式並加入了近年中國財務報表格式變化的說明，以提醒讀者注意。

本教材由洪潔教授、趙昆主編，書中各章執筆人員如下：第一章、第二章、各章實訓任務及財務報表分析實訓使用模板由洪潔教授編寫；第三章由週日海燕副教授編寫；第四章由劉新星編寫；第五章、第六章由吳潔編寫；第七章由韓瑋副教授編寫；平麗、陽麗娜參與了部分表格數據的校對；全書由洪潔教授統稿。

本教材在編寫過程中，得到了劉秀麗副教授及出版社的大力支持，在此表示感謝！ 同時在此謹向本教材借鑑、參考過相關成果的有關作者表示深深的謝意和敬意！

由於編者水準和時間有限，本教材難免存在不足，對此懇請各位專家、同行及時聯繫我們，不吝賜教，以便我們後續改進完善。

編者

▶▶ 內容提要

　　本教材是高等學校會計與財務管理專業系列教材之一。本教材介紹了財務報表析的基本概念、體系、分析方法和思路，重點介紹了基於比較分析法的資產負債表、利潤表、現金流量表的分析基礎及總體分析思路、方法；基於財務指標比率分析方法的財務報表分析方法；基於沃爾評分法及杜邦分析法的財務報表綜合分析法。本教材是在多年課程教學探索和實踐的基礎上，借鑑同行相關最新研究成果編寫的集理論與實務於一體的教材，可作為會計學、財務管理等專業的教材，也可作為廣大財會人員、工商管理人員的學習用書。

目錄

1 / 第一章　財務報表分析概論

學習目標 …………………………………………………………………… (1)

導入案例 …………………………………………………………………… (2)

第一節　財務報表分析概述 ………………………………………………… (2)

第二節　財務報表分析的相關信息基礎 …………………………………… (6)

第三節　影響財務報表數據的因素 ………………………………………… (16)

第四節　財務報表分析的程序與方法 ……………………………………… (19)

第五節　財務報表分析之外的話題 ………………………………………… (31)

本章小結 …………………………………………………………………… (33)

本章重要術語 ……………………………………………………………… (34)

習題・案例・實訓 ………………………………………………………… (34)

43 / 第二章　資產負債表分析

學習目標 …………………………………………………………………… (43)

導入案例 …………………………………………………………………… (44)

第一節　資產負債表原理 …………………………………………………… (44)

第二節　資產負債表分析的內容及思路 …………………………………… (55)

第三節　資產負債表總體分析實務 ………………………………………… (58)

第四節　資產負債表整體質量分析 ………………………………………… (77)

第五節　資產負債表重要具體項目分析實務 ……………………………… (89)

本章小結 …………………………………………………… （109）

本章重要術語 ……………………………………………… （110）

習題・案例・實訓 ………………………………………… （110）

121/ 第三章　利潤表分析

學習目標 …………………………………………………… （121）

導入案例 …………………………………………………… （122）

第一節　利潤表的原理 …………………………………… （122）

第二節　利潤表總體分析 ………………………………… （127）

第三節　利潤表具體項目分析 …………………………… （137）

第四節　利潤質量分析 …………………………………… （144）

本章小結 …………………………………………………… （157）

本章重要術語 ……………………………………………… （157）

習題・案例・實訓 ………………………………………… （157）

171/ 第四章　現金流量表分析

學習目標 …………………………………………………… （171）

導入案例 …………………………………………………… （172）

第一節　現金流量表概述 ………………………………… （172）

第二節　現金流量表總體分析 …………………………… （179）

第三節　現金流量表具體項目分析 ……………………… （187）

第四節　現金流量質量分析 ……………………………… （193）

本章小結 …………………………………………………… （201）

本章重要術語 ……………………………………………… （202）

習題・案例・實訓 ………………………………………… （202）

210/ 第五章　所有者權益變動表原理及再認識

學習目標 …………………………………………………… （210）

導入案例 …………………………………………………… （211）

第一節　所有者權益變動表概念及作用再認識 ………… （211）

第二節　所有者權益變動表分析原理 …………………… （212）

第三節　所有者權益分析 …………………………………（214）

　　本章小結 ……………………………………………………（217）

　　本章重要術語 ………………………………………………（217）

　　習題・案例・實訓 …………………………………………（217）

221/ 第六章　財務報表比率分析

　　學習目標 ……………………………………………………（221）

　　導入案例 ……………………………………………………（221）

　　第一節　財務報表比率指標體系 …………………………（222）

　　第二節　償債能力財務比率分析 …………………………（224）

　　第三節　盈利能力財務比率分析 …………………………（234）

　　第四節　營運能力財務比率分析 …………………………（242）

　　第五節　發展能力財務比率分析 …………………………（247）

　　本章小結 ……………………………………………………（253）

　　本章重要術語 ………………………………………………（253）

　　習題・案例・實訓 …………………………………………（254）

261/ 第七章　財務報表綜合分析

　　學習目標 ……………………………………………………（261）

　　導入案例 ……………………………………………………（262）

　　第一節　財務報表綜合分析概述 …………………………（262）

　　第二節　杜邦財務分析法及應用 …………………………（266）

　　第三節　沃爾評分法及應用 ………………………………（272）

　　第四節　經濟增加值評價體系及其應用 …………………（275）

　　本章小結 ……………………………………………………（278）

　　本章重要術語 ………………………………………………（279）

　　習題・案例・實訓 …………………………………………（279）

283/ 參考文獻

285/ 附錄　財務報表分析實訓使用模板（參考模板）

第一章 財務報表分析概論

財務報表是企業經營及競爭的財務歷史,而歷史的功用絕不只是過去事跡的記錄而已,它是未來的先行指標,它能發出訊號,預測未來的凶吉。財務報表利用「呈現事實」及「解釋變化」這兩種方式,不斷幫助決策者通過拆解會計數字來找出管理的問題。(臺灣大學管理學院會計系主任劉順仁教授)

財務報表是管理層和股東的橋樑,財務報表的宗旨是為股東或其他利益相關者(比如投資者或潛在投資者、政府部門、債權人、新聞媒體,甚至是任何對企業感興趣的人)提供一面「鏡子」,通過這面「鏡子」,股東或其他利益相關者能夠看到管理層的活動、企業的過去和現在,還能利用它來預測未來。

巴菲特說:「只有你願意花時間學習如何分析財務報表,才能獨立地選擇投資目標。」巴菲特喜歡看公司的財務報表,他認為對財務報表的分析是瞭解公司價值的根本途徑,也是企業經營分析的基礎和起點。

■學習目標

1. 瞭解財務報表對決策的重要性及財務報表分析的意義。
2. 理解企業內外部環境對財務報表數據的影響。
3. 掌握企業財務報告體系的組成及內容、財務報表分析的基本方法。
4. 熟悉財務報表分析信息源及相關信息的獲取途徑。

■ 導入案例

王先生是一位初涉股票市場的投資者，雖熟悉各種投資分析工具，但不太瞭解公司的財務信息。王先生看好一家藥品類公司，準備將其納入他的投資組合中。他需要知道該公司及其所處行業的整體盈利水準和發展潛力，因此他查閱了該公司公開披露的年報。他發現：在資產負債表中，該公司的資產過億，但其中的應收帳款金額很大，無形資產所占比例很大；公司負債水準也很高；年度利潤表中，該公司營業利潤很高但淨利潤為負；年度現金流量表中，該公司現金及現金等價物淨增加額為負。他很不理解，無法做出是否購買該公司股票的決定。

第一節　財務報表分析概述

一、財務報表分析的含義

（一）財務報表分析的概念

財務報表分析就是從財務報表數據及相關信息中獲取符合財務信息需求主體分析目的的信息，運用一定的方法和手段，對財務報表及相關資料提供的數據進行系統和深入的分析研究，揭示有關指標之間的關係及變化趨勢，以便對企業的財務活動和有關經濟活動做出評價和預測，從而為報表使用者進行相關經濟決策提供直接、相關的信息，給予具體、有效的幫助。這些財務信息需求主體主要包括股權投資者、債權投資者、經營管理者和其他關心企業的組織或個人，也稱財務報表分析主體。

財務報表分析的對象是企業的各項經營活動，企業的各項經營活動最終都會體現在財務報表中。但是單純的財務報表上的數據還不能直接或全面地說明企業的財務狀況，特別是不能說明企業經營狀況的好壞和經營成果的大小，我們只有將企業的財務報表數據與有關的數據進行比較才能掌握企業財務狀況。

（二）財務報表分析的特點

1. 財務報表分析是一個「分析研究過程」，而非計算過程

財務報表分析，不是報表計算，重點在分析。它是基於財務數據，通過分析數據，並基於分析數據給出認識與結論的過程。在這個過程中，我們不光要看財務報表的數字，也要計算，還要發揮推理想像能力，看到數字背後隱藏的原因、財務後果，這樣才能對公司的過去、現在和未來做出評價。

2. 財務報表分析既有分析也有綜合

財務報表分析的起點是閱讀財務報表，終點是做出某種判斷（包括評價和找出問題），為財務信息需求主體的決策服務。中間的財務報表分析過程，由比較、分類、類比、歸納、演繹、分析和綜合等認識事物的步驟和方法組成。其中分析與綜合是兩種最基本的邏輯思維方法，財務報表分析的過程也可以說是分析與綜合的統一。

3. 財務報表分析有廣義和狹義之分

狹義的財務報表分析，是以企業財務報表為主要依據，有重點、有針對性地對有關項目及其質量加以分析和考察，並對企業的財務狀況、經營結果進行評價和剖析，以反應企業在營運過程中的戰略執行、決策管理及發展趨勢，為報表使用者的經濟決策提供重要信息支持的一種分析活動。廣義的財務報表分析，在此基礎上還包括公司概況分析、企業優勢分析（地域、資源、政策、行業、人才、管理等）、企業戰略分析、金融市場分析及發展前景分析等。廣義的財務報表分析所依據的分析信息來源不只以企業的財務報表為主，還包括企業的財務報告、年度報告、內部管理報告、行業分析、市場分析等信息。

二、財務報表分析的主體及其目的

企業財務報表分析的主體即企業財務信息需求主體，包括股權投資者、債權投資者、經營管理者和其他關心企業的組織或個人。企業財務信息需求主體與現代企業制度下的多元產權主體密切相關，但不局限於企業的產權主體。在多元制產權主體的所有制形式下，不同的產權主體擁有不同的產權利益，這就造成他們分析的側重點不同。

1. 股權投資者

企業的股權投資者包括企業的現有投資者和潛在投資者，他們進行財務分析的最根本目的是考察企業的盈利能力，因為盈利能力是投資者資本保值和增值的關鍵。但是投資者僅關心盈利能力是不夠的，為了確保資本保值增值，他們還應研究企業的風險水準、經營效率、發展能力。只有投資者認為企業有著良好的發展前景，企業的現有投資者才會保持或增加投資，潛在投資者才會把資金投向該企業；否則，企業現有投資者將會盡可能地拋售股權，潛在投資者將會轉向其他企業投資。另外，對企業現有投資者而言，財務報表分析也能評價企業經營者的經營業績，發現經營過程中存在的問題，從而通過行使股東權利，為企業未來發展指明方向。因此，股權投資者進行財務報表分析的目的是評估企業的盈利能力、風險水準、經營效率和發展能力。

2. 債權投資者

企業債權投資者包括為企業提供借款的銀行和一些金融機構，以及購買企業債券的單位與個人等。債權投資者不能參與企業管理，只擁有按期收回債權本金及利息的權利。作為企業債權的所有者，他們十分關注持有債權的安全性和收益性，而收益的大小又與其承擔的風險程度相適應，通常償還期越長，風險越大。債權的安全性首先取決於債務人的經營狀況和信譽程度，其次取決於借貸市場利率的變化；債權的收益性取決於債務人的盈利能力。因此，債權人進行財務報表分析的目的是評估企業的償債能力、信譽程度、盈利能力和經營狀況。

3. 企業經營者和管理者

企業經營者和管理者是企業內部財務分析的主體，包括董事會、監事會、經理人員。經理人員是指被所有者聘用的、對公司資產和負債進行管理的個人組成的團體，有時稱之為「管理當局」。經理人員關心公司的財務狀況、盈利能力和持續發展的能力。經理人員可以獲取外部使用人無法得到的內部信息。他們分析報表的主要目的是改善報表。企業經營者主要指企業的經理以及各分廠、部門、車間等的管理人員，經營者受所有者所托對企業的生產經營活動進行管理，其受託責任要求其實現企業財務

目標，追求經濟效益最大化。從對企業所有者負責的角度，他們首先關心盈利能力，這是他們的總體目標。此外他們還關心盈利的原因及過程，如資產結構分析、營運狀況與效率分析、經營風險與財務風險分析、支付能力與償債能力分析等。通過此類分析，他們可及時發現生產經營中存在的問題與不足，從而採取有效措施解決這些問題，使企業盈利水準保持持續增長。因此，經營者分析財務報表的目的是評估企業的償債能力、資金營運能力和盈利能力的合理性、有效性和趨勢性。

4. 公司員工

公司員工不僅關心公司目前的經營狀況和盈利能力，而且關心公司未來的發展前景，並期待在企業經營狀況改善的情況下得到更多的薪水。通過財務報表分析，公司員工可以瞭解工資、獎金狀況，公司的福利保障程度，員工持股計劃的執行和分配狀況等。

5. 政府部門

政府部門使用財務報表主要是為了履行自己的監督管理職責。對企業負有監督職責的政府部門主要包括財政、稅務、工商、審計、國資、社保、證監會等部門，它們主要通過定期瞭解和檢查企業的財務信息，把握和判斷企業是否依法經營、依法納稅，維護正常、公平的市場秩序，保證國家經濟政策、法規和有關制度的有效執行。

6. 其他利益相關者

公司的其他利益相關者可能包括業務往來相關單位，如客戶、供貨商、顧客、仲介機構、社會公眾、競爭對手等。他們更多關心的是公司的信用狀況。通過財務報表分析，業務單位可以判斷公司的商業信用和財務信用，顧客則通過分析公司的整體信用借以判斷公司的產品質量。

註冊會計師通過財務報表分析可以確定審計的重點，對異常項目實施更細緻的審計程序。註冊金融分析師利用報表分析的專業能力為投資者提供專業的諮詢服務。經濟學家也結合財務報表分析來解釋和研究經濟現象和經濟問題。

三、財務報表分析的內容

財務報表分析的內容主要是揭示和反應企業開展生產經營活動的過程和結果，包括企業籌資活動、投資活動、經營活動或財務活動的效率等方面。因此，財務報表閱讀和分析的內容如下。

（一）財務報表分析

財務報表提供了最重要的財務信息，但是財務報表分析並不是直接使用報表上的數據計算一些比率指標得出結論，而是先盡力閱讀財務報表及其附註，明確每個項目數據的含義和編製過程，掌握報表數據的特徵和結構。

從應用角度上講，財務報表分析可分為以下三個部分：

1. 財務報表的結構分析

財務報表的結構分析是指對報表各項內容之間的相互關係的分析。通過結構分析，我們可以瞭解企業財務狀況的組成、利潤的形成以及現金流量的來源，深入探究企業財務結構，有利於更準確地評價企業的財務能力及財務質量。例如，通過觀察流動資產在總資產中的比重，可以明確企業當前是否面臨較大的流動風險，是否對長期資產投入過少，是否影響了資產整體的盈利能力，等等。

2. 財務報表的趨勢分析

在取得多期財務報表的情況下，可以進行趨勢分析。趨勢分析是依據企業連續多期的財務報表，以某一年或某一期間（作為基期）的數據為基礎，計算各期各項目相對於基期同一項目的變動狀況，觀察該項目數據的變化趨勢，揭示各期企業經濟行為的性質和發展方向。

3. 財務報表的質量分析

企業披露的最主要的財務報表包括資產負債表、利潤表、現金流量表、所有者權益變動表，涵蓋了6個會計要素和現金流量狀況。對於財務報表的質量，張新民教授（2001）將財務狀況質量的概念界定為：企業財務狀況（局部或整體）質量是按照帳面金額進行運轉（如資產）或分配（如利潤）的質量。這就是說，企業財務狀況質量指的是財務報表中所體現出來的企業基本運行狀況的質量。他認為：「財務報表質量分析就是對財務狀況質量、經營成果質量和現金流量表質量進行分析，至於財務質量，則可以做更加廣泛的理解：既可以將其理解為財務狀況質量，也可以將其理解為包括財務狀況質量和財務管理質量等內容。如果對財務質量做較為狹義的理解，則專指財務狀況質量。」

在本書中，我們採用張新民教授的觀點，對財務質量和財務狀況質量不加以嚴格區分，視為同一概念。為簡化表達，將財務狀況質量簡單表達為財務質量，企業財務質量分析就是對企業財務狀況質量的分析。財務狀況是體現在基本財務報表上的，因此，對基本財務報表要素及其相互關係的質量分析，就是對企業財務質量的分析。

按照現行會計準則，中國企業的基本財務報表包括資產負債表、利潤表、現金流量表和所有者權益變動表。其中，所有者權益變動表主要涉及股東入資、利潤累積和利潤分配等內容。所有者權益變動表所包含的質量分析內容可以體現在資產質量分析、利潤質量分析和現金流量質量分析中。因此，本書將資產負債表、利潤表、現金流量表三張報表作為主要研究對象，並遵循「資產創造利潤，利潤帶來現金流量」這一基本邏輯關係，分別就資產質量分析、利潤質量分析、資本結構質量分析和現金流量質量分析等內容展開研究。

（二）財務比率分析

財務比率是在對財務報表進行解讀並熟悉企業財務報表所揭示的基本信息的基礎上，根據表內或者表間的各項目之間存在的相互關係，計算出的一系列反應企業財務能力的指標。財務比率分析是財務報表閱讀與分析的核心內容，根據計算出的各項指標，財務比率分析主要包括以下四個部分：

1. 償債能力分析

償債能力是關係企業財務風險的重要內容，企業使用負債融資，可以獲得財務槓桿收益，提高淨資產收益率，但同時也會加大企業財務風險。如果企業陷入財務危機，不能償還到期債務，企業相關利益人會受到損害，所以人們應當關注企業的償債能力。企業的償債能力分為短期償債能力和長期償債能力，對兩種償債能力的關注點不同。企業償債能力不僅與償債結構有關，還與企業未來收益能力聯繫緊密，所以在分析時應結合企業其他方面的能力一起分析。

2. 盈利能力分析

企業盈利能力也叫獲利能力，是企業賺取利潤的能力。首先，利潤的大小直接關

係企業所有相關利益人的利益，企業存在的目的就是最大限度地獲取利潤，所以，盈利能力分析是企業財務分析中最重要的一項內容。其次，盈利能力還是評估企業價值的基礎，企業價值的大小取決於企業未來獲取利潤的能力。最後，企業盈利能力指標還可以用於評價企業內部管理層的業績。在盈利能力分析中，應當明確企業盈利的主要來源和結構、盈利能力的影響因素、盈利能力的未來可持續狀況。

3. 營運能力分析

企業營運能力主要指企業資產運用、循環效率的高低。如果企業資產運用效率高、循環快，則企業能夠以較少的投入獲取較多的收益，減少資金的占用和積壓。營運能力分析不僅關係企業的盈利水準，還反應企業的生產經營、市場營銷等方面的情況。通過營運能力分析，經營者可以發現企業資產利用效率的不足，挖掘資產潛力。營運能力分析包括營運能力分析和總資產營運能力分析兩部分。

4. 發展能力分析

企業發展的內涵是企業價值的增長，是企業通過自身的生產經營，不斷擴大累積而形成的發展潛能。企業發展不僅僅是規模的擴大，更重要的是企業收益能力的提升，即淨收益的增長。同時企業發展能力受到企業經營能力、制度環境、人力資源、分配制度等諸多因素的影響，所以在分析企業發展能力時，還需要預測這些因素對企業發展的影響程度，將其變為可量化的指標進行表示。總之，對企業發展能力的評價是一個全方位、多角度的評價過程。

（三）財務綜合分析

在對企業各個方面進行深入分析的基礎上，最後應當給企業相關利益人提供一個總體的評價結果，否則僅僅憑藉某一方面的優劣狀況難以評價一個企業的總體狀況。財務綜合分析就是解釋各種財務能力之間的相互關係，得出企業整體財務狀況及效果的結論，說明企業總體目標事項的情況。財務綜合分析採用的具體方法有杜邦財務體系法、沃爾評分法等方法。

（四）業績評價

財務報表分析的目的除了分析現在的財務狀況、預測未來的發展趨勢外，更重要的目的在於評價過去的經營業績。企業業績評價就是按照企業目標設計相應的評價指標體系，根據特定的評價標準，採用特定的評價方法，對企業一定經營期間的經營業績做出客觀、公正和準確的綜合判斷。業績評價是以財務信息為主體進行的，財務報表是財務信息的載體，業績評價是財務報表分析的主要目的。

第二節　財務報表分析的相關信息基礎

一、財務報表與財務報告

財務報表是會計信息的主要載體，是對企業財務狀況、經營成果和現金流量的結構性表述，是對企業各種經濟活動財務後果的綜合性反應。它是根據企業會計帳簿記錄，按照規定的報表格式，總括反應一定期間的經濟活動和財務收支情況及其結果的一種報告文件，由基本財務報表和其他財務報表組成。目前世界各國的基本財務報表

一般包括資產負債表、利潤表、現金流量表和所有者（股東）權益變動表，它們從不同的角度說明公司、企業的財務狀況、經營業績和現金流量等情況。其他財務報表主要是用於補充說明基本財務報表信息的文件，如資產減值準備明細表等。

財務報告是企業對外提供的反應某一特定日期的財務狀況和某一會計期間經營成果、現金流量等會計信息的一系列報告文件，財務報告包括財務報表和其他應當在財務報告中披露的相關信息和資料。基本財務報表是財務報告的主要組成部分，一套完整的財務報告至少應當包括「四表一註」，即資產負債表、利潤表、現金流量表、所有者（股東）權益變動表和附註。企業的交易和事項最終通過財務報表進行列示，通過附註進行披露。

「財務報告」概念的內涵比「財務報表」大，財務報告包括財務報表以及其他應當在財務報告中披露的相關信息和資料，如報表附註和審計報告等。財務報告能提供許多信息使用者需要的非報表中的財務信息，圖1-1和圖1-2以上市公司年度財務報告為例，展示了基本財務報表、財務報告、年度報告的關係。

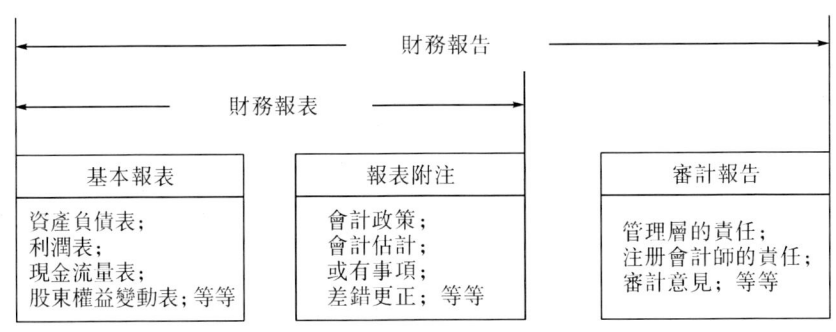

圖1-1　基本財務報表與財務報告的關係

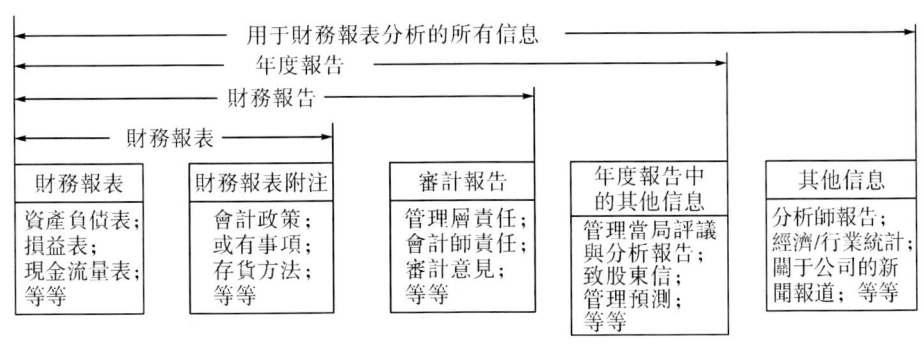

圖1-2　財務報表與年度報告的關係

連結1-1　　　　　　　　　　上市公司財務報告體系

以上市公司為例，年度報告體系一般包括三個方面的內容：審計報告、財務報表和公司當年重要會議及重要事項說明。其中，審計報告是由會計師事務所對上市公司財務報表的真實性給出的鑒定意見；財務報表附註是對在資產負債表、利潤表、所有者權益變動表和現金流量表等報表中列示項目所做的進一步說明及對未能在這些報表中列示項目的補充和說明等。

財務報表附註是為幫助理解財務報表的內容而對報表的有關事項等所做的解釋，其內容主要包括所採用的主要會計處理方法，會計處理方法的變更情況、變更原因及對財務狀況和經營成果的影響，對非經營性項目的說明，財務報表中有關重要項目的明細資料，以及其他有助於理解和分析報表需要說明的事項。財務信息主要是由基本財務報表提供的，但審計報告、財務報表附註和公司當年重要會議及重要事項說明也是補充提供財務信息與非財務信息的重要手段。財務報表連同它的附註是財務報告的核心，而審計報告、公司當年重要會議及重要事項說明則是必要的補充。財務報表是上市公司年報的核心。上市公司公布上一年度年報的時間是每年的1月1日至4月30日。每家上市公司公布兩個版本的年報，即年報正文和年報正文摘要。年報正文摘要是年報正文的「簡裝版」。年報摘要雖然內容精煉，但也將一些有價值的信息刪除了，特別是財務報表附註部分。因此，財務報表使用者最好養成閱讀與分析年報正文的良好習慣。在年報正文中，比較重要的非財務信息主要反應在「董事會報告」中的「管理層討論與分析」部分中，該部分主要包括八項內容：整體經營情況的回顧與分析；公司存在的主要優勢和困難；報告期內主營業務及其經營情況；報告期內資產同比發生重大變動的說明；報告期內主要財務數據同比發生重大變動的說明；報告期內公司現金流量構成情況、同比發生重大變化的情況與淨利潤存在重大差異的原因說明；參股公司的經營情況及業績說明；公司技術創新、安全環保、節能減排情況。

值得注意的是，繼2008年5月22日財政部會同證監會、審計署、銀監會、保監會發布《企業內部控制基本規範》之後，2010年4月26日又發布了《企業內部控制配套指引》。該配套指引包括《企業內部控制應用指引》《企業內部控制評價指引》和《企業內部控制審計指引》。《企業內部控制基本規範》和《企業內部控制配套指引》的發布標誌著中國企業內部控制規範體系基本形成。內部控制已在中國廣泛實施，內部控制規範體系要求上市公司在對外報送的年度報告中公開披露企業內部控制報告，企業內部控制報告為企業在財務報告的編製、公布方面提供了規範管控措施，為減少財務報告的失真提供了有力保證，同時也為報表使用者進行報表分析提供了較為真實的數據資料。

二、財務報表分析的信息基礎

財務報表分析的信息基礎是指進行財務報表分析的依據，包括數據、報表、信息等，這些信息基礎對於保證財務報表分析工作的順利進行、提高財務報表分析的質量與效果都有著重要的作用。

財務報表分析最核心的信息基礎主要是對外發布的基本財務報表，但基本財務報表絕對不是財務報表分析唯一的信息來源，與財務報表有關的數據及信息都是財務報表分析的基礎和依據。財務報表分析的有關信息基礎可以按照信息提供的主體分為內部信息基礎及外部信息基礎。

（一）內部信息基礎

這些內部信息是由分析主體即企業按國家法律、法規對外部信息需求主體提供的反應其本身經營活動的財務信息，包括基本財務報表、附表、報表附註以及企業年度報告中的董事會報告、管理層分析報告和重要事項等。

1. 基本財務報表

一般而言，基本財務報表是對企業財務狀況、經營成果和現金流量的結構性表述。從基本財務報表的發展、演變過程來看，世界各國的報表體系逐漸趨於形式上的一致。目前，世界各國的企業基本財務報表一般包括資產負債表、利潤表、現金流量表和所有者權益變動表。基本財務報表是財務報表分析的基本素材。

目前企業財務報表分析涉及的財務報表，主要是指財務會計報表。財務會計是一種對外會計，又稱監管會計或者法律會計，是會計主體依據法定會計準則對所發生的財務活動或經濟活動進行確認、計量、記錄和報告後，對外部提供的反應財務狀況和經營情況的會計報表。這裡提到的財務會計報表，也可以簡稱為財務報表。

（1）資產負債表。

資產負債表是基本財務報表之一，是以「資產＝負債＋所有者權益」會計等式為平衡關係，反應企業在某一特定日期的財務狀況的報表。它揭示企業在某一特定日期所擁有或控制的經濟資源、所承擔的現時義務和所有者享有的剩餘權益。

連結 1-2　　　　　　資產負債表三要素及會計恒等式

（1）資產是企業因過去的交易或事項所形成的並由企業擁有或控制，能以貨幣計量，預期會給企業帶來未來經濟利益的流入。

資產具有如下特徵：

①資產是由過去的交易所獲得的。企業所能利用的經濟資源能否被列為資產，標誌之一就是其是否由已發生的交易所引起。

②資產應能為企業所實際擁有或控制。在這裡，「擁有」是指企業擁有資產的所有權；「控制」則是指企業雖然沒有某些資產的所有權，但實際上可以對其自由支配和使用，如融資租入的固定資產。

③資產必須能以貨幣計量。這就是說，會計報表上列示的資產並不是企業所擁有的全部資源，只有能用貨幣計量的資源才會在報表中列示。對企業的某些資源，如人力資源等，由於無法用貨幣計量，目前的會計實務並不在會計系統中對其加以處理。

④資產應能為企業帶來未來經濟利益。在這裡，所謂未來經濟利益是指直接或間接地為未來的現金淨流入做出貢獻的能力。這種貢獻，可以是直接增加未來的現金流入，也可以是因耗用（如材料存貨）或提供經濟效用（如對各種非流動資產的使用）而節約的未來的現金流出。

一般而言，資產按其變現能力的大小，可分為流動資產和非流動資產兩大類。

關於各項資產的具體含義與包含的內容等，我們將在以後對資產負債表的討論中予以詳細介紹。

（2）負債是指企業由過去的交易或者事項形成的，預期會導致經濟利益流出企業的現時義務。負債具有如下基本特徵：

①與資產一樣，負債應由企業過去的交易或者事項引起。

②負債必須在未來某個時點（且通常有確切的受款人和償付日期）通過轉讓資產或提供勞務來清償，即預期會導致經濟利益流出企業。

③負債應是金額能夠可靠地計量的債務責任。

一般而言，負債按償還期的長短，可分為流動負債和非流動負債兩大類。至於負

債的具體內容，也留待以後加以介紹。

（3）所有者權益是指企業資產扣除負債後由所有者享有的剩餘權益，公司的所有者權益又稱為股東權益。所有者權益的來源有企業投資者對企業的投入資本、直接計入所有者權益的利得和損失、留存收益等。具體項目包括實收資本（股本）、資本公積、盈餘公積和未分配利潤等。

（4）會計恒等式「資產＝負債＋所有者權益」。

（2）利潤表。

利潤表是反應企業某一會計期間財務成果的報表。它可以提供企業在月度、季度或年度內淨利潤或虧損的形成情況。利潤表各項目間的關係可以由「收入－費用＝利潤」來概括。與資產負債表不同，利潤表是一種動態的時期報表，它全面揭示並總括地反應了企業在某一特定時期（月、季、年）實現的收入、產生的成本費用以及由此計算出來的企業實現利潤或發生虧損的情況，是反應企業一定期間內經營成果的會計報表。

連結 1-3　　　　　　　　利潤表三要素及會計等式

收入是指企業在日常活動中形成的、會導致所有者權益增加的、與所有者投入資本無關的經濟利益的總流入。收入只有在經濟利益很可能流入從而導致企業資產增加或者負債減少，且經濟利益的流入額能夠可靠計量時才予以確認。收入不包括為第三方或者客戶代收的款項。

費用是指企業在日常活動中發生的、會導致所有者權益減少的、與向所有者分配利潤無關的經濟利益的總流出。應該指出的是，不同類型的企業，其費用構成不盡相同。對製造業企業而言，按照是否構成產品成本，費用可劃分為生產費用和期間費用。

生產費用是指與生產產品有關的各種費用，包括直接材料費用、直接人工費用和間接製造費用。一般而言，在製造過程中發生的上述費用應通過有關成本計算方法，歸集、分配到各成本計算對象。各成本計算對象的成本將從有關產品的銷售收入中得到補償。

期間費用是指那些與產品的生產無直接關係、與某一時期相聯繫的費用。對製造業企業而言，期間費用包括管理費用、銷售費用和財務費用等。

此外，在企業的費用中，還有一項所得稅費用。在會計利潤與應稅利潤沒有差異的條件下，所得稅費用是指企業按照當期應稅利潤與適用稅率確定的應繳納的所得稅支出。

利潤的會計恒等式是「收入－費用＝利潤」。

（3）現金流量表。

現金流量表是反應企業在一定會計期間內現金流入與現金流出情況的報表。

需要說明的是，現金流量表中的「現金」概念，指的是貨幣資金（庫存現金、銀行存款、其他貨幣資金等）和現金等價物（企業持有的期限短、流動性強、易於轉換為已知金額現金、價值變動風險很小的投資）。

（4）所有者（股東）權益變動表。

所有者（股東）權益變動表是反應構成所有者權益的各個組成部分當期增減變動

情況的報表。它是中國 2006 年頒布的《企業會計準則》中新增加的報表。

　　值得注意的是，所有的財務報表都是為了描述企業的經濟活動而制定的，四張報表有機地構成了一個整體，同時它們又各自承擔著不同的作用，並且各個財務報表並不是孤立存在的，它們之間存在著一定的聯繫。當我們在做不同決策的時候，我們最關注的會計信息，可能來自不同的報表。進行財務報表分析時，如果不考慮財務報表之間的聯繫，則可能造成分析的片面性，最終影響分析結果的準確性與說服力。

連結 1-4　　　　　　　　　財務報表間的關係

　1. 財務報表之間關係的整體描述

　　財務報表可以在某一時點或一段時間內聯繫在一起。資產負債表是存量報表，它報告的是在某一時點上的價值存量。利潤表、現金流量表和所有者權益變動表是流量報表，它們度量的是流量，或者說是兩個時點的存量變化。

　2. 不同財務報表之間的具體關係

　(1) 資產負債表與利潤表的關係。

　　資產負債表與利潤表的關係主要體現在：如果企業實現盈利，首先需要按《中華人民共和國公司法》規定提取盈餘公積，這樣會導致資產負債表盈餘公積期末餘額增加；其次，如果企業進行利潤分配，那麼在實際發放股利（利潤）之前，資產負債表應付股利期末餘額會相應增加；最後，如果淨利潤還有剩餘，則反應在資產負債表的未分配利潤項目當中，未分配利潤實際上就是資產負債表和利潤表之間產生聯繫的一個最直接的橋樑。因此，利潤表的淨利潤項目分別與資產負債表中的盈餘公積、應付股利和未分配利潤項目具有一定的對應關係。

　(2) 資產負債表與現金流量表的關係。

　　在不考慮交易性金融資產、受限制使用的貨幣資金的前提下，現金流量表中的現金及現金等價物淨增加額會等於資產負債表中的貨幣資金期末餘額與期初餘額兩者之間的差額。

　(3) 資產負債表與所有者（股東）權益變動表的關係。

　　資產負債表與所有者（股東）權益變動表的關係主要表現為：資產負債表所有者權益項目的期末餘額與期初餘額之間的差額，應該與所有者權益變動表中的所有者權益增減變動金額相一致。

　(4) 利潤表與現金流量表的關係。

　　利潤表所反應的利潤是由會計人員遵循權責發生制，將企業在一定時期所實現的收入及其利得減去為實現這些收入和利得所發生的費用與損失而得來的。現金流量表則是遵循收付實現制，將一定期間收付實現制下的收入與收付實現制下的成本、費用相減後的成果，因此兩張表是從不同的角度度量、報告企業一定時期的經營成果，二者之間存在一定聯繫，這種聯繫主要反應在現金流量表的附表中。具體來說，若將利潤表中的淨利潤調節成經營活動產生的現金流量淨額，實際上就是將按權責發生制原則確定的淨利潤調整為現金淨流入，並剔除投資活動和籌資活動對現金流量的影響額。

　(5) 利潤表與所有者（股東）權益變動表的關係。

　　利潤表與所有者權益變動表之間的關係主要表現為：利潤表中的淨利潤、歸屬於母公司所有者的淨利潤、少數股東損益等項目的金額，應與所有者權益變動表中的本

年淨利潤、歸屬於母公司所有者的淨利潤、少數股東損益等項目的金額一致。也就是說，淨利潤是股東權益本年增減變動的原因之一。

綜上所述，主要財務報表之間的關係如圖 1-3 所示。

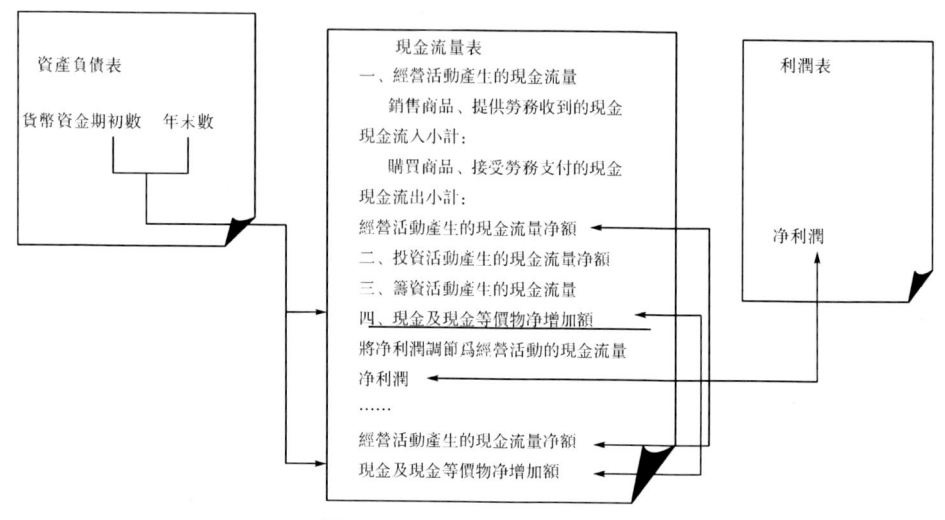

圖 1-3　主要財務報表間的關係

2. 附註

附註是對資產負債表、利潤表、現金流量表和所有者（股東）權益變動表等報表中列示項目的文字描述或明細資料，以及對未能在這些報表中列示的項目的說明等。附註是財務報表不可缺少的組成部分。報表的附註提供會計報表信息生成的依據，並提供無法在報表上列示的定性信息和定量信息，從而使得報表中數據的信息更加完整，為財務分析奠定良好的信息基礎。附註可以幫助報表使用者更加全面準確地瞭解企業的財務狀況、經營成果和現金流量。附註一般應當按照下列順序披露：

（1）財務報表的編製基礎。

（2）遵循《企業會計準則》的聲明。

（3）重要會計政策的說明，包括財務報表項目的計量基礎和會計政策的確定依據等。

（4）重要會計估計的說明，包括下一會計期間內很可能導致資產、負債帳面價值重大調整的會計估計的確定依據等。

（5）會計政策和會計估計變更以及差錯更正的說明。

（6）對已在資產負債表、利潤表、現金流量表和所有者權益變動表中列示的重要項目的進一步說明，包括終止經營稅後利潤的金額及其構成情況等。

（7）或有和承諾事項、資產負債表日後非調整事項、關聯方關係及其交易等需要說明的事項。

企業還應當在附註中披露在資產負債表日後、財務報告批准報出日前提議或宣布發放的股利總額和每股股利金額（向投資者分配的利潤總額）。

此外，下列各項未在與財務報表一起公布的其他信息中披露的，企業應當在附註中披露：

(1) 企業註冊地、組織形式和總部地址。
(2) 企業的業務性質和主要經營活動。
(3) 母公司以及集團最終母公司的名稱。

連結 1-5　　　　　　　　　藍田股份存貨結構質疑

　　藍田股份財務舞弊案人盡皆知，但是可能還有很多人不知道藍田股份的曝光是與中央財經大學財經研究所的一名研究員的研究密切相關的。她叫劉某某，因為「藍田事件」，她生平第一次遭到起訴，第一次遭到死亡威脅，第一次打 110 報警電話；也正因為「藍田事件」，她於 2002 年成為 CCTV 中國經濟年度人物。其中，劉某某成功運用了結構分析法，將藍田股份造假疑點鎖定在「存貨」項目上。具體分析情況如下：藍田股份 2000 年 12 月 31 日的存貨是 279,344,857.29 元。根據其會計報表附註，存貨的明細資料如表 1-1 所示。

表 1-1　藍田股份存貨明細

項目	期初		期末	
	金額/元	百分比/%	金額/元	百分比/%
原材料	10,730,985.16	4.06	13,875,667.01	4.97
庫存商品	1,064,540.82	0.4	44,460.85	0.02
低值易耗品	183,295.90	0.07	2,598,373.02	0.93
產成品	40,215,082.73	15.2	9,203,332.90	3.29
在產品	212,298,168.51	80.27	229,742,603.02	82.24
其他	2,769.70	0	23,880,420.49	8.55
合計	264,494,842.80	100	279,344,857.29	100

　　從表 1-1 中可以看出，藍田股份 2000 年期末存貨中在產品達 2 億多元，所占比重高達 80%，而藍田股份的主營產品是農副產品和飲料。這種存貨不易於保存，一旦產品滯銷或腐爛變質就會帶來巨大損失。與同行業比較，不難發現其在產品占存貨的百分比高於同業平均值 1 倍，在產品絕對值高於同業平均值 3 倍。基於此，劉某某指出，藍田股份的存貨及其結構應該是調查的重點，存貨很可能存在虛假成分。

3. 審計信息

　　註冊會計師審計報告是委託註冊會計師，根據獨立審計原則的要求，對對外編報的財務報告的合法性、公允性和一貫性做出的獨立鑒證報告。借助它，財務報表分析主體可以對財務報表的可信度進行判斷。審計報告主要包括不附加條件的審計報告、附加條件的審計報告、否定意見的審計報告、無法發表意見的審計報告。

4. 年度報告、半年報告、季度報告

　　對於上市公司而言，進行財務報表分析的信息基礎離不開比較重要的非財務信息，這些非財務信息主要反應在公司的年度報告、半年報告、季度報告中。其中，年度報告是上市公司披露信息的主要方式之一，裡面包括最重要、最全面的信息。對於中國目前的上市公司而言，每年公司的年度財務報告是與公司的年度報告一起在每年 4 月 30 日前公開披露的，公開披露的年度報告信息也可以對該公司的財務報告起到補充說明作用，這些年度報告信息除財務報告外，還包括董事會報告、管理層分析報告和重

要事項等。年度報告又比財務報告所提供的信息的範圍更廣。它可以為報表分析者提供與企業相關的財務與非財務信息，這些信息在很大程度上會影響企業財務報表的形成。

連結 1-6　　　　　　　　上市公司年度報告的基本架構

瞭解上市公司年度報告的基本架構是我們認識年度報告的基礎，只有掌握了報告的基本架構，我們才能快捷地獲取所需要的信息。近年來，上市公司年度報告從形式上、內容上都有了較大的改變，上市公司披露的信息越來越多，投資者可從中擷取的有用信息也越來越多。但是，一般的投資者往往不太注重上市公司年度報告的基本結構，只注重財務報告揭示的一些基本數據，對其他一些非財務性的信息或其他部分披露的財務信息未加以重視，結果造成對企業的判斷有失偏頗。目前上市公司年度報告的基本結構一般如下：

（1）公司簡況。它主要是公司名稱、註冊地、法人代表、聯繫方式、股票代碼等。

（2）會計數據和業務數據摘要。它列示了主營業務收入、淨利潤、總資產、所有者權益、每股收益、每股淨資產、淨資產收益率等重要會計數據，旨在使投資者對公司經營現狀有一個初步的瞭解，但投資者不能僅僅局限於用這樣幾個指標對公司做出判斷，而應結合其他幾個部分披露的信息來進一步分析。

（3）股本變動及股東情況介紹。它包括公司近期的股本變動情況及主要股東基本資料，並可在一定程度上反應公司管理層的意向。

（4）募集資金使用情況。它主要反應公司募集資金的使用情況和項目運行狀況，透過募資項目的運行狀況可對公司現狀及未來新的利潤增長點做出判斷，可揭示公司對投資者資金使用是否承諾項目進行，反應管理層對資金使用的重視程度和態度。

（5）重要事項。它包含年報期間的股東大會、董事會、監事會會議情況，公司收購事項，會計師變更，關聯交易及重大訴訟簡況，利潤分配預案，等等，投資者通過它可大體把握公司在此期間的內外部運行情況。

（6）財務報告。會計師首先對公司主要報表發表審計意見，然後陳述主要的會計政策，註釋主要會計帳項，披露關聯方關係及交易情況，揭示其他事項、或有事項、期後事項等重要事項。此部分是公司報告的主體，獲取的信息較多，分析時不應只局限於三大報表，應結合其他幾個部分。

其他事項及備查文件。它主要是公司註冊情況、仲介機構情況及可查詢的資料情況。

（二）外部信息基礎

1. 政策信息

政策信息主要指國家的經濟政策與法規信息。影響財務報表分析質量的政策信息主要有產業政策、稅收政策、價格政策、信貸政策、分配政策、會計政策等。分析者可以從企業的行業性質、組織形式的角度分析和評價企業財務管理對這些政策的敏感程度，全面揭示和評價經濟政策變化及法律制度的調整對企業財務狀況、經營成果和現金流量的影響。

2. 市場信息

及時有效的市場信息是市場經濟中的企業合理地組織財務活動，科學地處理財務關係的必要條件。相關的市場信息主要包括資本市場、勞動力市場、技術市場、商品

市場等市場信息。因此，在進行財務報表分析時，有必要關注這些信息的發展變化，以便從市場環境的變化中分析可能對財務報表結果產生的影響。

3. 行業信息

行業信息主要是指企業所處行業中相關企業的產品、成本、規模、效益、經營策略等方面的信息。因此，在進行財務分析時，著重關注行業平均水準、先進水準以及行業發展前景信息，以客觀評價企業當前的經營現狀，合理預測和把握企業財務狀況、經營成果與現金流量的發展趨勢，為企業決策提供可靠的信息依據。

三、財務報表分析信息的獲取及整理

財務報表分析的關鍵是搜尋到足夠的、與分析決策相關的各項財務信息資料（也稱信息源），以期從中分析並解釋報表數據間的相互關係、發現分析的線索，從而做出確切的判斷和分析結論。毋庸置疑，財務報表分析的基本信息源是企業的財務報表本身，因為，各項數據、指標都是經過人工加工處理的結果，如果財務報表分析只是止於各項財務數據、指標，不深入瞭解企業的業務等信息，財務分析就不能落在實處。我們必須通過分析「路標」——財務數據，來找到「路標」指示的「藏寶地」——企業的業務。

有效的財務報表分析不能僅分析報表數據，更應從影響企業的宏觀大背景，比如經濟、法規體系、行業背景、市場等，結合企業的發展競爭策略、會計政策的選擇等方面來解釋報表數據，報表分析的結果才能客觀和準確。

（一）企業（公司）基本信息

企業（公司）基本信息涉及企業內部和外部信息基礎，是報表分析者根據內部信息和外部信息基礎整理出來的，主要包括：

(1) 經營類型；
(2) 主要產品；
(3) 戰略目標；
(4) 財務狀況和經營目標；
(5) 主要競爭對手；
(6) 行業競爭程度（國內和國外）；
(7) 公司的行業地位（如市場份額）；
(8) 行業發展趨勢；
(9) 管制事項；
(10) 經濟環境；
(11) 近期或遠期發展計劃或戰略。

以上這些信息有助於解釋企業當前狀況和對企業未來前景的影響。例如，分析企業的擴張性戰略目標，我們可以解釋公司資產負債表上的長期股權投資為何會持續升高。

根據中國的企業信息披露制度，若該企業是上市公司，大多數公司的基本信息可以從公司年度報告、中期報告、季度報告中整理獲得。獲取上市公司的年度報告、中期報告、季度報告中的這些信息是比較容易的，每一上市公司都會按要求按時在相關網站、媒體上公開披露，公司為使投資者和客戶瞭解自己，願意提供這些信息。競爭者和公司產品市場的相關信息則較多取決於分析者對公司產品和其競爭者的熟悉程度。

經濟環境等相關信息可通過很多媒體渠道獲得，除相關財經、經濟網站上的信息，政府部門提供的相關信息也有助於我們分析公司行業、經濟環境。

（二）財務報表的整理

財務報表的整理，是指獲取企業基本財務報表、附表、報表附註後，運用一定的財務報表分析方法形成比較財務報表和共同比財務報表等。具體運用方法將在下節詳細論述。

連結 1-7　　　　　　　上市公司年報等資訊獲取的途徑

（1）上海證券交易所（證券信息、上市公司財務報表）；
（2）深圳證券交易所（證券信息、上市公司財務報表）；
（3）新浪財經（投資理財信息、財經資訊、證券信息、上市公司財務報表）；
（4）東方財富（投資理財信息、財經資訊、證券信息、上市公司財務報表）；
（5）同花順（投資理財信息、財經資訊、證券信息、上市公司財務報表）；
（6）中國上市公司資訊網（上市公司財務報表、招股說明書、上市公告書、董事會公告）；
（7）中華財會網（會計準則、會計制度信息、會計問題探討）；
（8）中國證券報（證券市場信息、公司研究、行業研究、投資理財信息）；
（9）21世紀經濟報導（產業經濟信息、財經報導、管理信息、評論、金融信息、商業信息）；
（10）中國經營報（經濟類文章和企業經營跟蹤報導）。

第三節　影響財務報表數據的因素

財務報表是公司會計系統的產物。每個公司的會計系統，受到外部會計環境和會計戰略等因素的影響，儘管遵循的是同一個會計準則、制度，每個公司的財務報表還是會表現出不同的「性格特點」，甚至有的財務報表會扭曲公司的實際情況。這些因素的影響使得財務報表分析具有靈活性和複雜性。

一、會計環境因素

會計的環境因素主要包括財務報表的法規體系和經濟環境等，這些因素是決定公司會計系統質量的外部因素。

（一）財務報表的法規體系

財務數據的可靠性是財務報表分析的前提，財務數據的可靠性必須根據嚴格的一套法規體系才能實現，企業財務報表的編製如果沒有具有一定強制性、約束性的法規的制約，將會給報表信息使用者的使用帶來極大障礙，使其不能得出正確的分析結論。從世界各國的實際情況來看，各國大都針對企業財務報表的編製與報告內容制定了法規，使報表信息的提供者——企業在編製報表時操縱報表信息的可能性受到限制。

在中國，制約企業財務報表編製的法規體系包括會計規範體系以及約束上市公司信息披露的法規體系。

連結 1-8　　中國上市公司財務報表披露規則簡介

財務報表是公司的語言，是我們瞭解公司的第一手資料。要瞭解公司的基本面，就一定要會讀財務報表。這裡主要總結一下財務報表的披露規則供大家參考。

一、基本概念

上市公司財務報表主要有以下兩類：

1. 正式披露報表：年報、一季度報、半年報、三季度報

年報：1月1日—12月31日的財務狀況。一季度報：1月1日—3月31日的財務狀況。半年報：1月1日—6月30日的財務狀況。三季度報：7月1日—9月30日的財務狀況。

2. 預測性報表：業績預告、業績快報

業績預告：一般是對下一年或者下一季度的預測，比如在2018年11月預測2018年全年的業績。業績快報：一般是在正式報表已經做好了還沒審計時提前公布一下業績，比如某公司定於在2018年4月30日公布2017年的年報，那在4月30日前幾天可以先公布做好的業績快報。

兩者區別：業績預告相比業績快報要及時一點，但準確性沒有業績快報高。

二、財務報表公布時間

1. 正式披露報表的強制性披露時間

年報：每年1月1日—4月30日。一季度報：每年4月1日—4月30日。半年報：每年7月1日—8月30日。三季度報：每年10月1日—10月31日。

2. 預測性報表每個版塊要求的分別說明

（1）上交所主板。

①業績預告。對於年報，如果上市公司預計出現以下情況需要預告：全年可能出現虧損；扭虧為盈、淨利潤較前一年度增長或下降50%以上（基數過小的除外）。年報預告披露是在1月31日前。如果不存在上述情況，可以不披露年度業績預告。對於半年報和季度報告，不做強制要求。

②業績快報：上交所不強制要求披露業績快報。

（2）深交所主板。

①業績預告。如果上市公司預計出現以下情況需要預告：淨利潤為負值、實現扭虧為盈、實現盈利，且淨利潤與上年同期相比上升或者下降50%以上、期末淨資產為負值、年度營業收入低於一千萬元。

②業績快報：深交所主板不強制要求披露業績快報。

（3）中小板。

①業績預告：年報預告同三季度報，每年10月1日—10月31日披露；半年報預告同一季度報，每年4月1日—4月30日披露；三季度報預告同半年報，每年7月1日—8月30日披露。

②業績快報：年報在3—4月披露的企業，2月底前需披露年度業績快報，季報、半年報無強制要求。

（4）創業板。

①業績預告。年報預告：1月31日前披露。一季度預告：年報在3月31日前披露，預告最晚在年報時間披露；年報在4月份披露的，預告在4月10日前披露。半年

報：7月15日前披露。三季度報：10月15日前披露。

②業績快報：年報在3—4月披露的，2月底前披露年度業績快報；季報、半年報無強制要求。

三、股票板塊的區分

股票板塊通過股票代碼可以很好地辨認。上交所主板：股票代碼以「6」開頭，比如 600000 浦發銀行。深交所主板：股票代碼以「000」開頭，比如 000001 平安銀行。中小板：股票代碼以「002」開頭，比如 002508 老板電器。創業板：股票代碼以「3」開頭，比如 300750 寧德時代。

（二）經濟環境

企業財務報表數據除受相關法規體系制約外，與企業所處經濟環境的外部因素密不可分。一般來說，報表數據是可以反應企業所處經濟環境、發展前景、產品和勞務的市場競爭程度的，比如：身處經濟環境優良、高速發展的行業中，由於發展機會較多，企業報表數據會反應出較高的盈利能力；當企業所處弱勢發展環境中，財務數據會反應較低的盈利能力。即使身處相同的經濟環境，由於生產的產品或勞務的市場競爭程度不同，也會使企業的報表數據表現出不同的經營能力、盈利能力和風險性。

二、會計戰略因素

會計戰略因素主要包括競爭戰略、會計政策選擇等，這些因素是決定公司會計系統質量的內部因素。

會計戰略是公司根據環境和經營目標做出的主觀選擇，各公司會有不同的會計戰略。公司會計戰略包括會計政策的選擇、會計估計的選擇、補充披露的選擇以及報告具體格式的選擇。不同的會計戰略會導致不同公司財務報告的差異，並影響其可比性；同時，受利益驅動的影響，對會計戰略的不同選擇，會出現不同程度的財務數據偏離實際的情況。例如，對同一會計事項的帳務處理，會計準則允許使用幾種不同的規則和程序，公司可以自行選擇，包括存貨計價方法、折舊方法、對外投資收益的確認方法等。雖然財務報表附註對會計政策的選擇有一定的表述，但報表使用人未必能完成可比性的調整工作。

總之，由於受外部經濟環境、內部會計戰略選擇兩方面因素的制約，財務報表存在以下三方面的局限性：

（1）財務報告沒有披露公司的全部信息，管理層擁有更多的信息，得到披露的只是其中的一部分；

（2）已經披露的財務信息存在會計估計誤差，不一定是真實情況的準確計量；

（3）管理層的各項會計政策選擇，使財務報表扭曲了公司的實際情況。

這些影響財務數據的因素，提示我們在進行財務報表分析時，不能「就報表分析報表」，只有結合環境因素，分析結果才能較客觀和正確；並且我們在分析時不能忽視財務報表以外的戰略選擇，如會計政策選擇和估計，注意與本企業以往或行業標準的選擇相比較，如果導致企業收入、盈利水準與同行業其他公司相比相差懸殊，或在目前經濟環境下並不合理，對這樣的差異我們便應高度重視並盡量予以剔除。

第四節　財務報表分析的程序與方法

一、財務報表分析的基本程序

財務報表分析是一項系統工作，並不是一蹴而就的，它必須依據科學的程序和方法，才能得出邏輯合理、推理可靠的分析結論。

財務報表分析主要包括以下幾個基本程序：
(1) 確立分析目標；
(2) 明確分析範圍；
(3) 收集分析資料；
(4) 確定分析評價標準；
(5) 選擇分析方法；
(6) 得出分析結論，提出對策建議。

(一) 確立分析目標

財務報表分析目標，是整個財務報表分析的出發點，決定著分析範圍、收集資料的詳細程度、分析標準及分析方法的選擇等整個財務報表分析過程。財務報表分析主體不同，財務報表分析內容不同，財務報表分析的目標也會不同。這就要求分析者首先應確立分析目標。

(二) 明確分析範圍

並不是每一項財務報表分析都需要對企業的財務狀況和經營成果進行全面分析，更多的情況是僅對其中的某一個方面進行分析，或者是對某一方面進行重點分析，其他方面的分析僅起輔助參考作用，這就要求分析者在確立分析目標的基礎上，明確分析的範圍，將有限的精力放在分析重點上。

(三) 收集分析資料

財務分析資料是財務報表分析的基礎。確定分析目標和內容後，財務報表分析主體應當按照準備實施的內容收集所需的資料，按照事先確定的財務報表分析目標與範圍，收集盡可能豐富的財務信息和輔助信息。財務信息主要包括企業定期的財務報告、審計報告、外部信息等。資料的收集方式有：通過公開渠道獲取，如可以在相關網站及媒介上取得上市公司的財務報告；通過實地調研取得；通過參加會議取得；等等。

在取得相關資料後還應當對資料進行檢查和核實，尤其需要核對財務報告數據的真實性，仔細查看審計報告，確認註冊會計師是否出具了非標準審計意見。此外，還需要對數據的時間序列進行檢查，觀察企業是否存在某些數據異常的事項，核實該事項的可靠性。只有在核對數據的真實性後，才能開始財務報表分析，否則得到的分析結論也是沒有價值的。

(四) 確定分析評價標準

財務報表分析結論應當通過比較得出，所以確定合理的分析評價標準就非常重要。財務報表分析的評價標準包括四類：經驗標準、行業標準、歷史標準、預算標準。不同的標準有不同的優缺點，在進行財務報表分析時，應當結合分析對象的實際情況和

分析目標進行選擇。

例如，對於壟斷型企業，由於不存在具有可比性的其他企業，所以就只能使用本企業自身的歷史標準或者是預算標準。此外，還應當注意分析評價標準自身隨著時間、地域等的不同而發生的變動，並進行適當調整，以適合分析對象和分析目的。

（五）選擇分析方法

財務報表分析方法是多種多樣的，而且隨著財務報表分析學科的發展，新方法也在不斷湧現。在現代的財務報表分析中，大量使用數學方法和數學模型，可以強化分析結果的可靠性，並盡量減少分析人員的主觀影響。但是新方法的出現並不說明原有的一些基本方法必須淘汰；相反，傳統的基本分析方法在實際分析中由於簡便易行、易於理解等仍然具有重要的作用。因為每種分析方法都有優點和局限，所以財務人員應當依據分析目的和可能得到的分析資料對分析方法進行比較，選擇最優的方法，以得出客觀全面的結論。

（六）得出分析結論，提出對策建議

採用特定的方法計算出有關的指標，並與分析標準進行對比，做出有針對性的判斷，為各類決策提供參考依據。對內部財務報表分析人員來說，還需要揭示企業財務管理中存在的問題，對於一些重大的問題，還需要進行深入細緻的分析，找出問題存在的原因，以便採取對策加以改進。

二、財務報表分析的一般方法

財務報表分析的方法多種多樣，在實際工作中應根據分析主體的具體目的和分析資料的實際特徵進行選擇。財務報表分析的一般方法概括起來主要有比較分析法、趨勢分析法、比率分析法、因素分析法等。

（一）比較分析法

1. 比較分析法的含義

比較分析法是財務報表分析中最常用的一種分析方法，也是一種基本方法。所謂比較分析法，是指將實際達到的數據同特定的各種標準相比較，從數量上確定其差異，發現規律的一種分析方法。

2. 比較數據

比較數據有絕對數比較和相對數比較兩種。

（1）絕對數比較。

絕對數比較，即利用財務報告中兩個或兩個以上的絕對數進行比較，以揭示其數量差異。例如，某公司去年的產品銷售額為200萬元，產品銷售利潤為20萬元；今年的產品銷售額為240萬元，產品銷售利潤為30萬元。那麼今年與去年的差異額為：產品銷售額40萬元，產品銷售利潤10萬元。

（2）相對數比較。

相對數比較，即利用財務報告中有關係的數據的相對數進行對比，如將絕對數換算成百分比、結構比重、比率等進行對比，以揭示相對數之間的差異。比如，某公司去年的產品銷售成本占產品銷售額的百分比為85％；今年的產品銷售成本占產品銷售額的百分比為80％。那麼今年與去年相比，產品銷售成本占產品銷售額的百分比下降了5％，這就是利用百分比進行比較分析。對某些由多個個體指標組成的總體指標，就

可以通過計算每個個體指標占總體指標的比重進行比較，分析其構成變化和趨勢。這就是利用結構比重進行比較分析。也可以將財務報表中存在一定關係的項目數據組成比率進行對比，以揭示企業某一方面的能力，如償債能力、獲利能力等。這就是利用比率進行比較分析。

一般來說，絕對數比較只通過差異數說明差異金額，但沒有表明變動程度，而相對數比較則可以進一步說明變動程度。如上面示例中，對某公司的產品銷售成本占產品銷售額的比重進行比較，就能求得今年比上年降低了5%的變動程度。在實際工作中，絕對數比較和相對數比較可以交互應用，以便通過比較做出更充分的判斷和更準確的評價。

3. 比較標準

比較的標準有以下幾種分類：

（1）經驗標準。

經驗標準指依據大量且長期的實踐經驗而形成的標準（適當）的財務比率值。經驗標準的優點：相對穩定，客觀。經驗標準的不足：並非廣泛適用（受行業限制），隨時間推移而變化。

（2）歷史標準。

歷史標準指本企業過去某一時期（上年或上年同期）該指標的實際值。歷史標準對於評價企業自身經營狀況和財務狀況是否得到改善是非常有用的。歷史標準可以選擇本企業歷史最好水準，也可以選擇企業正常經營條件下的業績水準，還可以選取以往連續多年的平均水準。另外，在財務分析實踐中，本年業績還經常與上年實際業績做比較。應用歷史標準的好處：比較可靠、客觀；具有較強的可比性。歷史標準的不足：往往比較保守；適用範圍較窄（只能說明企業自身的發展變化，不能全面評價企業的財務競爭能力和健康狀況）；當企業主體發生重大變化（如企業合併）時，歷史標準就會失去意義或至少不便直接使用；企業外部環境發生突變後，歷史標準的作用會受到限制。

（3）行業標準。

行業標準可以是行業財務狀況的平均水準，也可以是同行業中某一比較先進企業的業績水準。行業標準的優點：可以說明企業在行業中所處的地位和水準（競爭的需要）；也可用於判斷企業的發展趨勢（例如，在一個經濟蕭條時期，企業的利潤率從12%下降為9%，而同期該企業所在行業的平均利潤率由12%下降為6%，那麼，就可以認為該企業的盈利狀況是相當好的）。行業標準的不足：同「行業」內的兩個公司並不一定具有可比性，多元化經營帶來的困難，同行業企業也可能存在會計差異。

（4）預算標準。

預算標準指實行預算管理的企業所制定的預算指標。預算標準的優點：符合戰略及目標管理的要求；對於新建企業和壟斷性企業尤其適用。預算標準的不足：外部分析通常無法利用；預算具有主觀性，也未必可靠。

4. 比較方法

比較分析法有以下兩種具體方法：

（1）橫向比較法。

橫向比較法又稱為水準分析法，是指將反應企業報告期財務狀況的信息（特別指

財務報告信息資料）與反應企業前期或歷史某一時期財務狀況的信息進行對比，研究企業各項經營業績或財務狀況的發展變動情況的一種財務分析方法。橫向比較法所進行的對比，一般而言，不是單指指標對比，而是對反應某方面情況的報表的全面、綜合的對比分析，尤其在對財務報告的分析中應用較多。因此，通常也將橫向比較法稱為財務報表分析方法。橫向比較法的基本要點是，將報表資料中不同時期的同項數據進行對比，得到比較財務報表。對比的方式有以下幾種：

一是絕對值增減變動，其計算公式是：

$$絕對值變動數量 = 分析期某項指標實際數 - 基期同項指標實際數$$

二是增減變動率，其計算公式是：

$$變動率 = \frac{變動絕對值}{基期實際數量} \times 100\%$$

三是變動比率值，其計算公式是：

$$變動比率值 = \frac{分析期實際數值}{基期實際數量} \times 100\%$$

上式中所說的基期，可指上年度，也可指以前某年度。注意：若比較的年度在三年以上，可用平均增減變動的方法加以計算。

$$平均增減變動值 = \frac{變動絕對值}{n} \quad (n\ 為年數)$$

$$平均增減變動率（複合增長率）= \sqrt[(n-1)]{\frac{分析期實際數}{基期實際數}} - 1$$

橫向比較法中應同時進行絕對值和變動率或比率兩種形式的對比，因為僅以某種形式進行對比，可能得出錯誤的結論。

例 1.1 A 公司本年與上年資產負債表（以資產部分為例）如表 1-2 所示，對本年水準分析計算結果如下：

表 1-2　A 公司本年比較資產負債表

報表日期 流動資產	本年年末/元	上年年末/元	本年比上年	
			變動額/元	變動率/%
貨幣資金	3,911,388,163.80	1,123,857,282.19	2,787,530,881.61	248.03
交易性金融資產	4,916,096.71	1,379,095.27	3,537,001.44	256.47
衍生金融資產	148,035,070.49	345,668,526.17	-197,633,455.68	-57.17
應收票據	85,526,801.88	95,639,906.70	-10,113,104.82	-10.57
應收帳款	866,628,518.28	797,639,218.27	68,989,300.01	8.65
預付款項	152,210,201.86	934,817,501.14	-782,607,299.28	-83.72
應收利息	151,594.88	97,716.37	53,878.51	55.14
其他應收款	884,414,340.64	2,401,240,137.42	-1,516,825,796.78	-63.17
存貨	4,247,947,941.91	6,238,951,784.23	-1,991,003,842.32	-31.91
劃分為持有待售的資產	51,165,236.25	—	51,165,236.25	—
其他流動資產	357,346,278.64	538,001,622.57	-180,655,343.93	-33.58
流動資產合計	10,709,730,245.34	12,477,292,790.33	-1,767,562,545.00	-14.17
非流動資產		—		

表1-2(續)

報表日期 流動資產	本年年末/元	上年年末/元	本年比上年	
			變動額/元	變動率/%
可供出售金融資產	59,303,236.07	54,417,059.03	4,886,177.04	8.98
長期股權投資	513,549,476.45	551,316,645.40	-37,767,168.95	-6.85
投資性房地產	24,781,867.57	25,549,630.51	-767,762.94	-3.00
固定資產淨額	4,252,611,928.68	4,468,653,007.80	-216,041,079.10	-4.83
在建工程	34,032,027.01	32,231,909.58	1,800,117.43	5.58
工程物資	2,771,758.18	2,801,070.58	-29,312.40	-1.05
無形資產	1,000,958,835.44	903,392,973.73	97,565,861.71	10.80
商譽	358,587,808.75	358,587,518.93	289.82	0.00
長期待攤費用	42,528,534.36	42,463,267.64	65,266.72	0.15
遞延所得稅資產	80,677,281.76	37,566,895.04	43,110,386.72	114.76
其他非流動資產	22,914,652.76	26,457,743.53	-3,543,090.77	-13.39
非流動資產合計	6,392,717,407.03	6,503,437,721.77	-110,720,314.70	-1.70
資產總計	17,102,447,652.37	18,980,730,512.10	-1,878,282,859.73	-9.90

從 A 公司本年的資產總額來看，本年為 17,102,447,652.37 元，比上年減少了 1,878,282,859.73 元，下降了 9.9%。該公司資產項目中變化最大（超過 30%）的項目是：

①貨幣資金本年比上年增加了 2,787,530,881.61 元，增加了 248.03%。通過查閱該公司本年年度報告中的資料可知，該公司披露該變動主要系資金回籠為生產、貿易經營儲備所致。

②交易性金融資產本年比上年增加了 3,537,001.44 元，增加了 256.47%。通過查閱該公司本年年度報告中的資料可知，該公司披露該變動主要系 2017 年遠期結售匯合約匯率變動影響所致。

③衍生金融資產本年比上年減少了 197,633,455.68 元，減少了 57.17%。通過查閱該公司本年年度報告中的資料可知，該公司披露該變動主要系 2017 年期貨糖浮動盈利比年初較少所致。

④預付款項本年比上年減少了 782,607,299.28 元，減少了 83.72%。通過查閱該公司本年年度報告中的資料可知，該公司披露該變動主要系預付食糖採購款及糖產季預付採購物資較期初減少所致。

⑤應收利息本年比上年增加了 53,878.51 元，增加了 55.14%。通過查閱該公司本年年度報告中的資料可知，該公司披露該變動主要系 Tully 糖業（中糧糖業控股澳大利亞公司）應收一般存款利息增加所致。

⑥其他應收款本年比上年減少 1,516,825,796.78 元，減少了 63.17%。通過查閱該公司本年年度報告中的資料可知，該公司披露該變動主要系公司對託管公司投入往來款及支付的期貨糖保證金較期初減少所致。

⑦存貨本年比上年減少 1,991,003,842.32 元，減少了 31.91%。通過查閱該公司本年年度報告中的資料可知，該公司披露該變動主要系食糖採購及產品庫存量較期初減少所致。

⑧其他流動資產本年比上年減少180,655,343.93元,減少了33.58%。通過查閱該公司本年年度報告中的資料可知,該公司披露該變動主要系待抵扣增值稅減少所致。

⑨遞延所得稅資產本年比上年增加43,110,386.72元,增加了114.76%。通過查閱該公司本年年度報告中的資料可知,該公司披露該變動主要系現金流量套期及資產減值準備產生的可抵扣暫時性差異增加所致。

通過比較分析發現:

①引起該公司資產減少的主要項目是預付款項、其他應收款、衍生金融資產、其他流動資產和存貨。當我們分析資產規模減少的主要原因時,需要重點關注並進一步挖掘這幾個項目的詳細信息來分析。

②引起資產增加的其他信息,比如貨幣資金、交易性金融資產、遞延所得稅資產,也應是我們重點關注並加以進一步詳細分析的信息。

③預付款項、其他應收款、存貨減少對於一家生產經營性企業而言畢竟是有利的,而貨幣資金、交易性金融資產大幅度增加則表明該公司資產流動性增加,但是否合理,則需要結合公司的負債水準、結構、盈利水準進行分析才能做出進一步的判斷。

因此,水準分析法可以讓我們知道在那麼多報表數據中,我們的分析關注點應該在哪裡。這是一種比較簡單的橫向比較,常用於差異分析。橫向比較分析經常採用的一種形式是編製比較財務報表。這種比較財務報表可以選擇最近兩期的數據並列編製,也可以選取數期的數據並列編製。前者一般用於差異分析,後者則可用於趨勢分析。

應當指出,橫向比較法通過將企業財務報表當期的財務會計資料與前期資料對比,揭示各方面存在的問題,為全面深入分析企業財務狀況奠定基礎。因此橫向比較法是會計分析的基本方法。另外,橫向比較法可用於一些可比性較高的同類企業之間的對比分析,以找出企業間存在的差距。但是,橫向比較法在不同企業間應用時,一定要注意其可比性問題,即使在同一企業中應用,對於差異的評價也應考慮其對比基礎;另外,在橫向比較中,應將兩種對比方式結合運用,僅用變動量或僅用變動率可能得出片面的甚至是錯誤的結論。

(2)縱向比較法。

縱向比較法也叫垂直分析法。縱向分析與橫向分析不同,它的基本點不是將企業報告期的分析數據直接與基期進行對比求出增減變動量和增減變動率,而是通過計算報表中各項目占總體的比重或結構,反應報表中的項目與總體的關係情況及其變動情況。財務報表經過縱向比較法處理後,通常稱為度量報表,或稱總體結構報表、共同比報表等。如同度量資產負債表、同度量利潤表、同度量成本表等,都是應用縱向比較法得到的。縱向比較法的一般步驟是:

第一,確定報表中各項目占總額的比重或百分比,其計算公式是:

$$某項目的比重 = \frac{該項目金額}{各項目總金額} \times 100\%$$

第二,通過各項目的比重,分析各項目在企業經營中的重要性。一般項目比重越大,說明其重要程度越高,對總體的影響越大。

第三,將分析期各項目的比重與前期相同項目比重對比,研究各項目的比重變動情況。也可將本企業報告期項目比重與同類企業的可比項目比重進行對比,研究本企業與同類企業的不同,以及取得的成績和存在的問題。

資產負債表的共同比報表通常以資產總額為基數，利潤表的共同比報表通常以營業收入總額為基數，現金流量表的共同比報表一般可以現金流入總額、現金流出總額或現金流量淨額為基數。

共同比財務報表亦可用於幾個會計期間的比較，為此而編製的財務報表稱為比較共同比財務報表。它不僅可以通過報表中各項目所占百分比的比較讓我們看出其差異，而且可以通過數期比較讓我們看出它的變化趨勢。

例1.2 A公司本年與上年的資產負債表（部分）如表1-3所示，對本年垂直分析計算結果如下：

表1-3　A公司本年共同比資產負債表（以資產部分為例，以資產總額為100）

報表日期	本年12月31日/元	上年12月31日/元	本年/%	上年/%
流動資產				
貨幣資金	3,911,388,163.80	1,123,857,282.19	22.87	5.92
交易性金融資產	4,916,096.71	1,379,095.27	0.03	0.01
衍生金融資產	148,035,070.49	345,668,526.17	0.87	1.82
應收票據	85,526,801.88	95,639,906.70	0.50	0.50
應收帳款	866,628,518.28	797,639,218.27	5.07	4.20
預付款項	152,210,201.86	934,817,501.14	0.89	4.93
應收利息	151,594.88	97,716.37	0.00	0.00
其他應收款	884,414,340.64	2,401,240,137.42	5.17	12.65
存貨	4,247,947,941.91	6,238,951,784.23	24.84	32.87
劃分為持有待售的資產	51,165,236.25	—	0.30	0.00
其他流動資產	357,346,278.64	538,001,622.57	2.09	2.83
流動資產合計	10,709,730,245.34	12,477,292,790.33	62.62	65.74
非流動資產				
可供出售金融資產	59,303,236.07	54,417,059.03	0.35	0.29
長期股權投資	513,549,476.45	551,316,645.40	3.00	2.90
投資性房地產	24,781,867.57	25,549,630.51	0.14	0.13
固定資產淨額	4,252,611,928.68	4,468,653,007.80	24.87	23.54
在建工程	34,032,027.01	32,231,909.58	0.20	0.17
工程物資	2,771,758.18	2,801,070.58	0.02	0.01
無形資產	1,000,958,835.44	903,392,973.73	5.85	4.76
商譽	358,587,808.75	358,587,518.93	2.10	1.89
長期待攤費用	42,528,534.36	42,463,267.64	0.25	0.22
遞延所得稅資產	80,677,281.76	37,566,895.04	0.47	0.20
其他非流動資產	22,914,652.76	26,457,743.53	0.13	0.14
非流動資產合計	6,392,717,407.03	6,503,437,721.77	37.38	34.26
資產總計	17,102,447,652.37	18,980,730,512.10	100.00	100.00

通過對A公司上年及本年的垂直分析，得到相應的共同比資產負債表，我們可以發現：

①流動資產占資產總額的比重在上年和本年分別為65.74%和62.62%，說明該企業的資產主要以流動資產為主，資產流動性較強，有一定的適應性。

②在流動資產中，我們看到占比最大的是存貨。存貨占資產總額的比重在上年和本年分別為32.87%和24.84%；貨幣資金占資產總額的比重在上年和本年分別為5.92%和22.87%；其他應收款占資產總額的比重在上年和本年分別為12.65%和5.17%；應收帳款占資產總額的比重在上年和本年分別為4.2%和5.07%。這說明該企業重要的流動資產是存貨、貨幣資金、其他應收款和應收帳款，即在對該企業的資產負債表進行分析時，這幾項流動資產項目是我們需要重點分析的。

③在非流動資產中，我們看到占比最大的是固定資產淨額，其次是無形資產，同時長期股權投資和商譽占比也相對較高。固定資產淨額占資產總額的比重在上年和本年分別為23.54%和24.87%；無形資產占資產總額的比重在上年和本年分別為4.76%和5.85%；上年的長期股權投資和商譽占比分別為2.9%和1.89%，本年分別為3%和2.1%。這說明該企業重要的非流動資產是固定資產淨額、無形資產、長期股權投資和商譽，是後續具體分析時需要關注的項目。

④通過以上分析，結合財務、管理知識，我們可以認為該企業為輕資產的公司，屬於比較傳統的農產品加工經營公司。它流動性充足，具備一定的創新研發能力、對外投資能力，近期有過財務併購或重組行為。具體分析還要結合該企業相關財務信息做出進一步判斷。

因此，共同比財務報表分析的主要優點是便於對不同時期報表的相同項目進行比較，如果能對數期報表的相同項目做比較，可以觀察到相同項目變動的一般趨勢，有助於評價和預測。但無論是金額、百分比還是共同比的比較，都只能做出初步分析和判斷，還需在此基礎上做出進一步分析，才能對變動的有利或不利的因素做出較明確的判斷。

5. 運用比較分析法應注意的問題

在運用比較分析法時應注意相關指標的可比性。具體來說有以下幾點：

（1）指標內容、範圍和計算方法的一致性。

如在運用比較分析法時，必須大量運用資產負債表、利潤表、現金流量表等財務報告中的項目數據。必須注意這些項目的內容、範圍以及使用這些項目數據計算出來的經濟指標的內容、範圍和計算方法的一致性，只有一致才具有可比性。

（2）會計計量標準、會計政策和會計處理方法的一致性。

財務報告中的數據來自帳簿記錄，而在會計核算中，會計計量標準、會計政策和會計處理方法都有可能變動，若有變動，則必然影響到數據的可比性。因此，在運用比較分析法時，對由於會計計量標準、會計政策和會計處理方法的變動而不具可比性的會計數據，就必須進行調整，使之具有可比性後才可以進行比較。

（3）時間單位和長度的一致性。

在採用比較分析法時，不管是實際與實際的對比，實際與預定目標或計劃的對比，或是本企業與先進企業的對比，都必須注意所使用的數據的時間及其長度的一致，包括月、季、年度的對比，不同年度的同期對比，特別是本企業的數期對比或本企業與先進企業的對比，所選擇的時間長度和選擇的年份都必須具有可比性，以保證通過比較分析所做出的判斷和評價具有可靠性和準確性。

（4）企業類型、經營規模和財務規模以及目標大體一致。

企業類型等是本企業與其他企業對比時應當注意的地方。只有這些地方大體一致，企業之間的數據才具有可比性，比較的結果才具有實用性。

（二）趨勢分析法

趨勢分析法是根據企業連續幾年或幾個時期的分析資料，通過指數或完成率的計算，確定分析期各有關項目的變動情況和趨勢的一種財務分析方法。趨勢分析法既可用於對財務報告的整體分析，即研究一定時期報表各項目的變動趨勢，也可對某些主要指標的發展趨勢進行分析。趨勢分析法的一般步驟是：

第一步，計算趨勢比率或指數。通常指數的計算有兩種方法，一是定基指數，二是環比指數。定基指數就是各個時期的指數都以某一固定時期為基期來計算。環比指數則是各個時期的指數以前一期為基數來計算。趨勢分析法通常採用定基指數。

第二步，根據指數計算結果，評價與判斷企業各項指標的變動趨勢及其合理性。

第三步，預測未來的發展趨勢。根據企業以前各期的變動情況，研究其變動趨勢或規律，從而可預測出企業未來發展變動的情況。

例 1.3 A 公司連續三年有關銷售額、稅後利潤、每股收益的資料如表 1-4 所示。

表 1-4　A 公司相關指標趨勢分析

指標	前年	上年	本年	平均增長率/%
銷售額/元	11,667,552,095.32	13,557,145,517.61	19,157,209,815.31	28
稅後利潤/元	68,457,521.58	510,455,475.75	754,003,227.95	232
每股收益/（元/股）	0.04	0.25	0.36	200

從表 1-4 可看出，該企業三年來的銷售額、稅後利潤和每股收益都在逐年增長，特別是本年的銷售額比上年增長更快；每股收益上年比前一年有很大程度的增長。從總體狀況看，該企業近三年來，各項指標都完成得比較好，銷售、盈利狀況有很大程度的增長，盈利能力提升很快。從各指標之間的關係看，稅後利潤的平均增長速度最快，高於銷售額、每股收益的平均增長速度。企業幾年來的發展趨勢說明，企業的經營狀況和財務狀況不斷改善，如果這個趨勢能保持下去，狀況也會較好。

值得指出的是，計算趨勢比率應認真、謹慎地選擇好基期，使之符合代表性或正常性條件。在通常情況下，在進行趨勢分析時，在實務上一般有兩種選擇：一種是以某選定時期為基期，即固定基期，以後各期數均以該期數作為共同基期數，計算出趨勢比例，這叫定期發展速度，也稱定比；另一種是以上期為基數，即移動基數，各期數分別以前一期數作為基期數，基期不固定，且順次移動，計算出趨勢比率，這叫環比發展速度，亦稱環比。

連結 1-9　　　　　　　　關於定比與環比

（1）定基動態比率：即用某一時期的數值作為固定的基期指標數值，將其他各期數值與其對比來分析。其計算公式為：

$$定基動態比率 = 分析期數值 \div 固定基期數值$$

例：以 2016 年為固定基期，分析 2017 年、2018 年利潤增長比率，假設某企業 2016 年的淨利潤為 100 萬元，2017 年的淨利潤為 120 萬元，2018 年的淨利潤為 150 萬

元，則：

2017年的定基動態比率＝120÷100×100％＝120％

2018年的定基動態比率＝150÷100×100％＝150％

（2）環比動態比率：是以每一分析期的前期數值為基期數值而計算出來的動態比率。

其計算公式為：

$$環比動態比率＝分析期數值÷前期數值$$

仍以上例資料舉例，則：

2017年的環比動態比率＝120÷100×100％＝120％

2018年的環比動態比率＝150÷120×100％＝125％

（三）比率分析法

1. 比率分析法的含義和作用

比率分析法是把某些彼此存在相關關係的項目加以對比，計算出比率並據以確定經濟活動變動程度的分析方法，比率分析法是財務報表分析中的一個重要方法。

比率是兩數相比所得的值，任何兩個數字都可以計算出比率，但是要使比率具有意義，計算比率的兩個數字就必須具有相互聯繫。由於比率是由密切聯繫的兩個或者兩個以上的相關數字計算出來的，所以往往利用一個或幾個比率就可以獨立地揭示和說明企業某一方面的財務狀況和經營業績，或者說明某一方面的能力。例如，總資產報酬率可以揭示企業的總資產獲取利潤的水準和能力，淨資產收益率可以在一定程度上說明投資者的獲利能力，等等。

當然，對比率分析法的作用也不能估計過高。它和比較分析法一樣，只適用於某些方面，其揭示信息的範圍也有一定的局限，更為重要的是，在實際運用比率分析法時，還必須以比率所揭示的信息為起點，結合其他有關資料和實際情況，做更深層次的探究，才能做出正確的判斷和評價，更好地為決策服務。因此，在財務報表分析中既要重視比率分析法的利用，又要和其他分析方法密切配合，合理運用，以提高財務報表分析的效果。

根據財務報表計算的比率主要有三類：①反應企業償債能力的比率，如流動比率、速動比率、負債比率等；②反應企業獲利能力的比率，如資產報酬率、營業利潤率、每股盈利等；③反應企業經營和管理效率的比率，如總資產週轉率、存貨週轉率等。實際上，第三類指標既與評價企業償債能力有關，也與評價獲利能力有關。有關各個比率的計算和分析，我們將在以後各章中專門進行詳細講述。

2. 財務比率的類型

在比率分析中應用的財務比率很多，為了有效地應用，一般要對財務比率進行科學的分類。但目前還沒有公認、權威的分類標準。比如美國早期的會計著作對同一年份財務報表的比率分類中，將財務比率分成五類——獲利能力比率、資本結構比率、流動資產比率、週轉比率和資產流轉比率。英國特許公認會計師公會編著的ACCA財會資格證書培訓教材《財務報表解釋》一書中，將財務比率分為獲利能力比率、清償能力比率、財務槓桿比率和投資比率四類。中國一般將財務比率分為四類，即獲利能力比率、償債能力比率、營運能力比率和發展能力比率。

(四) 因素分析法

1. 因素分析法的含義和應用

因素分析法也是財務報表分析中常用的一種技術方法，是指按照一定的程序和方法，確定影響因素、測量其影響程度、查明指標變動原因的一種分析方法。企業是一個有機整體，每個指標的高低，都受不止一個因素的影響。從數量上測定各因素的影響程度，可以幫助人們抓住主要矛盾，或者更有說服力地評價企業狀況。比如，在生產性企業中，產品生產成本的降低或上升，受材料和動力耗費、人力耗費、生產設備的優劣等多種因素的影響。利潤的變動更是受到產品生產成本、銷售數量和價格、銷售費用和稅金等多種因素的影響。在分析這些綜合性經濟指標時，就可以從影響因素入手，分析各種影響對經濟指標變動的影響程度，並在此基礎上查明指標變動的原因。因素分析法的基本方法是連環替代法。

2. 連環替代法

連環替代法又稱因素替代法，是在許多因素都對某一項指標綜合發生作用的情況下，分別確定各個因素的變動對該指標變動的影響的方法。具體而言，連環替代法是指將多個因素所構成的指標分解成各個具體因素，然後，順序地把其中的一個因素作為變量，把其他因素看作不變量，依次逐項進行替換，逐一測算各個因素對指標變動的影響程度的方法。

為正確理解連環替代法，首先應明確連環替代法的一般程序或步驟。連環替代法的程序有以下五個：

（1）確定分析指標與其影響因素之間的關係。確定分析指標與其影響因素之間關係的方法，通常是指標分解法，即將經濟指標在計算公式的基礎上進行分解或擴展，從而得出各影響因素與分析指標之間的關係式。如對於總資產報酬率指標，要確定它與影響因素之間的關係，可按下式進行分解：

$$總資產報酬率 = \frac{息稅前利潤率}{平均資產總額} \times 100\%$$

$$= \frac{銷售淨額}{平均資產總額} \times \frac{息稅前利潤率}{銷售淨額} \times 100\%$$

$$= \frac{總產值}{平均資產總額} \times \frac{銷售淨額}{總產值} \times \frac{息稅前利潤率}{銷售淨額} \times 100\%$$

$$= 總資產產值率 \times 產品銷售率 \times 銷售利潤率$$

分析指標與影響因素指標間的關係式，既說明哪些因素影響分析指標，又說明這些因素與分析指標之間的關係及順序。如上式中影響總資產報酬率的有總資產產值率、產品銷售率和銷售利潤率三個因素；它們都與總資產報酬率呈正比例關係；它們的排列順序是，總資產產值率在先，其次是產品銷售率，最後是銷售利潤率。

（2）根據分析指標的報告期數值與基期數值列出兩個關係式，或指標體系，確定分析對象。如對總資產報酬率而言，兩個指標體系是：

基期總資產報酬率 = 基期資產產值率 × 基期產品銷售率 × 基期銷售利潤率
實際總資產報酬率 = 實際資產產值率 × 實際產品銷售率 × 實際銷售利潤率
分析對象 = 實際總資產報酬率 − 基期總資產報酬率

（3）連環順序替代，計算替代結果。連環順序替代就是以基期指標體系為計算基

礎，用實際指標體系中每一因素的實際數順序地替代其相應的基期數，每次替代一個因素，替代後的因素被保留下來。計算替代結果，就是在每次替代後，按關係式計算其結果。有幾個因素就替代幾次，並相應確定計算結果。

（4）比較各因素的替代結果，確定各因素對分析指標的影響程度。比較替代結果是連環進行的，即將每次替代計算的結果與這一因素被替代前的結果進行對比，兩者的差額就是替代因素對分析對象的影響程度。

（5）檢驗分析結果，即將各因素對分析指標的影響額相加，其代數和應等於分析對象。如果兩者相等，說明分析結果可能是正確的；如果兩者不相等，則說明分析結果一定是錯誤的。

連環替代法的程序和步驟是緊密相連、缺一不可的，尤其是前四個步驟，任何一個步驟出現錯誤，都會出現錯誤結果。下面舉例說明連環替代法的步驟和應用。

例1.4 某企業2018年與2017年的總資產產值率、產品銷售率、銷售利潤率和總資產報酬率相關指標如表1-5所示。

表1-5　某企業2018年與2017年指標　　　　　單位:%

指標	2018年	2017年
總資產產值率	80	82
產品銷售率	98	94
銷售利潤率	30	22
總資產報酬率	23.52	16.96

由以上指標的計算公式可知：
$$總資產報酬率=總資產產值率×產品銷售率×銷售利潤率$$
在此基礎上，按照因素分析的連環替代法，可以得出：

報告期（2018年）指標體系的總資產報酬率＝80%×98%×30%＝23.52%
基期（2017年）指標體系的總資產報酬率＝82%×94%×22%＝16.96%
總影響程度＝23.52%－16.96%＝6.56%
其中，
總資產產值率的影響＝80%×94%×22%－82%×94%×22%＝－0.41%
產品銷售率的影響＝80%×98%×22%－80%×94%×22%＝0.70%
銷售利潤率的影響＝80%×98%×30%－80%×98%×22%＝6.27%
總影響程度＝－0.41%＋0.70%＋6.27%＝6.56%

從以上分析可以看出，2018年總資產報酬率為23.52%，高於2017年的16.96%，其原因主要在於銷售利潤率大幅提高及產品銷售率的提升，而總資產產值率卻小幅下降。

3. 因素分析法的特徵

從因素分析法的計算程序和上述舉例可以看出，因素分析法具有以下三個特徵：

（1）要按照影響因素同綜合性經濟指標之間的因果關係確定影響因素。只有按照因果關係確定影響因素，才能說明綜合性經濟指標的變動是由於哪些因素變化所導致的結果。因此，運用因素分析法進行分析時，必須首先依據因果關係合理確定影響因素，並依據各個影響因素的依存關係確定計算公式。這是運用因素分析法的基礎。

（2）計算過程的假設性，即在分步計算各個因素的影響數時，要假設影響數是在某一因素變化而其他因素不變的情況下得出的。這是一個假設，但它是分別計算各個因素影響數的前提條件。

（3）因素替代的順序性，即在運用因素分析法時，要按照影響因素和綜合性經濟指標的因果關係，確定合理的替代順序，且每次分析時，都要按照相同的替代順序進行測算，才能保證因素影響數的可比性。合理的替代順序要按照因素之間的依存關係，分清基本因素和從屬因素、主要因素和次要因素來加以確定。

目前，財務報表分析方法主要包括比較分析法、比率分析法和因素分析法。這些分析方法都存在一定的局限性。比較分析法對應用範圍有較大限制。例如，在進行行業內數據比較時，需要選取同行業相同或盡可能具有類似性質的業務，同時還需要企業的規模和運作模式類似或相同。比率分析法的局限性則主要表現在：如果單純使用比率分析法，那麼所得出的結論僅僅是通過堆砌數據指標而形成的分析結果；由於這些數據是歷史形成的，所以常常無法判斷是否足以為企業未來財務和經營狀況形成一個可靠的基礎。因素分析法在實踐中應用比較廣泛。但是這個方法在使用時，要謹慎確定因素分解的相關性，注意各個因素的順序性，而且分析過程存在某些假設前提。

因此，對財務報表的分析要盡量採用多種分析方法，才能比較全面。

（1）定量分析與定性分析相結合。現代企業都面臨國際化的競爭，面臨風雲突變的國際環境，這些外部環境對企業都產生了相當大的影響。這些外部環境很難定量，因此，在對企業進行內部定量分析的同時，需要同時做出定性的判斷，再進一步進行定量分析和判斷。要充分發揮人的豐富經驗和量的精密計算兩方面的作用，使分析結論精確化。

（2）動態分析和靜態分析相結合。企業的生產經營業務和財務活動是一個動態的發展過程。我們所看到的信息資料，特別是財務報表資料一般是靜態地反應過去的情況。因此要注意進行動態分析，在弄清過去情況的基礎上，分析當前情況的可能結果，使其對恰當預測企業未來有一定幫助。

（3）個別分析與綜合分析相結合。財務指標數值具有相對性，同一指標在不同的情況下反應不同的問題，甚至會得出相反的結論。在進行財務分析和評價時，單個指標不能說明問題，我們就要對多個相關聯的指標進行綜合分析，才能得出正確結論。

以上我們介紹了財務報告分析的四種基本方法，在實際運用時要依據分析的對象和目的選用恰當的方法。但是不管哪種分析方法都有一定的局限性，從而影響分析者做出恰當的分析判斷和結論，因此，需要幾種方法結合起來，效果才好。

第五節　財務報表分析之外的話題

一、財務報表分析的難點及應注意的方面

財務報表是企業競爭的財務歷史，是企業與內外部環境互動的結果，因此內外部信息的影響不同，結果可能也不一樣。能否由過去的財務數據有效評價企業的財務狀況和經營成果，預測未來的財務業績，是個挑戰。對於分析人員來講，財務報表分析的

有效性取決於以下幾個方面：

1. 財務報表分析信息源的充分性

財務報表是企業經營活動的最終體現，但由於財務報表數字的加總性太高，又受企業內外部相關因素的影響，僅靠基本財務報表不能直接得出分析者所需要的答案。又由於財務報表只涉及那些能用貨幣形式表達的經濟事項，容納的信息有一定的局限性，且有些數據帶有估計的性質，因此需要做出必要的解釋和說明，否則會在一定程度上影響分析判斷和結論。分析者掌握的財務報表分析信息越充分，則越能降低複雜因素對報表信息的影響，彌補財務報表提供的信息的局限性。

因此，解決的最佳途徑是盡可能擴大報表分析的信息源。分析財務報表不能只看死板的數字，還要看到產生數字的管理活動，正如前文所述，不能「就報表分析報表」，需要將分析的信息源擴大到包含報表以外的附註信息、內控信息、企業經營發展環境、計劃、戰略等會計、管理、經濟信息。我們要遵循「行業分析」「企業分析」先於報表分析的原則，按照由大往小的方式，通過不斷拆解問題，挖掘相關信息，直到深入瞭解每個細節為止，因為「魔鬼都躲在細節裡」。

2. 選擇分析的標準

比較分析方法是進行企業財務報表分析時貫穿於始終的有效方法，按照「不同報表、信息比著來看」的方法進行分析。比較分析方法最為重要的是比較標準的選擇問題，若選擇不當，會使報表分析結論偏離實際。因此，要注意比較標準選擇的可比性，包括時間、企業性質、規模、比較指標的內涵、計算方法等方面；在比較標準的選擇上，可以是與企業前期指標、歷史先進水準、平均水準或行業平均水準、標準值比較。

3. 財務報表分析結論的相對性問題

由於內外影響因素是隨時、動態變化的，因此到目前為止，並沒有一套理想或標準的財表模版可以直接採用。我們並不能說某一優秀企業的報表，甚至是同一企業前期良好的報表數據就是進行報表分析時可以採用的比較標準，我們的分析結論只能是在目前特定影響因素的作用下，採用某一比較標準得到的較合理的結論，具有一定的相對性，因此，我們在進行分析時切忌用靜止的眼光看待問題，需要有發展的眼光。

4. 分析人員的專業知識水準和綜合運用、分析能力

財務報表分析的難點在於報表數據是複雜的企業經營管理活動的一個表現，本身除具有專業性，還具有複雜性。這就要求分析者除了具備較高的會計、財務專業知識，還要具備相應的管理、經濟知識，並能通過這些專業知識的綜合運用來分析看見的數據，這樣才能得到合理的結論。這樣的要求會導致不同的財務分析人員由於專業知識及綜合運用、分析能力的不同，在對財務報表的認識度、解讀力與判斷力，以及掌握財務分析理論和方法的深度和廣度等各方面都存在著差異，理解財務報表分析指標的結果就有所不同。就像醫生看病一樣，不同水準的醫生得到的結論及治療方案會出現差異。值得注意的是，目前會計專業人士，包括專業教育中的學生，比較注重專業知識的學習，甚至有的學生還停留在重「知識」學習、輕「運用」，重「做帳」、輕「分析」的階段，綜合運用知識能力較差。

因此，應提高分析人員的綜合素質，提高其對報表指標的解讀與判斷能力，並使他們同時具備會計、財務、市場營銷、戰略管理和企業經營等方面的知識，熟練掌握現代化的分析方法和分析工具，在學習中樹立正確的分析理念，逐步培養和提高對所

分析的問題的判斷能力以及綜合數據的收集能力和掌握運用能力。在專業知識的學習中，學生應改變只會學不會用、只會看數據不懂含義的學習思維模式，才能適應報表分析的需要。

二、關於財務報表中的「財務粉飾」「財務詐欺」

　　財務報表的編製主要由經營者完成，出於各種動機及制度上的不完善，企業財務報表有可能被粉飾，甚至出現「財務詐欺」的問題。「財務粉飾」和「財務詐欺」都會使財務報表具有不可分析性，降低財務信息的質量，出現分析結論大大偏離實際的問題，使利益相關者的利益受損。高質量的會計信息則有助於提高分析結論的有效性，幫助人們區分資本市場上效益好的公司，降低利益相關者在決策中面臨的不確定性。因此，我們在進行企業財務報表分析時，從一般意義上講，分析的假設前提是，目標企業的財務報表是可信的，尤其是經過註冊會計師出具了「肯定意見」的審計報告的公司。然而，很多上市公司「財務粉飾」「財務詐欺」的案例使得這一假設的正當性備受懷疑。當目標企業財務報表存在廣泛的粉飾行為，導致信息失真時，財務分析者還需具備一定的有效識別「財務粉飾」「財務詐欺」的方法。

　　但在分析時，我們也應注意到：由於報表數據聯繫緊密，不論在時間上還是在報表間，企業在粉飾報表時，一定會存在「一張報表造假、粉飾容易，一套報表粉飾較難」「一年粉飾容易，連續幾年粉飾較難」的現象。因此我們在對目標企業財務報表進行分析時，一定不能「就一張報表而分析」「就一年而分析」，要遵循聯繫分析的思路，聯繫其他報表、信息分析，多看幾年的財務數據，並將其聯繫起來一起分析，重點分析財務指標、財務信息的質量，這樣便可以降低由於「財務粉飾」「財務詐欺」帶來的信息不對稱、質量低下的問題。

本章小結

　　本章從總體上介紹財務報表分析的內容、作用，有針對性地介紹了財務報表分析依據的信息基礎、要求及獲取途徑，重點介紹了企業財務報表分析的程序和方法，最後對財務報表分析中存在的難點提出瞭解決的辦法。本章內容包括：

　　（1）財務報告是反應企業某一特定日期財務狀況和某一會計期間財務成果、現金流量的文件。財務報表是財務報告中的一部分。財務報告體系包括基本財務報表、附註、審計報告。

　　（2）財務報告的用戶有投資者、債權人、政府、企業管理當局以及證券分析人員等。各個用戶對財務信息的需求，既有共同點，也有不同點和各自的側重點。

　　（3）企業財務報表分析的內容主要包括財務報表總體分析和具體項目分析、財務比率分析、財務報表綜合分析和企業業績評價。

　　（4）財務分析的前提是正確理解財務報表。因此在進行財務報表分析前必須具備、掌握財務會計的相關知識。報表分析的過程是將整個報表的數據分成不同部分和指標，並找出有關財務數據的關係以達到對企業各方面及總體上的認識。分析時要按照「從大往小」「由粗到細」的順序進行分析。

（5）由於企業財務報表是外部會計環境和內部會計戰略因素互動的結果，因此企業財務報表分析的信息基礎除基本財務報表，還包括財務報表附註、審計報告、年度報告資料及行業、經濟環境等外部信息基礎，不能「就報表分析報表」。

（6）財務報表分析是運用一定的方法、技術將企業財務報表所提供的數據轉換成對特定決策有用的信息。企業財務報表分析的基本方法有比較分析法、趨勢分析法、比率分析法、因素分析法等。比較分析法是最常用的方法。無論哪一種分析方法都有一定的局限性，需要克服其缺陷，力求得出恰當的結論。

本章重要術語

財務報告　　資產負債表　　利潤表　　現金流量表　　所有者權益變動表
報表附註　　趨勢分析法　　比率分析法　　比較分析法　　因素分析法

習題・案例・實訓

一、單選題

1. 財務報表信息的生成主要是（　　）。
   A. 財務　　　　B. 會計　　　　C. 統計　　　　D. 業務經營活動
2. 投資人最關心的財務信息是（　　）。
   A. 總資產收益率　B. 銷售利潤率　C. 淨資產收益率　D. 流動比率
3. 採用共同比財務報表進行比較分析的主要優點是（　　）。
   A. 計算容易
   B. 可用百分比表示
   C. 可用於縱向比較
   D. 能顯示各個項目的相對性，能用於不同時期相同項目的比較分析
4. 在進行趨勢分析時，通常採用的比較標準是（　　）。
   A. 計劃數　　　　　　　　B. 預定目標數
   C. 以往期間實際數　　　　D. 評估標準值
5. 外部信息使用者瞭解單位會計信息最主要的途徑是（　　）。
   A. 財務報告　　B. 帳簿　　　　C. 財產清查　　D. 會計憑證
6. 從企業債權者角度看，財務報表分析的最直接目的是看（　　）。
   A. 企業的盈利能力　　　　B. 企業的營運能力
   C. 企業的償債能力　　　　D. 企業的增長能力
7. 企業資產經營的效率主要反應企業的（　　）。
   A. 盈利能力　　B. 償債能力　　C. 營運能力　　D. 增長能力
8. 企業投資者進行財務報表分析的根本目的是關心企業的（　　）。
   A. 盈利能力　　B. 營運能力　　C. 償債能力　　D. 增長能力

9. 可提供企業變現能力信息的財務報表是（　　）。
   A. 現金流量表　　　　　　　　B. 所有者權益變動表
   C. 資產負債表　　　　　　　　D. 利潤分配表
10. 進行財務報表分析的第一步是（　　）。
    A. 分析會計政策變化　　　　　B. 分析會計估計變化
    C. 閱讀會計報告　　　　　　　D. 修正會計報表信息
11. 應用水準分析法進行分析評價時關鍵應注意分析資料的（　　）。
    A. 全面性　　　B. 系統性　　　C. 可靠性　　　D. 可比性
12. 可以預測企業未來財務狀況的分析方法是（　　）。
    A. 水準分析　　B. 垂直分析　　C. 趨勢分析　　D. 比率分析
13. 對於連環替代法中各因素的替代順序，傳統的排列方法是（　　）。
    A. 主要因素在前，次要因素在後
    B. 影響大的因素在前，影響小的因素在後
    C. 不能明確責任的在前，可以明確責任的在後
    D. 數量指標在前，質量指標在後
14. （　　）法是計算財務報表中的各項目占總體的比重的一種方法。
    A. 水準分析　　B. 垂直分析　　C. 趨勢分析　　D. 比率分析
15. 在進行趨勢分析時，以某選定時期為基礎，以後各期數均以該期數作為共同基期數，計算出的比例稱為（　　）。
    A. 定比　　　　B. 環比　　　　C. 水準比率　　D. 垂直比率
16. 中國會計規範體系的最高層次是（　　）。
    A. 企業會計制度　　　　　　　B. 企業會計準則
    C. 會計法　　　　　　　　　　D. 會計基礎工作規範
17. 利潤表的共同比財務報表通常選用以下哪個項目的金額作為100？（　　）
    A. 銷售收入　　B. 資產總額　　C. 淨利潤　　　D. 淨資產

二、多選題
1. 企業財務信息的主要用戶有（　　）。
   A. 債權人　　　　　　　　　　B. 投資人
   C. 國家財政和稅務部門　　　　D. 證券監管部門
   E. 企業本身
2. 企業對外報送的財務報表有（　　）。
   A. 資產負債表　　　　　　　　B. 利潤表
   C. 現金流量表　　　　　　　　D. 主要產品單位成本表
   E. 期間費用表
3. 中國一般將財務比率分為四類，它們是（　　）。
   A. 獲利能力比率　　　　　　　B. 資本結構比率
   C. 償債能力比率　　　　　　　D. 營運能力比率
   E. 發展能力比率

4. 財務報告分析的基本方法有（　　）。
   A. 比較分析法　　　　　　　　B. 差量分析法
   C. 比率分析法　　　　　　　　D. 因素分析法
   E. 本量利分析法
5. 財務報告分析的目標有（　　）。
   A. 為企業的經營決策提供依據
   B. 為考核企業的管理水準和評價管理人員的業績提供依據
   C. 為投資人的投資決策提供依據
   D. 為債權人的貸款決策提供依據
   E. 為政府的宏觀經濟決策提供依據
6. 財務報告的時點報表是（　　）。
   A. 利潤表　　　　　　　　　　B. 資產負債表
   C. 現金流量表　　　　　　　　D. 合併資產負債表
7. 企業債權人不包括（　　）。
   A. 股東　　　B. 職工　　　C. 銀行　　　D. 工商管理局
8. 企業管理者對財務報告分析的目的主要是瞭解企業的（　　）。
   A. 銷售情況　　　　　　　　　B. 職工素質
   C. 債務還本付息情況　　　　　D. 技術水準
9. 下列屬於會計政策的有（　　）。
   A. 存貨計價方法　　　　　　　B. 企業執行的會計期間
   C. 記帳原則和計價基礎　　　　D. 外幣折算方法
   E. 固定資產的折舊年限
10. 財務報表分析的基本資料包括（　　）。
    A. 資產負債表　　　　　　　　B. 利潤表
    C. 所有者權益變動表　　　　　D. 現金流量表
    E. 審計報告
11. 比率分析的基本形式有（　　）。
    A. 百分比　　　B. 比例　　　C. 增長率　　　D. 分數
12. 財務報表分析的方法有（　　）。
    A. 比率分析法　　　　　　　　B. 因素分析法
    C. 代數分析法　　　　　　　　D. 邊際貢獻分析法
    E. 比較分析法
13. 財務分析的四個步驟包括（　　）。
    A. 明確分析目標，制訂分析計劃　　B. 收集數據資料，確定分析對象
    C. 選定分析方法，測算因素影響　　D. 評價分析結果，提出管理建議
14. 比率分析法的具體形式包括（　　）。
    A. 趨勢比率分析法　　　　　　B. 構成比率分析法
    C. 相關比率分析法　　　　　　D. 水準比率分析法

15. 採用比率分析法時，需要注意的問題包括（　　）。
    A. 對比項目的相關性　　　　　B. 對比口徑的一致性
    C. 衡量標準的科學性　　　　　D. 應別除偶發性項目的影響
16. 能夠作為財務報表分析主體的政府機構，包括（　　）。
    A. 稅務部門　　　　　　　　　B. 國有企業的管理部門
    C. 證券管理機構　　　　　　　D. 會計監管機構
    E. 社會保險部門
17. 能夠作為報表分析依據的審計報告的意見類型的有（　　）。
    A. 無保留意見的審計報告　　　B. 讚成意見的審計報告
    C. 否定意見的審計報告　　　　D. 保留意見的審計報告
    E. 拒絕表示意見的審計報告

三、判斷題

1. 會計是一種經濟管理活動。（　　）
2. 會計分期不同，對利潤總額不會產生影響。（　　）
3. 財務報告的縱向分析是同一時間不同項目的分析。（　　）
4. 債權人通常不僅關心企業償債能力比率，而且關心企業盈利能力比率。（　　）
5. 財務活動及其結果都可以直接或間接地通過財務報表來反應。（　　）
6. 使用分析方法時還應結合考察分析企業的誠信狀況等非財務信息資料才能得出正確的答案。（　　）
7. 公司年度報告中的財務會計報告必須經會計師事務所審計，審計報告須由該所至少兩名註冊會計師簽字。（　　）
8. 財務指標分析就是財務比率分析。（　　）
9. 不能提供非財務信息是公司年度報告的主要局限性。（　　）
10. 財務分析主要採用量化方法，因此，只要收集公司財務報表的數據信息，就可以完成財務分析。（　　）
11. 財務報表分析的第一個步驟是收集與整理分析信息。（　　）
12. 水準分析法在不同企業間應用時，一定要注意其可比性問題，即使在同一企業中應用，對於差異的評價也應考慮其對比基礎。（　　）
13. 比率分析法能在一定程度上綜合反應比率與計算它的會計報表之間的聯繫。（　　）
14. 差額計算法只是連環替代法的一種簡化形式，兩者實質上是相同的。（　　）

四、思考題

1. 有人說：「上市公司的財務信息帶有虛假性，進行財務報表分析有意義嗎？」你如何評價上述說法？
2. 財務報告體系有哪些內容？它們間的關係是什麼？
3. 企業財務報表分析的信息源組成內容包括哪些？
4. 四張主表之間的對應關係如何？
5. 財務報告分析的方法有哪些？

五、計算分析題

某企業近3年的主要財務數據和財務比率資料如表1-6所示。

要求：1. 運用因素分析法分析該公司2018年與2017年相比，淨資產收益率的變動影響。

2. 分析說明該公司2018年資產、負債和所有者權益的變化及原因。

表1-6　某企業近3年的財務數據

項　　目	2016年	2017年	2018年
銷售額/萬元	4,000	4,300	3,800
總資產/萬元	1,430	1,560	1,695
普通股/萬元	100	100	100
留存收益/萬元	500	550	550
股東權益/萬元	600	650	650
權益乘數		2.39	2.5
流動比率	1.19	1.25	1.2
平均收現期/天	18	22	27
存貨週轉率/%	8	7.5	5.5
長期債務/股東權益	0.5	0.46	0.46
銷售毛利率/%	20.0	16.3	13.2
銷售淨利率/%	7.5	4.7	2.6

六、案例閱讀及思考

財務報表中的價值點

財務報表分析是整個投資的起點，是投資繞不開的能力圈的核心能力，沒有財務報表分析能力，在投資上是致命的。財務報表，特別是每年的年報，是公司經營狀況的完整體現，會呈現出很多有用的東西，比如財務數據簡介、業務概要、經營情況分析、重要事項、股東變化、董高監情況、公司債務、財務報告等。其中最重要的三個重點內容是：業務概要、經營情況分析、財務報告。

一、財務報表分析需要基於公司的主營業務

優先要看的是財務報表中顯示出來的主營業務的產品和行業，以及重點銷售區域等信息。這裡最重要的是主營業務產品。通過查看多年的財務報表累進，能觀察到企業的主營業務的變化，通過它可以分辨企業最賺錢的業務。比如雲南白藥，批發零售的業務占據一半多的收入，但是毛利率也是奇低的，只有工業製品藥品和牙膏這塊有用。有時候批發零售這塊增長很多，看起來成長了，其實是沒用的，對業績沒有幫助。格力電器也是這樣，目前空調占據了90%的業務和利潤，基本上可以忽略其他所有的業務，你只要關注空調就可以了。因此，從產品裡分辨出公司的有用的主營業務，是對公司定性的基礎。

二、公司經營情況的分析對財務報表的重要意義

財務報表中篇幅最大的文字描述是經營情況分析，它表述了公司管理層對於企業發展的戰略和對未來的看法。絕大部分人，是不去理解公司發布的戰略的，他們習慣於用自己的思維去套公司的戰略行為，繼而堅決地否定公司的戰略。我們作為

報表外部信息使用者，和天天面對企業的管理層相比，管理層的實際管理能力遠超我們。這就像田忌賽馬，管理層管理公司，是上等馬；我們管理公司，是下等馬。為什麼要用我們的下等馬和他們的上等馬比高低？諸如此類的錯誤非常多。我認為你能想到的幼稚問題，管理層早就想過了，他們現在做的，比你想的更好。

因此，正確的做法應該是理解企業的戰略是什麼，管理層是否誠實，實行這個戰略的能力怎樣，這個戰略實行效果是怎樣的，在財務數據上怎樣正向體現出來。

三、分析報表中重要程度高的財務數據

為什麼我認為受歡迎的財務數據是重要程度低的項目呢？因為財務數據是過去式，只是公司戰略執行的副產物，如果公司戰略和主營業務是大樹的樹根和主幹，那財務數據就是樹葉，前兩者不行，財務數據都是沒用的。

1. 財務報表數據中具有防守作用的數據，對我們面對未來的風險是非常好的保護

作為價值投資人，都是時刻準備應對風險的來臨的，比如經濟危機、行業危機，如果財務報表數據中風險巨大，那將是危險的，如何才能在冬天安然過冬，這是我們首要考慮的問題。在財務數據中具有防守作用的數據有低應收帳款、低負債率、低存貨、低應付帳款、高預收款、高貨幣資金或類現金金融產品等。在這樣的財務數據下，即使出現2008年的金融危機也沒有什麼可怕的，棉被夠厚。

2. 財務數據中也有相互驗證的數據

關於扣非淨利潤和經營現金流量淨額的印證，理想的狀況下，經營現金流量淨額應該是大於等於扣非淨利潤的，表明我賺到的錢都是實實在在的人民幣，並不是賺了存貨，賺了固定資產，或者賺了一堆廢鐵。現金流不會說謊。關於扣非淨利潤與稅收的增幅的印證，有時候扣非淨利潤的增長率和稅收的增長率不相符，這也是不科學的，一般情況下扣非淨利潤增長率和稅收是同步增長的，國家的稅收不會假。如果淨利潤增長遠遠超過稅收的增長，要特別警惕。

財務數據中扣除了經常項目的因素後，所得到的利潤數據，在經過驗證合理後，可以作為估值的數值基礎。

3. 從財務數據中驗證企業過往的經營能力和競爭力

主要指標有毛利率、淨利率、淨資產收益率（黃金指標），以及扣除非經常性損益的淨利潤和淨利潤增長率，較高的毛利率說明你有節約出利潤的空間，比如90%的毛利率，你節省5%的利潤很容易；但如果是10%的毛利率，你節省5%試試看？較高的毛利率同時也預示公司的競爭力較強。較高的淨利潤率和淨資產收益率，扣非營業收入和淨利潤增長率超越同行，也是企業競爭優勢的表現，現在的GDP增速是6.8%，如果企業的淨資產收益率低於GDP增長率的數據，說明這個企業的盈利能力，連平均數都達不到。這類企業，就不值得投資了。

對於財務報表中的其他數據，是不是值得仔細研究？按照大數方法，只要涉及金額較大的項目，還是要仔細看看後面的明細。不過，對於幾百億上千億的資產負債表來說，看那些幾百萬幾千萬的數據項目，就不值得了。

總結：年報中的主營業務是企業投資關注的起點，股東應該理解企業的戰略是什麼，管理層是否誠實，實行這個戰略的能力怎樣，這個戰略實行效果是怎樣的，

在財務數據上怎樣正向體現？財務數據只是作為過去和當下的判斷依據，要找到財務數據中具有防守能力的數據，要印證利潤的含金量和真實性，關注企業的盈利能力數據與行業的比較，印證其他的定性分析。

（資料來源於微信公眾平臺「京城操盤手」，作者為石 stone）

案例思考題：

(1) 為什麼分析財務報表不能「就報表分析報表」？

(2) 為什麼財務報表分析觀察數據越多、時間越長，分析越有效？

(3) 重要的財務報表數據應該是哪些？

七、實訓任務

根據本章學習內容和實訓要求，完成實訓任務1和實訓任務2。

(一) 實訓目的

1. 掌握財務報表、財務報告、年度報告的獲取途徑和方式，能通過相應的途徑建立財務報表分析的相關信息源。

2. 能熟練運用財務報表的水準、垂直分析方法，使用 Excel 等工具對目標分析企業的財務報表進行數據加工。

3. 培養資料查找（上網查詢）能力、匯總能力、協調和溝通能力等。

(二) 實訓任務1：財務報表分析信息源的形成——收集目標分析企業財務報表分析信息

要求：

1. 搭建實訓團隊——自願組合，1~3人為一個小組，並選出責任心較強的1人為組長，團隊的小組成員通過分工合作、相互溝通和交流，共同完成本課程的實訓並共享實訓成果。

2. 根據本章所學知識，確定小組所選的行業並選擇分析的目標企業，為便於比較分析，應再確定另外一家同行業同類型的公司，作為被比較的企業。

（建議：因為是剛開始學習，選擇分析的公司為 A 股上市公司，最好是規模不是很大、組織結構不複雜、業務集中且自己較感興趣的公司。）

3. 從相關財經網站下載一兩家公司最近3年的年度報告、基本財務報表、財務報告，及瞭解公司基本信息。

4. 收集整理目標分析企業資料，熟悉目標分析企業基本情況。

根據本章所要求的「企業基本信息」的內容，從各相關網站查閱資料，按要求並整理分析。整理分析思路可按如下內容進行：

(1) 經營類型；

(2) 主要產品；

(3) 戰略目標；

(4) 財務狀況和經營目標；

(5) 主要競爭對手；

(6) 行業競爭程度（國內和國外）；

(7) 公司的行業地位（如市場份額）；

(8) 行業發展趨勢；

(9) 管制事項；

(10) 經濟環境；

(11) 近期或遠期發展計劃或戰略。

5. 年度報告下載為 PDF 格式文檔。

6. 以 Excel 形式下載近三年的基本財務報表，即年度「資產負債表」「利潤表」「現金流量表」「所有者權益變動表」及「資產減值明細表」，並進行整理，以備後續實訓使用。注意本實訓只要近三年的年末數據，其餘非年末數據可以刪除。

7. 根據獲取的公司財務報告及年度報告，尋找相關信息並回答：

(1) 該公司年度審計報告屬於什麼類型的審計報告？有無特別提示的項目，若有，你認為反應了什麼？

(2) 確認公司現金流量表的起點與利潤表的淨利潤是否一致？

(3) 確認公司的現金流量表顯示的現金變動數額與資產負債表上期初與期末數的差異？若不一致，請尋找原因。

(三) 實訓任務2：目標分析企業基本財務報表比較、垂直分析

1. 對選定的兩家公司的基本財務報表，運用財務報表水準分析法及趨勢分析法等方法計算並建立兩家公司的比較財務報表（環比及定基比較）。要求比較財務報表以 Excel 格式形成。

2. 對選定的兩家公司的基本財務報表，運用財務報表水準分析法、垂直分析法及趨勢分析法等方法計算並建立兩家公司的共同比財務報表。要求比較財務報表以 Excel 格式形成。

3. 將兩家公司比較財務報表中變化幅度較大的項目及變動率（一般超過30%的變化幅度）用紅色標註出來；將兩家公司共同比財務報表中占比較大的項目及比值用綠色標註出來，以便後續做重點分析。

4. 對標註紅色的目標分析企業的比較財務報表變動項目及數據，查閱實訓任務1中下載的該公司年度報告資料，將變動原因批註於數據項目上。

5. 運用 Excel 繪圖功能，生成與比較財務報表和共同比財務報表相應的圖形。

(1) 對目標分析企業的定基比較資產負債表中的紅色標註項目，分別按資產類、負債類、所有者權益類生成「近三年資產重要變動項目示意圖」「近三年負債重要變動項目示意圖」「近三年所有者權益重要變動項目示意圖」；對目標分析企業的共同比資產負債表中的綠色標註項目，分別按資產類、負債類、所有者權益類生成「近三年資產重要構成項目示意圖」「近三年負債重要構成項目示意圖」「近三年所有者權益重要構成項目示意圖」。

(2) 對目標分析企業的定基比較利潤表中的紅色標註項目，分別按收入類、成本費用類生成「近三年收入類重要變動項目示意圖」「近三年成本費用類重要變動項目示意圖」；對目標分析企業的共同比利潤表中的綠色標註項目，分別按收入類、成本費用類生成「近三年收入類重要構成項目示意圖」「近三年成本費用重要構成項目示意圖」。

(3) 對目標分析企業的定基比較現金流量表中的紅色標註項目，分別按現金流入類、流出類及淨流量類生成「近三年現金流入類重要變動項目示意圖」「近三

年現金流出類重要變動項目示意圖」「近三年現金淨流量重要變動項目示意圖」；對目標分析企業的共同比現金流量表中的綠色標註項目，分別按流入類、流出類及現金淨流量類生成「近三年現金流入重要構成項目示意圖」「近三年現金流出重要構成項目示意圖」「近三年現金淨流量重要構成項目示意圖」。

6. 比較分析目標分析企業財務報表的變動及構成情況，並與被比較企業做對比，結合實訓任務1目標分析企業基本信息，初步判斷該公司的財務特點及基本財務狀況、業績等。

連結1-10　　　第一章　部分練習題答案

一、單選題

1. B 2. C 3. D 4. C 5. A 6. C 7. C 8. A 9. C 10. C
11. D 12. C 13. A 14. B 15. A 16. C 17. A

二、多選題

1. ABCDE 2. ABC 3. ACDE 4. ACD 5. ABCDE 6. BD 7. ABD 8. AC
9. ABCD 10. ABCDE 11. ABC 12. ABE 13. ABCD 14. BCD 15. ABCD
16. ABCD 17. ACDE

三、判斷題

1. √ 2. × 3. × 4. √ 5. √ 6. × 7. √ 8. × 9. × 10. ×
11. √ 12. √ 13. √ 14. √

五、計算分析題

1. 第一，計算指標

2017年：

淨利潤 = 4,300×4.7% = 202.1（萬元）

資產週轉率 = 4,300/[(1,560+1,430)/2] = 2.88

淨資產收益率 = 4.7%×2.88×2.39 = 32.35%

2018年：

淨利潤 = 3,800×2.6% = 98.8（萬元）

資產週轉率 = 3,800/[(1,695+1,560)/2] = 2.33

淨資產收益率 = 2.6%×2.33×2.5 = 15.15%

第二，分析影響

銷售淨利率變動影響：(2.6%-4.7%)×2.88×2.39 = -14.45%

資產週轉率變動影響：(2.33%-2.88%)×2.6%×2.39 = -3.42%

權益乘數變動影響：(2.5-2.39)×2.6%×2.33 = 0.67%

2. 分析變化及原因：

2018年的總資產在增加，主要原因是存貨和應收帳款占用增加。2018年負債是籌資的主要來源，而且主要是流動負債。長期負債和所有者權益增加很少，大部分盈餘都用於發放股利。

第二章

資產負債表分析

觀察上市公司財務報告可以發現，財務報表附註信息大半都與資產負債表有關。

美國通用汽車的創始人斯隆（Alfred Sloan）在他的回憶錄《我在通用汽車的歲月》裡說：在市場發展的高峰期，我最擔心的有三件事，一是投資過分，二是庫存積壓，三是現金短缺。這三件事都與資產負債表密切相關。

在企業的日常經營管理活動中，我們會經常聽到關於企業不良資產和優質資產的議論，那到底如何判斷企業資產是不良資產還是優質資產？用什麼來判斷？我們還看到企業規模與效益間不一定有直接關係，規模大的企業效益不一定好？為什麼？

一家優秀公司一定有一張優質的資產負債表。怎樣看待資產負債表？如何通過資產負債表的分析來瞭解這張報表提供的信息？

■學習目標

1. 瞭解資產負債表構成項目的含義及相互關係。
2. 理解資產負債表對決策的重要性及分析的意義。
3. 掌握資產負債表分析的方法、分析的內容及思路。
4. 理解影響資產質量的因素，掌握資產質量分析的基本思路及方法。
5. 掌握所有者權益質量分析的思路及方法。
6. 熟悉資產負債表重要項目的分析思路。

■ 導入案例

「世界上第一個億萬富翁」洛克菲勒在19世紀50年代開始經商時就非常善於查看資產負債表；而曾經有過百年輝煌歷史的巴林銀行前董事長彼得‧巴林則認為資產負債表沒什麼用，他曾經說過，若認為揭露更多資產負債表的數據，就能增加對一個集團的瞭解，那真是幼稚無知。但隨後不久，巴林銀行就因為內部控制不力，且資產負債表對衍生金融工具風險方面的信息沒有得到應有的揭示而倒閉了。很多人都承認，如果巴林銀行更重視資產負債表的信息披露，也許就不會倒閉。

（資料來源：李遠慧，郝宇欣．財務報告解讀與分析［M］．北京：清華大學出版社，2011．）

第一節　資產負債表原理

一、資產負債表的概念

1. 資產負債表的基本概念

資產負債表（balance sheet）是基本財務報表之一，是以「資產＝負債＋所有者權益」為平衡關係，反應企業財務狀況的靜態報表，揭示企業在某一特定日期所擁有或控制的經濟資源、所承擔的現時義務和所有者享有的剩餘權益。資產負債表是最古老的一張報表，19世紀中葉以前，企業的財務報表只有資產負債表。

從資產負債表的定義可見，該表是說明企業在某一特定時刻的財務存量的報表，反應的是在這一時刻的財務狀況；所依據的基本理論是「資產＝負債＋所有者權益」這一財務關係；反應的內容是這一財務關係的基本要素「資產」「負債」「所有者權益」。資產負債表就好比企業經營活動、財務狀態在某一時刻的快照，它沒有開始和結束。

2. 資產負債表的理論依據——會計恒等式

資產負債表描述的是在某一特定時點企業的資產、負債及所有者權益的關係，這種關係是建立在「資產＝負債＋所有者權益」恒等關係基礎上的，這一恒等式描述的是某一特定時點企業的經濟資源的狀況，及這些經濟資源的資金來源。等式左邊表達的就是這些經濟資源，即企業的資產，包括狀況、規模、變化情況、分佈和質量等；等式右邊表達的就是經濟資源的來源，它可以通過舉債和接受投資形成，舉債和接受投資對應的權益稱為企業的權益。只是由舉債形成的權益是債權人的權益，會計上統稱負債，由接受投資形成的權益是投資人（股東）的權益，會計上統稱為所有者（股東）權益。企業的一定的經濟資源必然有一定的來源，經濟資源的形成與經濟資源的來源是相等的，即企業的一定的經濟資源必然產生一定的企業權益，且這一關係是恒等的。

該恒等式從通俗意義上可理解為，左邊表示企業擁有的東西，右邊表示這些東西屬於誰。這個等式好比一張快照，顯示了企業生產經營時的財務狀況，需要關注的是，

資產負債表右邊的負債與所有者權益的相對比率稱為「財務結構」。企業負債越多，財務壓力越大，越可能面臨倒閉的風險。

二、資產負債表三要素的概念及特徵

資產負債表集中反應了資產、負債、所有者權益三大靜態會計要素在企業經營過程中的狀態和變化。

1. 資產

資產是企業因過去的交易或事項而形成，並由企業擁有或控制，預期會給企業帶來未來經濟利益的資源，包括財產、債權和其他權利。資產具有如下基本特徵：

（1）資產是由過去的交易取得的。企業所能利用的經濟資源能否被列為資產，標誌之一就是是否由已發生的交易引起。

（2）資產應能被企業實際擁有或控制。在這裡，「擁有」是指企業擁有資產的所有權；「控制」則是指企業雖然沒有某些資產的所有權，但實際上可以對其自主支配和使用，例如融資租入的固定資產。

（3）資產必須能以貨幣計量。也就是說，會計報表上列示的資產並不是企業擁有或控制的所有資源，而只是那些能用貨幣計量的資源。這樣就會導致企業的某些資源甚至是非常重要的資源，如人力資源、客戶資源和大數據資源等，由於無法用貨幣計量而不能作為企業的資產列示在報表中。

（4）資產應能為企業帶來未來經濟利益。在這裡，能為「未來經濟利益」是指直接或間接地為未來的現金淨流入做出貢獻的能力。這種貢獻可以是直接增加未來的現金流入，也可以是因耗用（材料存貨）或提供經濟效用（對各種非流動資產的使用）而節約的未來的現金流出。資產的這一特徵通常被用來作為判斷資產質量的一個重要方面，那些無法為企業帶來未來經濟利益的資產往往被貼上「不良資產」的標籤。

資產的分類有很多種，有長期與短期、固定與流動、有形與無形之分。一般而言，資產按其變現能力（流動性）的大小分為流動資產和非流動資產兩大類。因此資產負債表中的分類是按流動性分類的，按流動資產、長期投資、固定資產、無形資產和其他資產列示。

連結 2-1　　　　　　　　　　資產的拓展認識

討論 1：資產概念的拓展認識：資產與財產物資、成本費用的區別

（1）「資產」不等於「財產物資」。

有些財產物資雖為企業所控制、擁有，也是過去交易事項形成的，可能也能以貨幣計量，但卻不能為企業帶來未來經濟利益，它們就不能稱為企業的資產，比如：待處理財產損失、長期待攤費用等。

（2）今天的資產就是未來的成本費用，它們只是時間概念上的不同。

其實資產與成本費用是有直接聯繫的，某一時間點的資產可能在下一時間點會變成企業的成本費用，比如：管理不善造成的企業逾期多年收不回的應收帳款，這種應收帳款就會由資產變成公司的費用；而某一時刻的成本費用在另一時刻也可能轉換為企業的資產，比如：採購完畢驗收入庫的原材料，此時，採購成本就會轉作企業的資產。

討論 2：資產確認的兩個條件與討論

同時滿足以下兩個條件才能確認資產：

(1) 與該資源有關的經濟利益很可能流入企業（本質）。

(2) 該資源的成本或價值能可靠計量（前提）。

這說明資產是與未來相聯繫的，且離不開假設。對未來該資源的經濟利益的可能性的判斷具有一定的主觀性，且是在一定條件下做出的，有一定的可選擇性。價值計量的可靠性，則要求必須以價值計量為基礎，所以無法收回的應收帳款是費用而非資產，還有價值無法可靠計量的商譽、人力資源等則無法列入資產負債表中。商譽只有在企業有併購等財務行為時價值可以計量，此時因為能被計量才能在資產負債表中被列示出來。

因此，企業的某些資源甚至是非常重要的資源，如人力資源、客戶資源和大數據資源等，由於無法用貨幣計量而不能作為企業的資產列示在報表中。

2. 負債

負債是指企業由於過去的交易或者事項形成的，預期會導致經濟利益流出企業的現時義務。負債具有如下基本特徵：

(1) 與資產一樣，負債是由企業過去的交易或者事項引起的一種現時義務。只有在發生相應的交易或事項後所形成的現時義務才構成企業的負債。同理，或有負債由於具有「有可能發生也有可能不發生」這一特點，也不構成企業的負債。

(2) 負債必須在未來某個時點（通常有確切的受款人和償付日期）通過轉讓資產或提供勞務來清償，即預期會導致經濟利益流出企業。

(3) 負債應是金額能夠可靠地計量（貨幣計量）的經濟義務。在實務中企業通常需要根據謹慎性原則將很可能發生並且金額能夠可靠計量的經濟義務確認為預計負債，列示於負債項目之中。

負債的分類有很多種，有長期與短期、固定與流動、有形與無形之分。一般而言，負債按其償還期限的長短分為流動負債和非流動負債兩大類。因此資產負債表中的負債按償還期（也可看作流動性）的長短分為流動負債和非流動負債兩大類。

連結 2-2　　　　　　　　　　負債的拓展認識

討論 1：負債確認的兩個條件

負債需要同時滿足以下兩個條件才能確認：

(1) 與該負債有關的經濟利益很可能流出企業。

(2) 未來流出的經濟利益能可靠計量。

這說明負債是與未來相聯繫的，且離不開假設。對未來該經濟利益流出的可能性的判斷具有一定的主觀性，且是在一定條件下做出的，有一定的可選擇性。價值計量的可靠性，則要求必須以價值計量為基礎，這樣也會使得那些不能可靠計量的，但對企業實際上是有重要影響的負債（如或有負債、隱性負債）無法列示在資產負債表中。

討論 2：資產與負債的討論：其實資產比負債更危險。

(1) 負債與資產是對立統一的。

對立：對交易雙方而言你的資產就是別人的負債。

統一：負債的主要目的是增加資產（來源）。

(2) 負債是好還是壞？

財務管理已經告訴我們，負債有兩面性，一方面具有財務槓桿利益，另一方面具有財務槓桿風險。如何做到利益與風險的平衡，完全取決於管理。

（3）其實資產比負債更危險：因為所有的資產都有可能轉化為負債。

① 今天的資產可能就是未來的成本費用，它們只是在時間概念上有所不同。

② 高負債成為問題的主要原因常常是資產管理出現問題。

討論3：人力資源到底是資產還是負債呢？

由於人力資源的產出帶有很大的不確定性，按財務謹慎性原則（保守原則）的要求，在可能獲得的收益與可能發生的損失間，財務是寧可認可能的損失而不相信可能的收益的，因此，在財務意義上一般是把人力資源歸為負債而非資產的（人力成本）。

3. 所有者權益

所有者權益又稱淨資產（公司的所有者權益又稱股東權益），是指企業資產扣除負債後由所有者享有的剩餘權益，又稱淨資產或帳面淨值。與債權人權益比較，所有者權益一般具有如下基本特徵：

（1）所有者權益在企業經營期內可供企業長期、持續地使用，企業不必向投資人（或稱所有者）返還所投入的資本。

（2）企業的所有者憑藉其對企業投入的資本，享受稅後分配利潤的權利。所有者權益是企業分配稅後淨利潤的主要依據。

（3）企業的所有者有權行使企業的經營決策和管理權，或者授權管理人員行使經營管理權。

（4）企業的所有者對企業的債務和虧損負有無限責任或有限責任（依企業性質而定），而債權人與企業的其他債務不發生關係，一般也不承擔企業的虧損。

在資產負債表中，所有者權益一般按照淨資產的來源和用途分類，所有者權益的來源包括所有者投入的資本、其他綜合收益、留存收益等，通常由股本（或實收資本）、資本公積（含股本溢價或資本溢價、其他資本公積）、其他綜合收益、盈餘公積和未分配利潤等構成。

所有者投入的資本，是指所有者投入企業的資本部分，它既包括構成企業註冊資本或者股本的金額，也包括投入資本超過註冊資本或股本部分的金額，即資本溢價或股本溢價，這部分投入資本由資本公積（資本溢價）反應。它能反應公司法人財產權的大小及作為法人財產權的資本準備金額有多大，並用以作為公司經營的保障和社會信用方面的保障。

其他綜合收益，是指企業根據會計準則規定未在當期損益中確認的各項利得和損失。

留存收益，是指企業從歷年實現的利潤中提取或形成的留存於企業的內部累積，包括盈餘公積和未分配利潤。這部分主要用於資本累積、以豐補歉。

連結2-3　　對所有者權益的再認識：所有者權益其實比負債更可怕！

所有者權益風險其實比債務投資風險大，不像借錢給你的銀行家，只跟你提欠債還錢的事，所有者不僅要享紅利，還要跟你分享所有權！

三、資產負債表的基本結構

資產負債表的結構一般是指資產負債表的組成內容及各項目在表內的排列順序。就組成內容而言，資產負債表包括表頭、基本內容和補充資料等。

（1）表頭部分提供了編報企業的名稱、報表的名稱、報表所反應的日期、金額單位及幣種等內容。

（2）基本內容部分列示了資產、負債及所有者權益等內容。

（3）補充資料部分列示或反應了一些在基本內容中未能提供的重要信息或未能充分說明的信息。這部分資料主要在報表附註中列示。

中國企業資產負債表的排列及各項目的含義受《企業會計準則》的直接制約。

資產負債表的基本結構和主要項目如表 2-1 所示。

表 2-1 資產負債表

編製單位： 　　　　　　　　　　　　　　　　　　　　　　　　　　　　　　　單位：

報表項目	期末餘額	期初餘額	報表項目	期末餘額	期初餘額
流動資產			**流動負債**		
貨幣資金			短期借款		
交易性金融資產			交易性金融負債		
衍生金融資產			衍生金融負債		
應收票據			應付票據		
應收帳款			應付帳款		
應收款項融資			預收款項		
預付款項			應付手續費及佣金		
其他應收款			應付職工薪酬		
買入返售金融資產			應交稅費		
存貨			其他應付款		
持有待售資產			一年內的遞延收益		
一年內到期的非流動資產			應付短期債券		
待處理流動資產損益			一年內到期的非流動負債		
其他流動資產			其他流動負債		
流動資產合計			**流動負債合計**		
非流動資產			**非流動負債**		
發放貸款及墊款			長期借款		
其他債權投資			應付債券		
其他權益投資工具			長期應付款		
債權投資			長期應付職工薪酬		
長期應收款			預計非流動負債		
長期股權投資			遞延所得稅負債		
投資性房地產			長期遞延收益		
固定資產			其他非流動負債		

表2-1(續)

報表項目	期末餘額	期初餘額	報表項目	期末餘額	期初餘額
在建工程			**非流動負債合計**		
生產性生物資產			**負債合計**		
公益性生物資產			**所有者權益**		
油氣資產			實收資本（或股本）		
無形資產			資本公積		
開發支出			減：庫存股		
使用權資產			其他綜合收益		
商譽			專項儲備		
長期待攤費用			盈餘公積		
遞延所得稅資產			一般風險準備		
其他非流動資產			未分配利潤		
非流動資產合計			歸屬於母公司股東權益合計		
			少數股東權益		
			所有者權益（或股東權益）合計		
資產總計			**負債和所有者權益（或股東權益）總計**		

從表2-1可以看出，在資產方，按照資產變現能力由強到弱的順序排列為流動資產和非流動資產；在負債和所有者權益方，則依據負債需要償還的先後順序將負債分為流動負債和非流動負債分別列示，所有者權益列示在負債的下方。此種格式的基本依據是「資產＝負債＋所有者權益」這一會計恒等式。由於這種排列呈左右水準對稱形式，故又稱水準式或帳戶平衡式。帳戶平衡式除了忠實表達資金來源與去處的恒等關係外，也創造了相互鈎稽的可能性，它使復式記帳法得以貫穿始終。

為了便於分析者比較不同時點資產負債表的數據，資產負債表還將各項目再分為「期初餘額」和「期末餘額」兩欄分別填列。在實務中，一些項目還可能出現排列上的變化，但基本內容不會變。

連結2-4　　　　擴展閱讀：財務報表格式近年的調整變化

自2017年年底以來財政部進行了3次財務報表格式調整，對應著政府補助、持有待售、金融工具、收入、租賃等會計新規。

（1）未執行新金融工具準則、新收入準則和新租賃準則的企業，按照2019年版財務報表的格式一編製財務報表。自2017年年底以來的這3次財務報表格式調整中，資產負債表的重要變化包括：「應收票據」「應收帳款」和「應付票據」「應付帳款」的先合併後拆分；將「應收利息」「應收股利」歸並至「其他應收款」，「應付利息」「應付股利」歸並至「其他應付款」；新增「持有待售資產」和「持有待售負債」；將「固定資產清理」歸並至「固定資產」；將「工程物資」歸並至「在建工程」；將「專項應付款」歸並至「長期應付款」；新增「專項儲備」；等等（如表2-2所示）。

表 2-2 未執行新準則的一般企業財務報表重要變化

2017 年版財務報表	2018 年版財務報表	2019 年版財務報表
應收票據 應收帳款	歸並至「應收票據及應收帳款」	重新拆分為「應收票據」和「應收帳款」
應付票據 應付帳款	歸並至「應付票據及應付帳款」	重新拆分為「應付票據」和「應付帳款」
其他應收款 應收利息 應收股利	歸並至「其他應收款」	其他應收款
其他應付款 應付利息 應付股利	歸並至「其他應付款」	其他應付款
新增「持有待售資產」 新增「持有待售負債」	持有待售資產 持有待售負債	持有待售資產 持有待售負債
固定資產 固定資產清理	歸並至「固定資產」	固定資產
在建工程 工程物資	歸並至「在建工程」	在建工程
長期應付款 專項應付款	歸並至「長期應付款」	長期應付款
無	無	新增「專項儲備」
管理費用	分拆出「管理費用」和「研發費用」	管理費用 研發費用
新增「其他收益」 新增「資產處置收益」 「營業外收入」涵蓋範圍縮小	其他收益 資產處置收益 營業外收入	其他收益 資產處置收益 營業外收入
新增「持續經營淨利潤」 新增「終止經營淨利潤」	持續經營淨利潤 終止經營淨利潤	持續經營淨利潤 終止經營淨利潤

已執行新金融工具準則、新收入準則和新租賃準則的企業，按照 2019 年版財務報表的格式二編製財務報表（如表 2-3 所示）。

表 2-3 已執行新準則的一般企業財務報表重要變化

2017 年版財務報表	2018 年版財務報表	2019 年版財務報表
以公允價值計量且其變動計入當期損益的金融資產	近似過渡至「交易性金融資產」	交易性金融資產
以公允價值計量且其變動計入當期損益的金融負債	近似過渡至「交易性金融負債」	交易性金融負債
應收票據 應收帳款	歸並至「應收票據及應收帳款」	重新拆分為「應收票據」和「應收帳款」 新增「應收款項融資」
持有至到期投資	近似過渡至「債權投資」	債權投資
可供出售金融資產	債權部分近似過渡至「其他債權投資」 權益部分近似過渡至「其他權益工具投資」	其他債權投資 其他權益工具投資
無 無	無 無	新增「使用權資產」 新增「租賃負債」
無 無	新增「合同資產」 新增「合同負債」	合同資產 合同負債
無	新增「信用減值損失」	信用減值損失

(2) 利潤表的重要變化包括：從「管理費用」中分拆出「研發費用」；新增「其他收益」「資產處置收益」，「營業外收入」大瘦身；新增「持續經營淨利潤」和「終止經營淨利潤」；等等。

(3) 現金流量表無重大變化。

表 2-4 顯示了 A 上市公司近 3 年年末的資產負債表，它反應了該公司近 3 年來年末的財務狀況。(由於資料來源左右兩邊不夠排版，以下我們將 3 年的資產負債表分兩部分表達，上半部分是資產，下半部分是負債與所有者權益，這樣也便於我們在後續分析、實訓中運用 Excel 做報表數據處理，而不影響資產負債表平衡的原理。)

表 2-4 A公司近三年資產負債

單位：A 公司　　　　　　　　　　　　　　　　　　　　　　　　　　單位：元

報表日期	本年12月31日	上年12月31日	前年12月31日
流動資產			
貨幣資金	3,911,388,163.80	1,123,857,282.19	2,056,882,460.78
交易性金融資產	4,916,096.71	1,379,095.27	38,733,890.58
衍生金融資產	148,035,070.49	345,668,526.17	—
應收票據	85,526,801.88	95,639,906.70	72,007,744.36
應收帳款	866,628,518.28	797,639,218.27	1,178,274,276.58
預付款項	152,210,201.86	934,817,501.14	141,948,886.55
應收利息	151,594.88	97,716.37	
應收股利		—	
其他應收款	884,414,340.64	2,401,240,137.42	906,445,805.47
買入返售金融資產	—		
存貨	4,247,947,941.91	6,238,951,784.23	4,291,170,288.15
劃分為持有待售的資產	51,165,236.25	—	—
一年內到期的非流動資產			
待攤費用			
待處理流動資產損益			
其他流動資產	357,346,278.64	538,001,622.57	556,476,701.56
流動資產合計	10,709,730,245.34	12,477,292,790.33	9,241,940,054.03
非流動資產			
發放貸款及墊款	—	—	—
可供出售金融資產	59,303,236.07	54,417,059.03	30,351,944.81
持有至到期投資	—	—	—
長期應收款	—	—	—
長期股權投資	513,549,476.45	551,316,645.40	632,708,647.30
投資性房地產	24,781,867.57	25,549,630.51	25,414,170.03
固定資產淨額	4,252,611,928.68	4,468,653,007.80	3,937,429,086.60
在建工程	34,032,027.01	32,231,909.58	26,593,945.46

表2-4(續)

報表日期	本年12月31日	上年12月31日	前年12月31日
工程物資	2,771,758.18	2,801,070.58	2,640,792.40
固定資產清理	—	—	—
生產性生物資產	—	—	—
公益性生物資產	—	—	—
油氣資產	—	—	—
無形資產	1,000,958,835.44	903,392,973.73	531,825,839.11
開發支出			
商譽	358,587,808.75	358,587,518.93	185,040,967.68
長期待攤費用	42,528,534.36	42,463,267.64	39,039,578.27
遞延所得稅資產	80,677,281.76	37,566,895.04	12,635,904.28
其他非流動資產	22,914,652.76	26,457,743.53	30,945,305.15
非流動資產合計	6,392,717,407.03	6,503,437,721.77	5,454,626,181.09
資產總計	17,102,447,652.37	18,980,730,512.10	14,696,566,235.12
流動負債			
短期借款	6,181,725,043.81	6,659,099,896.14	7,057,960,811.75
交易性金融負債	3,529,509.95	851,395.89	85,200.00
衍生金融負債	49,549,948.85	155,157,269.29	
應付票據	21,391,565.47	16,810,747.11	44,706,728.54
應付帳款	624,967,346.07	900,941,127.82	590,061,219.51
預收款項	777,468,256.76	454,276,849.73	322,802,503.81
應付手續費及佣金	—	—	—
應付職工薪酬	203,395,777.71	166,877,439.35	117,008,224.04
應交稅費	143,708,159.92	132,057,823.19	69,786,047.49
應付利息	25,751,977.89	54,591,886.98	3,613,569.49
應付股利	816,615.32	1,674,288.29	32,526,904.57
其他應付款	529,284,165.07	901,866,293.81	181,337,810.54
一年內的遞延收益	—	—	—
應付短期債券	—	—	—
一年內到期的非流動負債	—	—	—
其他流動負債	—	1,200,000,000.00	96,184,356.53
流動負債合計	8,561,588,366.82	10,644,205,017.60	8,516,073,376.27
非流動負債			
長期借款	—	270,000,000.00	
應付債券	996,040,217.35	993,593,234.90	
長期應付款	—	—	
長期應付職工薪酬	—	30,094.20	

表2-4(續)

報表日期	本年12月31日	上年12月31日	前年12月31日
專項應付款	—	—	—
預計非流動負債	7,740,655.54	7,740,655.54	7,740,655.54
遞延所得稅負債	113,911,874.23	176,701,632.47	102,253,760.55
長期遞延收益	114,303,772.19	107,799,710.94	103,998,681.66
其他非流動負債	—	—	—
非流動負債合計	1,231,996,519.31	1,555,865,328.05	213,993,097.75
負債合計	9,793,584,886.13	12,200,070,345.65	8,730,066,474.02
所有者權益			
實收資本（或股本）	2,051,876,155.00	2,051,876,155.00	2,051,876,155.00
資本公積	4,149,642,352.67	4,129,432,663.14	4,129,757,453.53
減：庫存股	—	—	—
其他綜合收益	120,509,703.35	84,354,963.53	-190,072,854.12
專項儲備	—	—	—
盈餘公積	238,878,742.02	219,879,667.56	188,819,437.31
一般風險準備	—	—	—
未分配利潤	620,033,546.36	165,686,342.34	-246,485,618.47
歸屬於母公司股東權益合計	7,180,940,499.40	6,651,229,791.57	5,933,894,573.25
少數股東權益	127,922,266.84	129,430,374.88	32,605,187.85
所有者權益(或股東權益)合計	7,308,862,766.24	6,780,660,166.45	5,966,499,761.10
負債和所有者權益（或股東權益）總計	17,102,447,652.37	18,980,730,512.10	14,696,566,235.12

四、資產負債表的作用——體現企業價值

1. 揭示企業資產規模，反應企業的資產結構

資產負債表向人們揭示了企業擁有或控制的能用貨幣表現的經濟資源即資產的總規模及具體的分佈狀態。由於不同形態的資產對企業的經營活動具有不同的影響，因而通過資產負債表，可以瞭解企業的資產結構，尋求一種既能滿足生產經營對不同資產的需求，又能使經營風險最小的資產結構，進而從一個側面對企業的資產質量做出一定的判斷。

2. 反應企業資金來源和構成情況

資產負債表右方反應了企業資金來源，即權益總額及其構成。企業的資金全部來自投資者投入的資本，或者全部來自向債權人借入的資本的情況是很少見的，甚至可以說是根本不存在的。負債和所有者權益一般各占一定的比重，這就是通常所說的資本結構。由於負債需要按期償還，所有者權益是永久性資本，因此其比例不同，反應了企業償還長期債務的能力、債權人所冒的風險、企業財務安全程度的不同。

3. 反應企業財務實力、償債能力和支付能力

負債要用資產或勞務償還,資產與負債之間就應當有一個合理的比例關係。流動負債需要有相當規模的流動資產作為保證。資產負債表的左方,各類資產按變現能力由強到弱依次排列;右方的權益則按償還期限由短到長依次排列。流動資產與流動負債相比計算出的實際比率,與合理比率相對比,可用以判斷企業短期償還債務的能力。

4. 反應企業未來的財務趨勢

資產負債表中的數字有「年初數」和「期末數」兩欄,通過對比可以分析其變動情況,掌握其變動規律,研究其變動趨勢,為決策提供依據。

5. 反應企業的財務彈性

財務彈性是指企業融通資金和使用資金的能力。企業財務彈性取決於其資產的構成和資本結構。保持合理的資產構成和資本結構,使企業既能以較低資本成本獲得所需的資金,又可以改變現金流量的數額和時間分佈,以便抓住有利的投資機會或應付突發事件。因此,資產負債表的使用者根據它可以評價企業的財務彈性。

6. 反應企業的經營績效

企業的經營績效主要表現在獲利能力上,而對企業獲利能力的考察,可以單獨依據利潤表,但這只能觀察企業的銷售或營業的獲利能力。若要觀察企業利用所控制的經濟資源的獲利能力,以及投資者投入資本的增值能力,就要運用資產負債表。資產負債表與利潤表的結合,為全面分析和評價企業的獲利能力和營運能力提供基本依據。

五、資產負債表的局限性

1. 資產負債表並不能真實反應企業的財務狀況

資產負債表是以歷史成本為基礎的,它不反應資產負債和股東權益的現行市場價值。因而,由於通貨膨脹的影響,帳面上的原始成本與編表日的現時價值已相去甚遠,所代表的不一定就是資產的真實價值。

舉一個例子來說,如果你今年買的廠房以 20 萬元入帳,如果明年漲到了 30 萬元,明年的帳目上是怎麼列示的呢?還是以 20 萬元入帳。什麼時候才能體現出增值的 10 萬元呢?只有在你交易的時候,就是說你把廠房賣出去的時候,才能體現增值的 10 萬元。

2. 資產負債表並不能反應企業所有的資產和負債

貨幣計量是會計的一大特點,財務報告表現的信息是能用貨幣表述的信息,因此,資產負債表會遺漏無法用貨幣計量的重要經濟信息,如商譽、人力資源等。

3. 資產負債表中許多信息是人為估計的結果

例如壞帳準備、固定資產折舊和無形資產攤銷等,這些估值難免主觀,會影響信息的可靠性。

4. 資產負債表項目的計價運用不同的計價方法

資產項目的計量,受制於會計核算原則和計價方法。如現金按其帳面價值表示,應收帳款按照扣除壞帳準備後的淨值表示,存貨則按成本與可變現淨值孰低法表示等。這樣,由於不同資產採用不同的計價方法,資產負債表上得出的合計數失去可比的基礎,並變得難以解釋,這無疑會影響會計信息的相關性。

5. 資產負債表展示的是瞬間的財務狀況,不能反應企業一段時間的情況

過了這個瞬間,什麼情況都可能發生。比如資產負債表編製前後有些財務數據可

能會有不同的表現。

6. 理解資產負債表的含義必須依靠報表閱讀者的判斷

很多有關企業長期、短期償債能力和經營效率等的信息，企業往往不會直接披露，靠報表用戶自己分析判斷。由於各企業採用的會計政策可能不同，導致用戶難於判斷比較。

綜上所述，我們在分析資產負債表時應盡可能關注與其相關的更多信息，才能更好地評價分析。另外儘管資產負債表存在一定的局限性，但無論如何，資產負債表應該是企業價值形成的基礎。

第二節　資產負債表分析的內容及思路

一、資產負債表分析的目的

借助於資產負債表的分析，我們可以達到以下目的：

（1）資產負債表提供的只是靜態數據，通過對企業不同時點資產負債表的比較，我們可以對企業財務狀況的發展趨勢做出判斷；同時，將不同企業同一時點的資產負債表進行對比，還可對不同企業的相對財務狀況做出判斷。

（2）通過資產結構和權益結構的分析，我們可以瞭解企業籌集和使用資金的能力，瞭解企業資產的流動性和財務彈性，進而判斷企業的償債能力和支付能力；同時借助比較數據，通過對比分析，可以預測企業未來財務狀況的變動趨勢。

（3）進一步明確企業提供的資產負債表體現的財務狀況質量。根據對資產負債表反應的資產總額數據質量、流動資產質量、非流動資產質量的分析，找出影響各構成項目的重點內容與重點環節，一定程度上可以判斷其數據內容的真實性。

（4）通過資產負債表與利潤表有關項目的比較，我們可以對企業各種資源的利用情況做出評價，如可以計算資產利潤率、淨資產收益率等指標，評價企業的盈利能力和資產的使用情況。

二、資產負債表分析的內容

基於以上目的，對資產負債表的分析主要應包括以下內容：

1. 資產負債表總體分析（一般分析）

（1）資產負債表水準分析——運用水準分析法。

水準分析法，是通過企業各項資產、負債和所有者權益對比分析，揭示企業籌資與投資過程的差異、變動情況，反應各項生產經營活動、會計政策及其變更對企業籌資和投資的影響的方法。水準分析包括資產規模分析和各資產負債表組成項目的差異變動分析。

（2）資產負債表結構分析——運用垂直分析法。

資產負債表結構分析就是運用垂直分析法，通過將資產負債表中各項目與總資產或權益總額的對比，分析企業的資產結構、負債結構和所有者權益結構的具體構成，揭示企業資產結構和資本結構的合理程度，探索優化企業資產結構和資本結構的思路。垂直分析包括資產結構分析、資本結構分析及資產負債表整體結構的分析。

2. 資產負債表項目分析

資產負債表項目分析就是指在資產負債表全面分析的基礎上，對資產、負債和所有者權益的主要項目或重要項目，結合報表附註等相關資料進行深入分析，包括對會計政策、會計估計等變動對相關項目影響的分析，從而更清晰地瞭解企業各項財務活動的變動情況及其變動的合理性及質量。

3. 資產負債表質量分析

資產負債表質量分析有助於人們更好地解釋、評價和預測企業的財務狀況質量，透視企業的管理質量。財務狀況是指企業從事籌資、投資和經營等各種經濟活動所產生的財務後果，資產負債表主要提供的就是企業財務狀況的有關信息。傳統的資產負債表分析主要局限於一般分析和具體項目的合理性判斷分析，本書認為資產負債表分析還應包括資產負債表質量分析。資產負債表質量分析主要通過資產質量，負債的適應性，所有者權益質量以及資產、負債、所有者權益的對稱性等一系列質量維度的分析，並遵循「資產管理質量決定資產質量，資產質量決定負債適應性，資產質量、所有者權益質量及資產負債表對稱性決定資產負債表整體質量」這一基本邏輯關係，分別從整體上、具體項目上對企業的資產負債表質量做出評價。對資產負債表分別從不同的層次進行質量分析與評價，也有助於分析者判斷企業資源利用、資產管理等方面的質量。

因此，資產負債表質量分析包括資產負債表整體質量分析與具體項目質量分析。整體質量分析應包括資產整體質量分析、負債適應性分析、所有者權益整體質量分析及資產負債表對稱性分析；具體項目質量分析主要是指資產負債表各類組成項目的質量分析。

三、資產負債表分析的思路

當我們面對一份企業資產負債表時，首先關注到的是資產負債表的三大要素，因此，根據資產負債表分析的目的和內容，遵循「由粗到細」「由大往小」的分析原則，可以按以下路徑進行分析：

（一）資產負債表總體分析

1. 資產總體分析

資產負債表左邊項目最引人關注，因此資產的分析應該是分析的第一項內容。根據分析的目的和內容，本書認為，對於資產項目的分析主要應從以下兩個方面去分析：

（1）資產總體變動分析。

資產總體變動分析主要運用水準分析，分析資產變化的方向、規律及影響，找出資產變化關鍵性項目，以便在後續分析中進行重點分析；同時借助相關資料分析變動的合理性。資產總體變動分析，主要包括資產規模分析、資產流動性分析、具體項目變動分析。

（2）資產結構分析。

資產結構分析主要指對流動資產與非流動資產兩大類資產及資產具體項目的結構分析。對於報表使用者來說，這種分析有助於其深入地瞭解企業資產的組成狀況、盈利能力、風險程度及彈性等方面的信息，從而為其合理地做出決策提供強有力的支持；對於企業管理者而言，這種分析有助於其優化資產結構，改善財務狀況，使資產保持

適當的流動性，降低經營風險，加速資金週轉；對於債權人而言，這種分析有助於其瞭解債權的物資保證程度或安全性；對於企業的關聯企業而言，這種分析可使其瞭解企業的存貨狀況和支付能力，從而對合同的執行前景心中有數；對於企業的所有者而言，這種分析有助於其對企業財務的安全性、資本的保全能力以及資產的收益能力做出合理的判斷。

2. 負債總體分析

對於負債的總體分析主要應從以下兩個方面去分析：

（1）負債總體變動分析。

負債總體變動分析主要運用水準分析，分析負債變化的方向、規律及影響，找出負債變化關鍵性項目，以便在後續分析中進行重點分析，同時借助相關資料分析變動的合理性。負債總體變動分析，主要包括負債規模分析、負債具體項目變動分析。

（2）負債結構分析。

負債結構相應於資產結構，主要指流動負債與非流動負債兩大類負債及負債具體項目的結構。負債結構分析主要運用垂直分析，瞭解企業的流動負債、具體負債項目等占負債總額的比重，反應其與總體的關係情況及其變動情況，並根據垂直分析結果找出占負債比重大的具體項目，以便在後續的分析過程中予以重點分析。對負債結構的分析，重點應對流動負債和非流動負債的結構進行具體比較、分析。

3. 所有者權益總體分析

對於所有者權益項目的分析主要應從以下兩個方面去分析：

（1）所有者權益總體變動分析。

所有者權益總體變動分析主要運用水準分析，分析所有者權益變化的方向、規律及影響，找出所有者權益項目變化關鍵性項目，以便在後續分析中進行重點分析。它主要包括所有者權益規模分析、具體項目變動分析。

（2）所有者權益結構分析。

所有者權益結構主要指構成所有者權益的實收資本（股本）、資本公積、盈餘公積、未分配利潤占所有者權益總額的比重。所有者權益結構分析主要運用垂直分析，瞭解企業的所有者權益具體項目對所有者權益的影響，並根據分析結果找出所占比重大的具體項目，以便在後續的分析過程中予以重點分析。

（二）資產負債表整體質量分析

資產負債表整體質量分析包括資產整體質量分析、負債適應性分析、所有者權益質量分析及資產負債表對稱性分析。

1. 資產整體質量分析

在分析了資產變動、結構安排的合理性以及具體項目質量的基礎上，對資產的分析最終要落腳在資產質量的分析判斷上，因為資產質量能夠反應企業經營績效、成長性、企業價值等方面的狀況，資產質量的好壞，將直接導致企業實現利潤、創造價值水準方面的差異。

對資產負債表中資產質量的分析，需要在分析影響企業資產質量的主要因素的基礎上，借助相關資料、財務指標，通過比較分析等方法進行，最終能夠對資產負債表涉及的資產質量做出一個基本判斷，包括資產質量的相對高低的基本判斷、資產質量管理方面存在的問題的基本判斷。

2. 負債適應性分析

負債適應性是指負債與資產的配比關係，負債適應性分析通過分析資產結構與負債結構的適應性，瞭解負債的性質和數額，進而判斷企業負債的主要來源、償還期限，從而揭示企業抵抗破產風險的能力和融資能力，以判斷企業負債結構變動的合理性。

本書認為負債適應性主要取決於資產質量，資產質量較高，負債的適應性就強，資產負債表所表現出來的資產與負債的對稱性就會較好。因此，負債適應性分析可以並入資產質量與資產負債表的對稱性分析中一併進行。

3. 所有者權益質量分析

在分析所有者權益變動、結構合理性的基礎上，對所有者權益的分析同樣最終需要落實到所有者權益質量的分析判斷上，因為所有者權益的質量直接影響投資者（股東財富）價值、投資價值，進而影響企業價值。

對資產負債表中所有者權益質量的分析，需要在分析影響企業所有者權益質量的主要因素的基礎上，借助相關資料、財務指標，通過比較分析等方法進行，最終對所有者權益質量做出一個基本判斷，包括所有者權益質量的相對高低的基本判斷、企業盈餘管理方面存在的問題的基本判斷。

4. 資產負債表對稱性分析

資產負債表左邊表示資產，即企業擁有的經濟資源，右邊表示這些資源的來源，即資本，包括債務資本和股權資本。資產負債表的對稱性問題就是企業資產與資本的適應性，分析資產負債表的對稱性能更好地分析企業資產和資本的依存關係，從而有助於判斷企業資產結構和資本結構的合理性。

（三）資產負債表具體項目分析

根據資產負債變動及結構分析的結果，變動幅度較大、影響值較大的或占資產（權益總額）比重大的資產項目、負債和所有者權益項目，作為重要的資產負債表項目，需要給予重點分析，主要是結合報表相關資料，利用表間數據關係、表內外數據聯繫，通過對比、比較，對資產負債表重要項目的變動情況、變動的合理性及各具體項目的質量進行分析。其中資產負債表重要項目的分析可以分為：重要資產項目的具體分析、重要負債項目的具體分析和重要所有者權益項目的具體分析。

根據資產負債表各項目變動及結構分析的結果，變動影響較大或占資產、資本比重大的重要資產、負債、所有者權益項目，需要給予重點分析，主要是結合報表相關資料，利用表間數據關係、表內外數據聯繫，通過對比、比較，對這些重要項目的變動情況、變動的合理性及質量進行分析。

值得注意的是，作為外部信息使用者，由於具體項目的變動、影響因素複雜，加上信息的不對稱，實際分析起來並不容易，因此，本書關於這部分的分析僅就一般意義上的分析進行論述。

第三節　資產負債表總體分析實務

我們以 A 公司近三年資產負債表為例進行實際分析。由於報表數據觀察年份越多，相關變化趨勢、特點越明顯，據此進行的分析越具有說服力，因此，本節以 A 公司為

例進行的實際分析選取了該公司最近三年的數據。

一、資產負債表的比較分析

（一）水準分析

下面在表 2-4 原報表數據的基礎上，利用水準分析方法對 A 公司近三年年末的資產負債表進行加工，可得到 A 公司近三年的比較資產負債表（環比），如表 2-5 所示。

表 2-5　A 公司近三年比較資產負債表（環比）

項目	本年比上年		上年比前年	
	增減變動額/元	變動比率/%	增減變動額/元	變動比率/%
流動資產				
貨幣資金	2,787,530,881.61	248.03	-933,025,178.59	-45.36
交易性金融資產	3,537,001.44	256.47	-37,354,795.31	-96.44
衍生金融資產	-197,633,455.68	-57.17	345,668,526.17	
應收票據	-10,113,104.82	-10.57	23,632,162.34	32.82
應收帳款	68,989,300.01	8.65	-380,635,058.31	-32.3
預付款項	-782,607,299.28	-83.72	792,868,614.59	558.56
應收利息	53,878.51	55.14	97,716.37	
其他應收款	-1,516,825,796.78	-63.17	1,494,794,331.95	164.91
存貨	-1,991,003,842.32	-31.91	1,947,781,496.08	45.39
劃分為持有待售的資產	51,165,236.25		0.00	
其他流動資產	-180,655,343.93	-33.58	-18,475,078.99	-3.32
流動資產合計	-1,767,562,544.99	-14.17	3,235,352,736.30	35.01
非流動資產				
可供出售金融資產	4,886,177.04	8.98	24,065,114.22	79.29
持有至到期投資	0.00		0.00	
長期應收款	0.00		0.00	
長期股權投資	-37,767,168.95	-6.85	-81,392,001.90	-12.86
投資性房地產	-767,762.94	-3	135,460.48	0.53
固定資產淨額	-216,041,079.12	-4.83	531,223,921.20	13.49
在建工程	1,800,117.43	5.58	5,637,964.19	21.2
工程物資	-29,312.40	-1.05	160,278.18	6.07
無形資產	97,565,861.71	10.8	371,567,134.62	69.87
商譽	289.82	0	173,546,551.25	93.79
長期待攤費用	65,266.72	0.15	3,423,689.37	8.77
遞延所得稅資產	43,110,386.72	114.76	24,930,990.76	197.3
其他非流動資產	-3,543,090.77	-13.39	-4,487,561.62	-14.5
非流動資產合計	-110,720,314.74	-1.7	1,048,811,540.68	19.23
資產總計	-1,878,282,859.73	-9.9	4,284,164,276.98	29.15

表2-5(續)

項目	本年比上年		上年比前年	
	增減變動額/元	變動比率/%	增減變動額/元	變動比率/%
流動負債				
短期借款	−477,374,852.33	−7.17	−398,860,915.61	−5.65
交易性金融負債	2,678,114.06	314.56	766,195.89	899.29
衍生金融負債	−105,607,320.44	−68.06	155,157,269.29	
應付票據	4,580,818.36	27.25	−27,895,981.43	−62.4
應付帳款	−275,973,781.75	−30.63	310,879,908.31	52.69
預收款項	323,191,407.03	71.14	131,474,345.92	40.73
應付手續費及佣金	0.00		0.00	
應付職工薪酬	36,518,338.36	21.88	49,869,215.31	42.62
應交稅費	11,650,336.73	8.82	62,271,775.70	89.23
應付利息	−28,839,909.09	−52.83	50,978,317.49	1,410.75
應付股利	−857,672.97	−51.23	−30,852,616.28	−94.85
其他應付款	−372,582,128.74	−41.31	720,528,483.27	397.34
其他流動負債	−1,200,000,000.00	−100	1,103,815,643.47	1,147.6
流動負債合計	−2,082,616,650.78	−19.57	2,128,131,641.33	24.99
非流動負債				
長期借款	−270,000,000.00	−100	270,000,000.00	
應付債券	2,446,982.45	0.25	993,593,234.90	
長期應付職工薪酬	−30,094.20	−100	30,094.20	
遞延所得稅負債	−62,789,758.24	−35.53	74,447,871.92	72.81
長期遞延收益	6,504,061.25	6.03	3,801,029.28	3.65
非流動負債合計	−323,868,808.74	−20.82	1,341,872,230.30	627.06
負債合計	−2,406,485,459.52	−19.73	3,470,003,871.63	39.75
所有者權益				
實收資本（或股本）	0.00	0	0.00	0
資本公積	20,209,689.53	0.49	−324,790.39	−0.01
減：庫存股				
其他綜合收益	36,154,739.82	42.86	274,427,817.65	−144.38
專項儲備				
盈餘公積	18,999,074.46	8.64	31,060,230.25	16.45
一般風險準備				
未分配利潤	454,347,204.02	274.22	412,171,960.81	−167.22
歸屬於母公司股東權益合計	529,710,707.83	7.96	717,335,218.32	12.09
少數股東權益	−1,508,108.04	−1.17	96,825,187.03	296.96
所有者權益（或股東權益）合計	528,202,599.79	7.79	814,160,405.35	13.65
負債和所有者權益（或股東權益）總計	−1,878,282,859.73	−9.9	4,284,164,276.98	29.15

註：表中刪除了增長為零的不重要項目。

(二) 橫向分析

下面在表 2-4 報表數據的基礎上，利用橫向分析方法對 A 公司近三年的資產負債表進行加工，可得到 A 公司近三年的共同比資產負債表（以資產總額為 100），如表 2-6 所示。

表 2-6　A 公司近三年共同比資產負債表　　　　　　　　　　單位：%

年份	本年	上年	前年
流動資產			
貨幣資金	22.87	5.92	14.00
交易性金融資產	0.03	0.01	0.26
衍生金融資產	0.87	1.82	0.00
應收票據	0.50	0.50	0.49
應收帳款	5.07	4.20	8.02
預付款項	0.89	4.93	0.97
其他應收款	5.17	12.65	6.17
存貨	24.84	32.87	29.20
劃分為持有待售的資產	0.30	0.00	0.00
一年內到期的非流動資產	0.00	0.00	0.00
其他流動資產	2.09	2.83	3.79
流動資產合計	62.62	65.74	62.89
非流動資產			
可供出售金融資產	0.35	0.29	0.21
持有至到期投資	0.00	0.00	0.00
長期應收款	0.00	0.00	0.00
長期股權投資	3.00	2.90	4.31
投資性房地產	0.14	0.13	0.17
固定資產淨額	24.87	23.54	26.79
在建工程	0.20	0.17	0.18
工程物資	0.02	0.01	0.02
固定資產清理	0.00	0.00	0.00
無形資產	5.85	4.76	3.62
開發支出	0.00	0.00	0.00
商譽	2.10	1.89	1.26
長期待攤費用	0.25	0.22	0.27
遞延所得稅資產	0.47	0.20	0.09
其他非流動資產	0.13	0.14	0.21
非流動資產合計	37.38	34.26	37.11
資產總計	100.00	100.00	100.00
流動負債			
短期借款	36.15	35.08	48.02

表2-6(續)

年份	本年	上年	前年
交易性金融負債	0.02	0.00	0.00
衍生金融負債	0.29	0.82	0.00
應付票據	0.13	0.09	0.30
應付帳款	3.65	4.75	4.01
預收款項	4.55	2.39	2.20
應付職工薪酬	1.19	0.88	0.80
應交稅費	0.84	0.70	0.47
應付利息	0.15	0.29	0.02
應付股利	0.00	0.01	0.22
其他應付款	3.09	4.75	1.23
一年內到期的非流動負債	0.00	0.00	0.00
其他流動負債	0.00	6.32	0.65
流動負債合計	50.06	56.08	57.95
非流動負債			
長期借款	0.00	1.42	0.00
應付債券	5.82	5.23	0.00
長期應付款	0.00	0.00	0.00
長期應付職工薪酬	0.00	0.00	0.00
預計非流動負債	0.05	0.04	0.05
遞延所得稅負債	0.67	0.93	0.70
長期遞延收益	0.67	0.57	0.71
其他非流動負債	0.00	0.00	0.00
非流動負債合計	7.20	8.20	1.46
負債合計	57.26	64.28	59.40
所有者權益			
實收資本（或股本）	12.00	10.81	13.96
資本公積	24.26	21.76	28.10
減：庫存股	0.00	0.00	0.00
其他綜合收益	0.70	0.44	-1.29
盈餘公積	1.40	1.16	1.28
一般風險準備	0.00	0.00	0.00
未分配利潤	3.63	0.87	-1.68
歸屬於母公司股東權益合計	41.99	35.04	40.38
少數股東權益	0.75	0.68	0.22
所有者權益（或股東權益）合計	42.74	35.72	40.60
負債和所有者權益（或股東權益）總計	100.00	100.00	100.00

註：表中刪除了占比接近零的不重要項目。

（三）平均變動分析

為突出 A 公司近三年年末資產負債表變動趨勢及特點，可以借助平均增長率及平均共同比的計算來進行集中分析。根據表 2-4、表 2-5、表 2-6，可編製其間的平均比較資產負債表、變動項目影響表（對資產總額、資本總額的影響）及平均共同比資產負債表，如表 2-7 所示。

表 2-7　A 公司近三年年末資產負債表平均變動及平均共同比

報表項目	近三年 變動額/元	平均變動率/%	平均變動影響/%	近三年共同比平均（以資產總額為 100）/%
流動資產				
貨幣資金	1,854,505,703.02	37.90	12.62	14.26
交易性金融資產	-33,817,793.87	-64.37	-0.23	0.10
衍生金融資產	148,035,070.49		1.01	0.90
應收票據	13,519,057.52	8.98	0.09	0.50
應收帳款	-311,645,758.30	-14.24	-2.12	5.76
預付款項	10,261,315.31	3.55	0.07	2.26
應收利息	151,594.88		0.00	0.00
應收股利	0.00		0.00	0.00
其他應收款	-22,031,464.83	-1.22	-0.15	8.00
存貨	-43,222,346.24	-0.50	-0.29	28.97
劃分為持有待售的資產	51,165,236.25		0.35	
一年內到期的非流動資產	0.00	0.00	0.00	0.00
待攤費用	0.00		0.00	0.00
待處理流動資產損益	0.00		0.00	0.00
其他流動資產	-199,130,422.92	-19.87	-1.35	2.90
流動資產合計	1,467,790,191.31	7.65	9.99	63.75
非流動資產	0.00		0.00	0.00
可供出售金融資產	28,951,291.26	39.78	0.20	0.28
持有至到期投資	0.00		0.00	0.00
長期應收款	0.00		0.00	0.00
長期股權投資	-119,159,170.85	-9.91	-0.81	3.40
投資性房地產	-632,302.46	-1.25	0.00	0.15
固定資產淨額	315,182,842.08	3.93	2.14	25.07
在建工程	7,438,081.55	13.12	0.05	0.18
工程物資	130,965.78	2.45	0.00	0.02
固定資產清理	0.00		0.00	0.00
無形資產	469,132,996.33	37.19	3.19	4.74
開發支出	0.00		0.00	0.00
商譽	173,546,841.07	39.21	1.18	1.75

表2-7(續)

報表項目	近三年		平均變動影響/%	近三年共同比平均（以資產總額為100）/%
	變動額/元	平均變動率/%		
長期待攤費用	3,488,956.09	4.37	0.02	0.25
遞延所得稅資產	68,041,377.48	152.68	0.46	0.25
其他非流動資產	-8,030,652.39	-13.95	-0.05	0.16
非流動資產合計	938,091,225.94	8.26	6.38	36.25
資產總計	2,405,881,417.25	7.88	16.37	100.00
流動負債	0.00		0.00	0.00
短期借款	-876,235,767.94	-6.41	-5.96	39.75
交易性金融負債	3,444,309.95	543.63	0.02	0.01
衍生金融負債	49,549,948.85		0.34	0.37
應付票據	-23,315,163.07	-30.83	-0.16	0.17
應付帳款	34,906,126.56	2.92	0.24	4.14
預收款項	454,665,752.95	55.19	3.09	3.05
應付職工薪酬	86,387,553.67	31.84	0.59	0.95
應交稅費	73,922,112.43	43.50	0.50	0.67
應付利息	22,138,408.40	166.95	0.15	0.67
應付股利	-31,710,289.25	-84.16	-0.22	0.08
其他應付款	347,946,354.53	70.84	2.37	3.03
一年內到期的非流動負債	0.00		0.00	0.00
其他流動負債	-96,184,356.53	-100.00	-0.65	2.33
流動負債合計	45,514,990.55	0.27	0.31	54.70
非流動負債	0.00		0.00	0.00
長期借款	0.00		0.00	0.47
應付債券	996,040,217.35		6.78	3.69
長期應付款	0.00		0.00	0.00
長期應付職工薪酬	0.00		0.00	0.00
預計非流動負債	0.00	0.00	0.00	0.05
遞延所得稅負債	11,658,113.68	5.55	0.08	0.76
長期遞延收益	10,305,090.53	4.84	0.07	0.65
其他非流動負債	0.00			
非流動負債合計	1,018,003,421.56	139.94	6.93	5.62
負債合計	1,063,518,412.11	5.92	7.24	60.31
所有者權益	0.00		0.00	0.00
實收資本（或股本）	0.00	0.00	0.00	12.26
資本公積	19,884,899.14	0.24	0.14	24.71
其他綜合收益	310,582,557.47	127.83	2.11	-0.05

表2-7(續)

報表項目	近三年		平均變動影響/%	近三年共同比平均（以資產總額為100）/%
	變動額/元	平均變動率/%		
盈餘公積	50,059,304.71	12.48	0.34	1.28
未分配利潤	866,519,164.83	187.50	5.90	0.94
歸屬於母公司股東權益合計	1,247,045,926.15	10.01	8.49	39.14
少數股東權益	95,317,078.99	98.08	0.65	0.55
所有者權益（或股東權益）合計	1,342,363,005.14	10.68	9.13	39.69
負債和所有者權益（或股東權益）總計	2,405,881,417.25	7.88	16.37	100.00

註：1. 根據A公司近三年資產負債表計算整理得到，表中刪除了變化較小的不重要項目；

2. 近三年變動額以前年為基年、平均變動率為幾何平均值（複合增長率）；

3. 平均共同比＝（資產負債表各項目3年平均數/3年資產總額平均數）×100%；

4. 變動影響值是指對資產總額（或資本總額）的影響值（計算見後）；

5. 未分配利潤與其他綜合收益項的平均增長率由於前年為負值，因此在計算平均增長率時分母取了絕對數計算。

　　資產負債表總體分析主要是針對資產負債表反應的基本財務情況進行分析，包括資產規模分析、資產結構分析、負債分析以及所有者權益情況的分析。通過對資產負債表的總體分析，我們可以瞭解企業生產經營規模及變化情況、資產管理的特點、財務風險、投資者投入資本的回報來源及債務、所有者權益的基本情況。對資產負債表的總括分析還可以在一定程度上幫助報表信息使用者瞭解企業管理、財務管理中存在的各種問題。

　　資產負債表總體分析主要是運用比較、結構分析法，基於報表本身或報表間的相互聯繫，通過對資產負債表反應出來的企業整體財務狀況結合實際所做出的基本判斷分析，是基於資產負債表對公司的財務狀況、經營管理水準及經營特點所做出的判斷認識。比如企業經營規模、資產構成、整體情況、負債水準、所有者權益的情況等，它主要是基於財務報表中數據間的相關聯性所做出的基本分析。一般分析應從資產總體分析、負債總體分析和所有者權益總體分析三個方面進行。

二、資產總體分析

(一) 資產規模分析

　　總資產在一定程度上反應了企業的經營規模。一個企業的資產規模不是越大越好，資產規模過大，將形成資產的大量閒置，造成資金週轉緩慢；但是，資產規模過小，也將因為難以滿足企業生產經營需要而使企業的生產經營活動難以正常進行。為此，一個企業必須保持合理的資產規模。進行企業資產規模分析通常採用以下步驟：

1. 資產規模變動分析

　　對資產規模的分析，可以利用比較資產負債表，從數量上瞭解企業資產的變動情況，分析變動的具體原因。比較資產負債表可以將企業資產負債表中不同時期的資產進行對比，方式有兩種：一是確定其增減變動數量，二是確定其增減變動率。應用橫

向比較法，可以觀察資產規模以及各資產項目的增減變化情況，發現重要或者異常的變化，對這些變化再做進一步分析，找出其變化的原因，並判斷這種變化是有利的還是不利的。

下面根據 A 公司近三年年末資產負債表，根據表 2-7 的數據編製 A 公司資產結構變動表（見表 2-8），分析該公司資產的變動及構成情況。

表 2-8　近三年 A 公司資產結構變動表

項目	去年比前年		本年比去年	
	變動值/元	變動率/%	變動值/元	變動率/%
流動資產	3,235,352,736.30	35.01	-1,767,562,544.99	-14.17
非流動資產	1,048,811,540.68	19.23	-110,720,314.74	-1.7
資產總額	4,284,164,276.98	29.15	-1,878,282,859.73	-9.9

從表 2-8 可看出，A 公司近三年流動資產波動最大，去年總資產比前年增加 29.15%，其中流動資產增加 35.01%，增長幅度超過非流動資產；但本年總資產則比去年減少 9.9%，其中流動資產減少 14.17%，減少幅度超過非流動資產。這說明該公司在前兩年經營規模增加的基礎上，本年則出現大幅度降低，主要原因是流動資產規模縮減，前一章通過該公司比較資產負債表（部分）（見表 1-2），已經看到引起該公司流動資產減少的主要項目是預付帳款、其他應收款、衍生金融資產、其他流動資產和存貨（具體分析見後文）。

2. 分析資產規模變動的合理性與效率性

判斷一個企業資產規模變化是否合理，要聯繫企業生產經營活動的發展變化，即將資產規模增減比率同企業產值、銷售收入等生產成果指標的增減比率相對比，判斷增資與增產、增收之間是否協調，資產營運效率是否提高。

由於資產規模變動與企業生產經營特點及發展、行業特點等有密切關係，因此，我們需要聯繫企業生產經營活動發展變化情況、所有者權益變動情況及其他因素變動情況綜合考察資產規模變化的合理性。因此，我們可將資產增減變動率與同期企業產值、銷售收入、利潤、現金流量等成果指標的增減率進行對比，分析收入成果、現金流量與資產三者之間的協調性，遵循「資產帶來產值，產值帶來收入，收入帶來利潤，利潤帶來現金流量」的邏輯關係判斷資產的效率性，進而判斷資產變動的合理性。一般來說，如果資產變化明顯，收入也明顯增加，利潤也有相應增加，則資產的這種變化屬於有效率的、有一定的合理性，而如果利潤增加的同時最終也能帶來相應的現金流，是最有效率的。對於報表外部信息使用者來說，由於產值資料不易獲取，遵循「資產帶來收入，收入帶來利潤，利潤帶來現金流量」的邏輯也有效。

為更好地比較分析 A 公司資產規模合理性，使分析結論更具說服力，可以選擇另一家同行業、同生產類型的 B 公司的報表數據加以對比，並結合同期利潤表和現金流量表分析，結果如表 2-9 所示。

表 2-9　A 公司與 B 公司近三年資產變動合理性分析表

項目	企業	資產總額	銷售收入	利潤總額	現金流量淨額	營業利潤	經營活動現金淨流量
平均變動率/%	A 公司	7.88	28.14	142.93	104.84	184.71	173.75
	B 公司	14	-3.77	負增長	189.04	負增長	負增長

註：1. 表中數據分別來源於近三年 A 公司與 B 公司比較資產負債表、比較利潤表和比較現金流量表；
　　2. B 公司近三年利潤、營業利潤和經營活動現金淨流量平均增長額均為負值。

表 2-9 顯示：A 公司今年資產比前年有一定程度的增加，三年間，資產平均增長 7.88%；銷售收入、營業利潤、利潤總額平均增長率分別為 28.14%、184.71% 和 142.93%；經營活動現金淨流量、現金流量淨額分別增長 173.75% 和 104.84%。與之同業、同時期的 B 公司資產變動率平均為 14%；除現金流量淨額平均增速為正值外，其餘銷售收入、營業利潤、利潤總額、經營活動現金淨流量平均增長均為負增長。

由此可見，A 公司三年間，資產增長的同時，無論收入、利潤，還是現金流量淨額都有很大幅度增加，其中尤以經營活動產生的利潤、現金淨流量增幅最大，都超過了銷售收入和現金流量淨額的增長，說明該公司資產的一定程度的增長能夠帶來收入、利潤的增長，同時能夠帶來實實在在的現金流，尤其是核心經營活動現金淨流量的大幅度增長，符合「資產帶來收入，收入帶來利潤，利潤帶來現金流量」的邏輯關係，資產利用率比較高，在一定程度上可以說明此時企業的資產變動是有效率的，具有合理性。

而 B 公司在資產增幅超過 A 公司的情況下，並未帶來相應成果，說明該公司資產變動具有一定的不合理性。

(二) 資產結構分析

1. 資產結構分析的基本原理

資產結構分析主要運用垂直分析，瞭解企業的流動資產、具體資產項目等占資產總額的比重，反應其與總體的關係情況及其變動情況，並根據垂直分析結果找出占資產比重大的具體項目，以便在後續的分析過程中予以重點分析。對資產結構的分析，重點是對流動資產和非流動資產的結構進行具體比較、分析，判斷企業資產結構變動的合理性，對資產結構的合理性進行分析，在判斷企業資產各項目結構變動合理性時應結合企業生產經營特點和實際情況。

連結 2-5　　　　　　　　　企業資產結構的影響因素

企業資產結構主要受以下因素影響：

（1）企業所處行業的特點和經營領域。不同的行業、不同的經營領域，往往需要企業具有不同的資產結構。生產性企業固定資產的比重往往要大於流通性企業；機械行業的存貨比重則一般要高於食品行業。

（2）企業的經營特點和狀況。企業的資產結構與其經營特點、狀況緊密相連。在同一行業中，流動資產、非流動資產所占的比重反應出企業的經營特點。流動資產較高的企業穩定性較差，但較靈活；那些非流動資產占較大比重的企業底子較厚，但調頭難；長期投資占比較高的企業，金融利潤和風險較高。經營狀況好的企業，其存貨資產的比重相對可能較低，貨幣資金則相對充裕；經營狀況不佳的企業，可能由於產

品積壓，存貨資產所占的比重會較大，其貨幣資金則相對不足。

（3）盈利水準與風險。企業將大部分資金投資於流動資產，雖然能夠減少企業的經營風險，但是會造成資金大量閒置或固定資產不足，降低企業生產能力，降低企業的資金利用效率，從而影響企業的經濟效益；反之，固定資產比重增加，雖然有利於提高資產利潤率，但同時也會導致經營風險的增加。企業選擇何種資產結構，主要取決於企業對風險的態度。如果企業敢於冒險，就可能採取冒險的固流結構策略，如果企業傾向於保守，則寧願選擇保守的固流結構策略而不會為追求較高的資產利潤率而冒險。

（4）市場需求的季節性。若市場需求具有較強的季節性，則要求企業的資產結構具有良好的適應性，即資產中臨時波動的資產應占較大比重，耐久性、固定資產應占較小比重；反之亦然。旺季和淡季的季節轉換也會對企業的存貨數量和貨幣資金的持有量產生較大影響。

（5）宏觀經濟環境。宏觀經濟環境制約著市場的機會、投資風險，從而直接影響企業的長期投資數額。通貨膨脹效應往往直接影響到企業的存貨水準、貨幣資金和固定資產所占的比重。一些法律或行政法規、政策，也會影響企業的資產結構。

分析資產結構與變動情況通常採用垂直分析法。垂直分析法的基本要點是通過計算資產中的各項目占總資產的比重，反應資產各項目與總資產的關係情況及其變動情況。

2. 資產結構基本分析

通過對資產結構的基本分析，我們可以瞭解企業資產的構成、重要的資產項目是什麼，分析該企業的行業特點、經營特點、經營狀況和技術裝備等特點。

這種分析在垂直分析基礎上，主要通過分析流動資產與非流動資產的構成、固流結構類型反應資產結構。

（1）流動資產構成比重的計算與分析。

流動資產構成比重是指流動資產占資產總額的百分比。計算公式為：

$$流動資產比重 = \frac{流動資產}{資產總額} \times 100\%$$

一般地，流動資產比重高的企業，其資產的流動性和變現能力較強，企業的抗風險能力和應變力也較強，但由於缺乏雄厚的固定資產作後盾，一般而言其經營的穩定性會較差。流動資產比重低的企業，雖然其底子較厚，但靈活性較差。流動資產比重上升則說明：企業應變能力提高，企業創造利潤和發展的機會增加，加速資金週轉的潛力較大。但是，這並不意味著企業流動性較強的資產占總資產的比例越大越好。歸根究柢，企業資產的流動性是為企業整體的發展目標服務的，企業管理所追求的應該是資產結構的整體流動性與盈利性的動態平衡。

（2）非流動資產構成比重的計算與分析。

非流動資產構成比重是指非流動資產占資產總額的百分比。計算公式為：

$$非流動資產比重 = \frac{非流動資產}{資產總額} \times 100\%$$

非流動資產的比重過高，首先意味著企業非流動資產週轉緩慢，變現力低，勢必

會增大企業經營風險；其次，使用非流動資產會產生一筆巨大的固定費用，這種費用具有剛性，一旦生成短期內就不易消除，這樣也會加大企業的經營風險；最後，非流動資產比重過高會削弱企業的應變能力，一旦市場行情出現較大變化，企業可能會陷入進退維谷的境地。非流動資產比重的合理範圍應結合企業的經營領域、經營規模、市場環境以及企業所處的市場地位等因素來確定，並可參照行業的平均水準或先進水準。

（3）固流結構類型的計算與分析。

在企業資產結構體系中，固定資產與流動資產之間的結構比例是最重要的。固定資產與流動資產之間的結構比例通常稱為固流結構或固流比。計算公式：

$$固流比 = \frac{固定資產}{流動資產} \times 100\%$$

在企業經營規模一定的條件下，如果固定資產存量過大，則正常的生產能力不能充分發揮出來，造成固定資產的部分閒置或生產能力利用不足；如果流動資產存量過大，則又會造成流動資產閒置，影響企業的盈利能力。無論以上哪種情況出現，最終都會影響企業資產的利用效果。

連結 2-6　　　　　　　　　企業固流結構類型

對一家企業而言，目前主要有三種類型的固流結構：

第一類，適中的固流結構，是指企業在一定銷售量的水準上，使固定資產存量與流動資產存量的比例保持在平均合理的水準上。這種資產結構可在一定程度上提高資金的使用效率，但同時也增大了企業的經營風險和償債風險，是一種風險一般、盈利水準一般的資產結構。

第二類，保守的固流結構，是指企業在一定銷售水準上，維持大量的流動資產，並採取寬鬆的信用政策，從而使流動資金處於較高的水準。這種資產結構中流動資產比例較高，可降低企業償債或破產風險，使企業風險處於較低的水準。但流動資產占用大量資金會降低資產的運轉效率，從而影響企業的盈利水準。因此，該種資產結構是一種流動性高、風險小、盈利低的資產結構。

第三類，冒險的固流結構，是盡可能少地持有流動資產，從而使企業流動資金維持在較低水準上。這種資產結構中流動資產比例較低，資產的流動性較差。雖然固定資產占用量增加而相應提高了企業的盈利水準，但同時也給企業帶來較大的風險。這是一種高風險、高收益的資產結構。

從表 2-10 可見，A 公司流動資產占比平均在 60% 以上，固流比近三年分別為 42.60%、35.81% 和 39.71%，說明該公司主要以流動資產為主，是偏向輕資產的、相對保守的資產結構形態。從資產結構變化來看，流動資產的比重三年來持續高於非流動資產的比重，且固流比持續下降，說明該公司資產的流動性和變現能力越來越強，對經濟形勢的應變能力較好。但評價一個企業資產規模變動、結構是否合理，也就是說企業在總資產中保持有多少流動資產、多少固定資產才適合，還應對企業的經營性質、規模、經營狀況、市場環境等因素進行綜合分析，或者對近幾年來的資產結構進行趨勢比較，或者與同行業的平均水準、先進水準進行比較，才能正確評價資產結構的合理性和先進性。

表 2-10　近三年來 A 公司資產結構比及固流比

指標	前年	去年	本年
流動資產比重/%	62.62	65.74	62.89
非流動資產比重/%	37.38	34.26	37.11
固流比/%	42.60	35.81	39.71

註：表中數據根據近三年 A 公司共同比資產負債表 2-6 及資產負債表 2-4 計算整理得到。

3. 資產結構合理性分析

在企業經營規模一定的條件下，如果流動資產存量過大，長期資產的存量過小，那麼在資產彈性較大、財務風險降低的同時，又會造成流動資產閒置，影響企業的盈利能力；而如果流動資產存量過小，長期資產的存量過大，則正常的生產能力不能充分發揮出來，造成固定資產的部分閒置或生產能力利用不足，同時會降低資產彈性、加大財務風險。無論以上哪種情況出現，最終都會影響企業資產的利用效果、盈利水準和風險水準。因此，資產結構合理性分析就變得尤為重要，資產結構合理性體現了企業資源配置戰略的實施及其產生的經濟後果。

連結 2-7　　　　　　　關於資產結構合理性的討論

討論 1：資產結構安排中的盈利性與風險性

資產流動性大小與資產的風險大小和收益高低是相聯繫的。通常情況下，流動性大的資產，其風險相對要小，但收益也相對較小且易波動；流動性小的資產，其風險相對較大，但收益相對較高且穩定。當然也有可能出現不一致的情況。

企業將大部分資金投資於流動資產，雖然能夠減少企業的財務風險，但是會造成資金大量閒置或固定資產不足，降低企業生產能力，降低企業的資金利用效率，從而影響企業的盈利性；反之固定資產比重增加，雖然有利於提高資產盈利性，但同時也會導致財務風險的增加。

企業選擇何種資產結構，主要取決於企業對風險的態度、營運資本的管理效率。如果企業敢於冒險，同時營運資本管理效率比較高，就可能採取冒險的固流結構策略，存有較低的流動資產；而如果企業傾向於保守，營運資本管理效率較低，則會選擇保守的固流結構策略，不會為追求較高的資產利潤率而冒險。

討論 2：資產結構與企業戰略承諾的吻合性

企業的資源配置戰略主要是靠資產的有機整合和配置來實現的，無論資源配置戰略的具體內容是什麼，在資產結構上的表現一定是資產項目之間的不同組合。

企業之所以要確立其資源配置戰略，並使其與競爭者區分開來，完全是出於競爭的需要。儘管一個行業的經濟特徵在一定程度上限制了企業參與行業競爭時可供選擇的資源配置戰略的彈性，但是許多企業仍然可以通過制定符合自身特定要求的、難以複製的資源配置戰略來保持競爭優勢。

通常在上市公司年報的「經營情況討論與分析」部分，企業都會表述自身所選擇的資源配置戰略，即戰略承諾；而通過考察企業資產中經營性資產與投資性資產的結構關係，以及經營性資產的內部結構等方面，人們就可以在一定程度上透視企業資源配置戰略的具體實施情況。通過將企業實際的資源安排與企業戰略承諾進行比較，人們便能判斷公司資源配置戰略具體的實施情況與所承諾的選擇之間的吻合性。在中國

現階段，上市公司的資產結構與戰略承諾之間的吻合性可以從兩個層面來分析。其一，資產結構與全體股東的戰略相吻合，即在財務上要求企業最大限度降低不良資產占用，提高資產週轉率和盈利能力。其二，資產結構與控股股東的戰略相吻合，即在控股股東的戰略不同於全體股東戰略的條件下，控股股東有可能以上市公司為融資平臺謀求另外的發展，控股股東戰略的實施也許就會表現為上市公司自身的不良資產占用（掏空上市公司）。對於那些存在其他應收款巨額增加、存貨超常增加、固定資產閒置等情況的上市公司，在形成其財務狀況的過程中，往往能夠看到控股股東戰略（利用上市公司融資能力為控股股東服務）實施的種種跡象。

（資料來源：張新民，錢愛民. 財務報表分析 [M]. 4 版. 北京：中國人民大學出版社，2017.）

企業資產結構合理性是研究企業的資產中各類資產如何配置才能使企業在降低風險的同時，取得最佳經濟效益的指標。在實際中，報表外部信息使用者通常可結合企業的生產經營特點、盈利水準和風險狀況、營運資本管理能力、效率性等方面來進行分析，在分析中可以結合選擇某一標準比較分析結構比例是否具有合理性。標準可以是行業平均值、企業歷史平均值。

第一，可對企業現有資本結構合理性做一個基本判斷。分析時應注意把流動資產比重的變動與銷售收入和營業利潤的變動聯繫起來，可以從效率性方面說明資產結構。具有一定合理性的資產結構的表現是：如果營業利潤和流動資產變動同時提高，說明企業正在發揮現有經營潛力，經營狀況好轉；如果流動資產變動降低而銷售收入和營業利潤呈上升趨勢，說明企業資金週轉加快，經營形勢優化。不具有合理性的資產結構的表現是：如果流動資產變動上升而營業利潤並沒有增長，則說明企業產品銷路不暢，經營形勢不好；如果流動資產變動和營業利潤、銷售收入同時下降，則表明企業生產萎縮，沉澱資產增加。由於各行業生產經營情況不一樣，因此流動資產在資產總額中的比重就不一樣，合理的程度應根據具體行業、企業的生產經營特點等來判斷分析。

下面仍以 A 公司近三年利潤表資料及表 2-5、表 2-7 比較資產負債表進行分析，結果見表 2-11。

表 2-11　近三年 A 公司流動資產變動、銷售、營業利潤變動比較表

指標	前年	上年	本年	三年平均
流動資產變動/%	—	35.01	-14.17	7.65
營業收入變動/%	—	16.20	41.31	28.14
營業利潤變動/%	—	427.84	53.57	184.71

註：三年平均變動率是近三年的幾何平均（複合增長）率。

由表 2-11 可知，A 公司近三年來流動資產、營業收入、營業利潤變動都是增長的，且營業利潤及營業收入的增長均大於流動資產的增長，說明流動資產的增長是有效率的，這樣的資產流動性安排具有一定的合理性。

第二，可結合企業財務管理效率做出進一步的判斷。資產結構的合理性受很多因素影響，分析起來具有一定的複雜性和難度，除比較分析法分析外，也可以運用一些企業財務管理的原理加以分析，如根據營運資本管理效率原理，通過計算營運資金需

求量（working capital requirement，WCR）指標，我們可以在一定程度上判斷企業資產結構的合理性，因為營運資金需求量與營運資本管理效率有直接關係，而營運資金管理效率又會影響企業資產結構的安排。

連結2-8　　擴展閱讀1：企業營運資金需求量與營運資本管理效率

營運資本需求完全可以與企業的經營效率聯繫在一起。當我們衡量一個企業的效率時，現實中的指標太散，需要我們做大量的分析，直觀度不夠。我們需要一個綜合性的指標，能將企業管理的各方面都涵蓋，那麼如何使用營運資本衡量企業管理效率？

在整個企業經營過程中，會出現企業的資金要麼被別的企業無償占用，要麼無償占用其他企業的資金的情形。我們把二者之差稱為營運資金需求量（WCR）。被別的企業占用的項目主要是應收帳款、預付帳款及存貨；占用別的企業的項目主要是預收帳款、應付帳款。

營運資本需求是存貨、應收帳款減應付帳款的餘額。如果流動資產中包括預付費用，流動負債中包括預提費用，那麼淨投資就是流動資產減流動負債的差額，但不包括現金，因為現金是公司全部投資剩下的部分，全部投資包括營運資本需求；同樣地，營運資本需求也不包括短期借款。短期借款是為支持公司的投資而籌集的，這裡也包括為營運資本需求而籌集；短期借款為公司的營業循環籌集資金，但不是營業循環的組成部分。

擴展閱讀2：營運資金需求量（WCR）與資產結構的合理性

一般來說，如果企業占用其他企業的資金大於被其他企業占用的資金，則WCR值為負值，說明企業提供的產品和勞務具有較強的市場競爭能力，可以較好地運用營運資金管理中的策略「快快收錢、慢慢付款」，為企業產生甚至創造出超過自身需要的現金。此時，企業無須產生出對資金的新的需求，這樣財務風險也較小，同時資金成本也會得到節約，盈利能力也會上升。

因此，營運資金需求量（WCR）當然是越小越好，越小表明企業營運資金管理效率越高，此時，企業自身的生產經營創造資金的能力很強，基本不存在為維持支付需要而安排較多的流動資產的情況，財務彈性很好，此時，就可以考慮安排較少的流動資產、較多的非流動資產，以實現較高的盈利性。企業營運資金需求量（WCR）大，則說明企業被其他企業占用的資金大於占用其他企業的資金，企業創造資金的能力有限，則企業為了滿足支付需要，就必須安排較多的流動性強的資產，此時資產結構安排中應該保持較多的流動資產才是合理的。

營運資金需求量（WCR）指標提供給我們一個解決資產結構安排中的盈利性與風險性矛盾的思路，即若營運資金需求量（WCR）越小，就越應該考慮安排較少的流動資產，以較多考慮資產的盈利性；而若營運資金需求量（WCR）越大，就越應該考慮安排較多的流動資產，以較多考慮資產的支付需要。

營運資金需求量指標也是一個綜合性很強的指標，能將企業管理的各方面都涵蓋。應付款項主要涉及企業的採購環節，存貨主要涉及企業的生產環節，應收款項主要涉及企業的銷售環節。要提高營運資金的管理效率，就必須在採購環節管控企業的應付帳款，生產環節做好企業的存貨管控，銷售環節管控好企業的應收帳款。

因此我們可以借助這個指標來對資產結構安排中的合理性做出一定的判斷。

營運資金需求量（WCR）的基本計算公式如下：

$$營運資金需求量（WCR）=（應收帳款+存貨）-應付帳款$$

擴展公式：

$$營運資金需求量（WCR）=（應收帳款+預付帳款+存貨）-（應付帳款+預收帳款）$$

但考慮營運資金需求量絕對值受企業規模、行業特徵等影響，我們可用銷售額和營運資金需求量相比的相對值進行分析比較，這樣一方面可以看出銷售的增長和營運資金需求量之間的關係，另一方面可把營運資金需求量和銷售做匹配分析，這樣能更好地判斷出企業資產結構安排的合理性。因此，對於不同行業、規模的企業，可計算營運資金需求量與營業收入比來做分析，計算公式如下：

$$營運資金需求量與營業收入比 = \frac{營運資金需求量（WCR）}{營業收入} \times 100\%$$

該指標越低，說明企業獲取營業收入過程中需要耗用的資金越少，則企業的經營管理效率就越高。對於反應資產結構的指標，除了流動資產占比外，還有流動比率這一關鍵的財務指標，這一指標同時也能反應資產結構安排中的風險性。

下面我們以A公司近三年資產負債表為基礎，按以上原理，整理計算相關指標，如表2-12所示。

表2-12　近三年A公司資產結構合理性對比分析表

項目	前年	上年	本年
流動資產比重/%	62.62	65.74	62.89
流動比率	1.09	1.17	1.25
營運資金需求量（WCR）/元	4,698,529,727.96	6,616,190,526.09	3,864,351,059.22
營運資金需求量與營業收入比/%	40.27	48.80	20.17

資料來源：根據A公司近三年財務報表計算整理得到。

據表2-12計算整理的結果，近三年A公司流動資產比重呈先升後降趨勢，流動比率呈上升趨勢，顯著低於公認標準2甚至是最低標準1.5，這樣的安排合理嗎？

結合該企業營運資金需求量（WCR）、營運資金與營業收入的比值來看，兩者都呈顯著下降趨勢，說明該企業經營競爭力、營運資金管理效率越來越好；可見隨著A公司經營競爭力的提升，營運資金管理效率也在逐步提高，企業生產經營創造流動性的能力越來越強。為此，從資產結構安排來看，沒必要再安排較高的流動性來滿足企業的生產經營需要。營運資金與營業收入的比值顯著下降，從前年的40.27%，下降到今年的20.17%，也可以說明企業資產結構安排的效率性越來越高，因此，這樣的安排是具有一定的合理性的。

（三）發現對資產影響較大的重點類別和重點項目

在資產規模變動、結構情況分析的基礎上，我們應進一步分析對資產、資本規模變動影響較大的各類資產、資本（負債及所有者權益）情況，通過分析，找到影響總資產、總資本變化的原因，進而再針對影響較大的個別資產、負債、所有者權益做深入的分析。分析時，第一，要注意發現變動幅度較大的資產、負債、所有者權益類別

或具體項目，特別是發生異常變動的項目；第二，要把變動影響較大的項目作為後文分析的重點。某項具體項目的變動自然會引起各類項目發生同方向變動，但不能完全根據該項目本身的變動來說明對各類項目的影響。該項目變動對各類項目的影響，不僅取決於該項目本身的變動程度，還取決於該項目在該類項目中所占的比重。當某項目本身變動幅度較大時，如果該項目所占比重較小，則該項目的變動就不會有太大影響；即使某個項目本身變動幅度較小，如果其比重較大，則其變動的影響也很大。

例如表2-7中，A公司的「貨幣資金」和「交易性金融資產」項目，近三年變動幅度都很大，平均變動率分別為37.90%和-64.37%，但是對資產總額的影響卻相差很大，「貨幣資金」項目對總資產的影響為12.62%，而「交易性金融資產」項目對總資產的影響僅為-0.23%。同時，根據近三年共同比平均值計算發現，「貨幣資金」平均占資產比重為14.26%，而「交易性金融資產」項目平均僅占0.1%。由此可以發現「貨幣資金」項目是較「交易性金融資產」更加重要的資產項目。

因此，分析時只有注意到這一點，才能突出分析重點。抓住關鍵問題有助於我們進行深入分析，而且能減輕分析工作量。這一步通常需要運用比較資產負債表提供的變動情況，計算變動影響值，可以發現影響資產或資本變動的原因。之後再根據共同比資產負債表，找出占比大的項目，就是我們需要重點關注，以便後續進一步具體分析的重點項目。其中，變動影響值通常需要計算影響各類項目的增長率，該值大，則該具體項目就為這類資產負債表項目變動的重要影響因素。具體公式如下：

影響各類項目增長率＝該項具體項目的變動額/該類項目期初數×100%

比如資產類項目的影響增長：

影響總資產增長率＝該項資產類項目變動額/總資產期初數×100%

資本類（負債＋所有者權益）類項目的影響增長：

影響總資本增長率＝該項資本類項目變動額/總資本期初數×100%

而其中：負債類項目的影響增長：

影響負債增長率＝該項負債類項目變動額/負債總額期初數×100%

所有者權益類項目的影響增長：

影響所有者權益增長率＝該項所有者權益類項目變動額/所有者權益總額期初數×100%

以A公司為例，根據表2-7中的近三年A公司共同比資產負債表平均數發現，近三年該公司流動資產占資產總額的平均比重為63.75%，說明該公司是資產以流動資產為主的公司，具有輕資產公司生產經營的一些特徵。其中最為重要的流動資產為存貨、貨幣資金、其他應收帳款、應收帳款，占資產總額的比重分別為28.97%、14.26%、8%和5.76%。固定資產、無形資產和長期股權投資是其最重要的非流動資產，占資產總額的比重分別為25.07%、4.74%和3.45%。

由表2-7的變動影響值可見，影響A公司本年比前年資產增加的主要原因是流動資產的變動，使資產增加9.99%，而流動資產中的貨幣資金、衍生金融資產是主要增長原因，非流動資產中的固定資產、無形資產及商譽的增長的影響是最明顯的，其中貨幣資金影響最大，使得資產增加了12.62%，無形資產的增長變動使得資產增加了3.19%；而最為明顯的還是應收帳款的減少變動，使得資產總額減少了2.12%。

通過上述分析發現，引起 A 公司資產變動的主要原因是流動資產增加，即流動資產是重點類別，其中主要類別是存貨、其他應收帳款及貨幣資金。非流動資產中的固定資產影響明顯。結合共同比資產負債表三年平均結果，我們可以認為該公司的貨幣資金、衍生金融資產、固定資產和無形資產是資產負債表中的重點資產類項目，在後續具體項目分析中需要重點關注，並加以詳細分析。

三、負債總體分析

（一）負債變動分析

負債變動分析，就是分析負債內部各項目發生哪些變化，從期初、期末的流動負債、非流動負債及具體項目，如短期借款、應付票據、應付帳款、長期借款、長期應付款等的增減變化，來分析判斷負債變動趨勢是否合理，及其對企業的生產經營活動有什麼影響。負債變動分析表，可借助比較資產負債表進行分析。

據表 2-7 的 A 公司平均比較資產負債表，對負債變動分析如下：

（1）A 公司近三年年負債總額增長 1,063,518,412.11 元，平均增長 5.92%，其中非流動負債增長顯著，今年比前年增加 1,018,003,421.56 元，平均增長 139.94%，而流動負債則呈緩慢增長的態勢，三年增加 45,514,990.55 元，平均增長僅為 0.27%，說明今年負債總額增長的主要原因是非流動負債增長。

（2）在流動負債的變動中，交易性金融負債、應付利息、其他應付款、預收款項的增長明顯，分別比前年增長 3,444,309.95 元、22,138,408.40 元、347,946,354.53 元和 454,665,752.95 元，平均增長分別為 543.63%、166.95%、70.84% 和 55.19%。通過查閱該公司近兩年的年報資料，可知，交易性金融負債大幅度增加的原因是期貨糖的浮動盈虧；應付利息增幅大的原因是應付短期融資及中期票據利息增加；其他應付款增加的原因是應付期貨抵押金、保理款增加；而預收款項增加的原因是預收的食糖貨款增加。其他流動負債和應付股利減少明顯，分別比前年減少 96,184,356.53 元、31,710,289.25 元，平均減少 100.00%、84.16%。

（3）在非流動負債的變化中，各項非流動負債變化都不是很明顯，但在負債總額中變化最大的畢竟是非流動負債，因此，其變動影響程度不容忽視，需要後續結合變動影響計算分析後再做進一步分析。

（二）負債結構分析

負債結構分析，就是分析負債內部各項目如短期借款、應付票據、應付帳款、長期借款、長期應付款等所占比重的情況及增減變化，來分析判斷負債構成比重與變動趨勢是否合理，為後續做負債適應性分析奠定分析基礎。對各項負債所占比重的計算分析，可借助共同比資產負債表進行。其中所選擇的共同比，依據分析目的的不同，有不同的選擇。若是分析負債結構對資本結構的影響，可選擇以負債及所有者權益所形成的資本總額為 100（見表 2-6），也可以選擇以負債總額為 100（見表 2-13），來進一步分析負債各具體項目對負債本身的影響。

表 2-13　近三年 A 公司平均負債結構分析表

項目	流動負債				非流動負債	
	合計	其中：短期借款	其中：應付帳款	其中：預收款項	合計	其中：應付債券
共同比/%（以負債總額為100）	90.74	66.18	6.84	5.12	9.26	6.10

註：表中數據據近三年 A 公司資產負債表整理計算得到。

由表 2-13 可知，A 公司近三年來債務資本主要以流動負債為主，流動負債占負債總額的比平均為 90.74%，那麼這種以流動負債為主要債務資本的安排是否具有合理性？

這可以通過結合資產結構合理性及資產質量來進行分析。結合前文對於資產及負債的擴展認識，本書讚同這樣的分析觀點，即只要企業資產質量好、管理效率高、資產結構安排是合理的，則負債的適應性也沒有問題。

因此，就前述 A 公司資產結構安排的合理性分析來看，企業資產結構以流動資產為主，有其合理性。但結合流動比率都在最低值 1.5 來看，儘管該企業經營管理效率越來越高，但離優秀的企業尚有很大差距，較高的流動負債還是具有一定的風險性，需要給予適當調整。當然，最後我們還可以結合後續的資產質量分析來進一步論證分析。

(三) 發現對資本總額影響大的負債項目

資本類（負債+所有者權益）項目的影響增長：

影響總資本增長率=該項資本類項目變動額/總資本期初數×100%

由表 2-7 的變動影響值可見，債務資本對總資本變動的影響為 7.24%，債務資本中的非流動負債類是主要影響項目，對總資本的影響值為 6.93%，而流動負債的變動影響值僅為 0.31%。債務資本中具體項目的影響結合共同比來看，非流動負債中的應付債券、流動負債中的短期借款、預收款項和其他應付款對總資本的變動影響相對較大，分別為 6.78%、-5.96%、3.09% 和 2.37%，結合三年平均共同比數據看，這幾項占總資本的比重也是相對較高的項目。

因此，負債項目中的應付債券、短期借款、預收款項及其他應付款是重點的負債項目，是後續的具體負債項目分析中應重點加以關注的項目。

四、所有者權益總體分析

(一) 所有者權益變動分析

所有者權益變動分析，就是分析所有者權益項目及內部各項目發生哪些變化，從期初、期末的所有者權益及具體項目，如所有者權益總額、實收資本（股本）、資本公積、盈餘公積及未分配利潤等的增減變化，來分析判斷其變動趨勢是否合理，對企業的生產經營活動有什麼影響。所有者權益的變動分析，可借助比較資產負債表進行分析。

據表 2-7 A 公司近三年比較資產負債表分析如下：

A 公司近三年所有者權益總額增長 1,342,363,005.14 元，平均增長 10.68%，其中未分配利潤、其他綜合收益增長最顯著，本年比前年分別增加 866,519,164.83 元和

310,582,557.47 元，平均增長 187.50% 和 127.83%，而盈餘公積也比前年增長 50,059,304.71 元，平均增長 12.48%。通過查閱公司本年年度報告資料可知，未分配利潤本年大幅增加是因為盈利增加；而其他綜合收益大幅增加的原因是該企業套期保值增加。

（二）所有者權益結構分析

所有者權益結構分析，就是分析所有者權益內部各項目如短期借款、應付票據、應付帳款、長期借款、長期應付款等所占比重的情況及增減變化，來分析判斷所有者權益構成比重與變動趨勢是否合理。對各項所有者權益所占比重計算分析，可借助共同比資產負債表。其中所選擇的共同比，可以依據分析目的不同，做出不同的選擇。若是分析所有者權益結構對資本結構的影響，可選擇以負債及所有者權益所形成的資本總額為 100（見表 2-6），也可以選擇以所有者權益總額為 100（見表 2-14），來進一步分析所有者權益各具體項目對所有者權益本身的影響。

表 2-14　近三年 A 公司平均所有者結構分析表

項目	股本	資本公積	盈餘公積	未分配利潤	其他綜合收益
共同比 （以所有者權益總額為 100）	30.91%	62.30%	3.23%	2.27%	-0.10%
共同比 （以資本總額為 100）	12.26%	24.71%	1.28%	0.94%	-0.05%

由表 2-14 可知，三年間，不論從總資本的構成看，還是從所有者權益本身的構成看，A 公司以股本和資本公積組成的投資性所有者權益是最為重要的所有者權益，而盈餘公積和未分配利潤所組成的經營性所有者權益比重較小，這是否合理，我們可以留到資產負債表質量分析的相關內容中去進一步考察。

（三）發現對資本總額影響大的所有者權益項目

資本類（負債+所有者權益）類項目的影響增長：

影響總資本增長率＝該項所有者權益類項目變動額/總資本期初數×100%

通過計算變動對資本總額的影響（見表 2-7）可知，影響 A 公司近三年資本總額增加的主要原因是所有者權益中的未分配利潤及其他綜合收益增長對資本總額增長的影響，分別為 5.9% 和 2.11%。這也說明 A 公司所有者權益項目中的未分配利潤及其他綜合收益是重點的所有者權益項目，是後續的具體負債項目分析中應重點加以關注分析的項目。

第四節　資產負債表整體質量分析

一、資產整體質量分析

（一）資產質量的內涵

本書沿用張新民的觀點，認為「資產的質量是指資產的變現能力或被企業在未來進一步利用的質量，是指資產在特定的經濟組織中實際發揮的效用與其預期效用之間的吻合程度」。企業對資產的安排和使用程度上的差異，即資產質量的差異，將直接導

致企業在實現利潤、創造價值水準方面的差異，因此不斷優化資產質量，促進資產的新陳代謝，保持資產的良性循環，是決定企業能否長久地保持競爭優勢的源泉。

但不同項目資產的屬性各不相同，企業預先對其設定的效用也就各不相同。此外，不同的企業或同一企業在不同時期、不同環境之下，對同一項資產的預期效用也會有所差異，因此，對資產質量的分析要結合企業特定的經濟環境，不能一概而論，要強調資產的相對有用性。

（二）資產質量分析的意義

1. 資產質量的差異，將直接導致企業實現利潤的差異

長期以來，中國部分上市公司屢屢出現一個看似很不正常的現象，即在連續幾年收入和利潤持續穩定增長的情況下，卻突然陷入嚴重的財務危機。這一現象涉及很多方面的問題，其中有企業業績評價體系本身存在的問題，有會計法規、政策規定不合理的問題，也有市場體系不完善的問題，等等。但從財務報表分析的角度來看，有一點不容忽視，那就是有的企業在追求「良好」的財務業績的同時，也在製造大量的不良資產，致使資產質量日益惡化，最終陷入財務困境而無法自拔。

2. 資產質量問題關乎企業的生存與發展

現行會計準則的首要特點體現在會計觀念的變化上，強化資產負債表觀念，淡化利潤表觀念，追求企業高質量資產與恰當負債條件下的淨資產的增加，體現全面收益觀念，更加關注企業資產的質量，更加強調對企業資產負債表日的財務狀況進行恰當、公允的反應，更加重視企業的盈利模式和資產的營運效率，不再僅僅關注營運效果。因此，研究資產質量問題關乎企業的生存與發展，成為財務報表分析領域的一個重要內容。資產質量分析具有重要的理論研究價值，對企業來說也具有重大的現實意義。

3. 資產質量的好壞是決定企業能否長久地保持競爭優勢的源泉

資產質量的好壞，將直接導致企業在實現利潤、創造價值水準方面的差異，不斷優化資產質量，促進資產的新陳代謝，保持資產的良性循環，是決定企業是否能夠長久地保持競爭優勢的源泉。對企業資產質量的分析，能使各利益相關者對企業有一個全面、清晰的瞭解和認識。

4. 資產質量影響企業價值

資產質量越好的企業其盈利持續性越強，而企業價值是企業盈利能力及持久性的市場體現，高質量的資產可以為企業帶來較多的經濟利益的流入，並且反應到企業價值上，會帶來較高的企業價值，提升企業價值增值的空間。

（三）資產質量的屬性

1. 資產質量的相對有用性

從財務分析的角度看，資產質量主要關注的並不是資產的物理質量，而更多地強調在生產經營中為企業帶來的未來收益的質量。資產質量會因所處的企業背景的不同而有所不同，其中包括宏觀經濟環境、企業所處的行業背景、企業的生命週期背景、企業的不同發展戰略等。

在移動互聯網時代，商業模式創新日新月異，同樣的資產項目，按照不同的商業模式加以運用，其創造的價值會迥然不同，所表現出來的資產質量也就大相徑庭。比如，基於物聯網的工業4.0將顛覆傳統的製造模式。具有個性化定制、網絡化協作等特點的智能製造，強調分工協作、優勢互補。因此，在「資源整合定成敗」的移動互

聯網時代，企業的資產質量還將取決於商業模式、整合效應等更多因素，因此其相對性特徵將更加明顯。

2. 資產質量的時效性

技術變革、消費者偏好的改變、競爭環境的變化等對企業的資產質量均會造成影響。例如，去年某項無形資產會給企業帶來超額利潤，但今年出現了新的技術專利，企業的無形資產於是相對貶值。在有形資產方面，設備可能會因企業的產業結構或產品結構變化而閒置，從優質資產變成不良資產；存貨有可能因消費者偏好發生變化而賣不出去；信譽優良的賒銷客戶也有可能面臨破產危機而導致應收帳款回籠困難；等等。因此我們認為，企業的資產質量會隨著時間的推移而不斷發生變化，研究資產質量，應強調其所處的特定歷史時期和宏觀經濟背景。

3. 資產質量的層次性

企業資產質量有整體資產質量和單項資產質量之別。一個經濟效益好、資產質量總體上優良的企業，也可能有個別資產項目質量差。一個面臨倒閉、資產質量總體上很差的企業，也可能會有個別資產項目質量較好。因此，研究企業的資產質量，一定要分層次進行，不但要從企業資產總體上把握，確定企業資產整體質量的好壞，還有必要分項目展開分析，根據各項資產的具體特徵和預期效用，逐一確定各個資產項目的質量。

(四) 資產項目的質量特徵

資產項目的質量特徵是指企業針對不同的資產項目，根據自身具有的屬性和功用所設定的預期效用。總體來說，研究各個資產項目的質量特徵，可以從資產的存在性、盈利性、週轉性、保值性和變現性五個方面進行分析。

1. 資產的存在性

資產的存在性是指符合資產定義的資產是否真實客觀存在，以及資產的分佈狀況，即結構。影響資產存在性的主要方面是異常資產，包括虛擬資產和虛增資產。虛擬資產是指為會計的配比原則資本化的費用，如長期待攤費用、待攤費用、股權投資差額等，這些都是已經發生的費用或損失，但由於企業缺乏承受能力而暫時掛列為待攤費用、遞延資產、待處理流動資產損失和待處理固定資產損失等資產項目。這些資產是不能給企業帶來經濟利益的。虛增資產是指不符合會計準則的，企業為一定目的粉飾報表而產生的氣泡。這兩個方面不管是合法存在還是非法存在，都影響了資產的存在性。

連結2-9　　　　　　　　　　虛擬資產的影響及構成

1. 虛擬資產的影響

利用虛擬資產作為「蓄水池」，不及時確認、少攤銷或不攤銷已經發生的費用和損失，也是上市公司粉飾會計報表的慣用手法。它們的借口包括權責發生制、配比原則、地方財政部門的批示等。

2. 虛擬資產的構成

虛擬資產是企業資產的特殊組成部分，是持續經營的會計假設的產物。從本質上說，虛擬資產並不是資產，而是企業已經發生的費用或損失，按照權責發生制和會計配比的要求，暫時作為資產進行核算的部分。

它具體包括兩個部分：

一部分是直觀的虛擬資產，它包括待攤費用、長期待攤費用和待處理財產損失等。這部分虛擬資產在企業的資產負債表中一目了然，其中待處理財產損失在實行新的企業會計制度後已從年度資產負債表中剔除。

另一部分是隱含的虛擬資產，即企業資產的帳面價值與實際價值相背離的部分，如應收帳款中的壞帳、報廢和滯銷的存貨、固定資產和在建工程的歷史成本與公允價值的差額等，這部分虛擬資產在1998年《股份有限公司會計制度》中要求將其作為壞帳準備、短期投資跌價準備、長期投資跌價準備、存貨跌價準備等項目反應，作為各項資產價值的備抵項目，從企業的資產總額中剔除；而新的企業會計制度實行以後更是將它擴展到固定資產減值準備、在建工程減值準備、無形資產減值準備、委託貸款減值準備等，當然這種計提屬於會計職業判斷的範疇，有可能出現偏差，只有在企業資產重組或破產清算時才能最終得到驗證。

由此可見，虛擬資產的特點集中體現在一個「虛」字上，由於它的界定需要參與會計人員的主觀判斷，而且受益和分攤的期限也難以精確估算，因此往往成為上市公司用以調節利潤、粉飾會計報表的一種工具。一般而言，利潤及其構成是投資者最為關心的財務信息，但是虛擬資產的大量存在意味著即使企業利潤較高，人為調節的可能性也極大，同時往往預示企業的經營狀況與財務狀況欠佳等，因此對上市公司虛擬資產的研究具有重要的意義。

2. 資產的盈利性

資產的盈利性，是指資產在使用中能夠為企業帶來經濟效益的能力，它強調的是資產能夠為企業創造價值這一效用。資產是指由企業過去的交易或事項引起，為企業擁有或控制，能夠給企業帶來未來經濟效益的經濟資源。因此，對資產有盈利性的要求是毋庸置疑的，它是資產的內在屬性，是其存在的必然要求。資產質量好的公司盈利性一般較高，而通過保持企業穩定的盈利能力就能夠確保企業的資產升值，因此，資產的盈利性是資產運作結果最綜合的表現，也是提升資產質量的條件。

3. 資產的週轉性

資產的週轉性，是指資產在企業經營運作中的利用效率和週轉速度，它強調的是資產作為企業生產經營的物質基礎而被利用的效用。資產只有在企業的日常經營運作中得到利用，它為企業創造價值的效用才能得以體現。同行業企業相比較，相同資產條件下，資產週轉速度越快，說明該項資產與企業經營戰略的吻合性越高，對該資產利用得越充分，企業賺取收益的能力越強。因此，資產的利用越頻繁，也就越有效，說明其質量越高。如果資產閒置，資產的週轉性必然會受到損害，質量就較差。馬克思認為資產的週轉性非常重要，他在《資本論》中提出，提高資本週轉速度對實現剩餘價值或資本增值至關重要。

4. 資產的保值性

資產的保值性，是指企業的非現金資產在未來不發生減值的可能性。在實務中，當企業的資產帳面淨值低於其可回收金額（公允價值）時，通常要對其進行減值處理。企業資產發生減值，資產保值性降低，一方面會給企業帶來減值損失，影響企業的當期業績，降低資產收益性；另一方面也會使債權人在受償時蒙受損失（如抵押貸款），影響企業的未來信用。資產減值準備數額越大，說明資產價值貶值越多，企業資產整

體質量越差；反之，說明企業資產整體質量越好。

5. 資產的變現性

資產的變現性是指具有物理形態的資產通過交換能夠直接轉換為現金的屬性。資產的變現特徵是由資產實現價值補償和價值轉換為現金的要求所決定的，資產的變現能力直接影響著企業生產的正常進行，甚至有可能影響到企業的生死存亡。現金流入是企業正常良性運作的必要條件之一，企業只有通過資產變現的過程，原墊付在資產上的價值才能最終得到補償。資產的變現性影響資產的流動性和收益性，變現性越強，質量越高。

(五) 資產負債表資產質量評價實務

基於以上分析，利用財務報表評價資產質量，可以借助相關財務指標進行分析。

1. 資產存在性的評價

由於虛擬資產的存在影響了資產的存在性，可以依據資產負債表中虛擬資產的多少做基本判定。該類資產占比越多，比重越大，則說明企業整體資產質量越差；反之，則說明企業整體資產質量越好。因此，可以設計指標「虛擬資產的比重」來分析。計算公式為：

$$虛擬資產（占總資產）比重 = \frac{虛擬資產}{總資產} \times 100\%$$

式中：虛擬資產包括直觀的虛擬資產和隱含的虛擬資產，這裡主要以直觀的虛擬資產為主。

$$虛擬資產 = 長期待攤費用 + 待處理財產損失 + 遞延所得稅資產$$

運用上述分析原理，據 A 公司近三年資產負債表及相關資料，對比計算 B 公司的報表資料，得到結果如表 2-15 所示。

表 2-15　A 公司與 B 公司存在性對比分析表

企業	項目	前年	去年	本年	平均
A 公司	虛擬資產合計/元	51,675,482.55	80,030,162.68	123,205,816.12	84,970,487.12
	其中：三年以上應收帳款/元	—	—	—	—
	長期待攤費用/元	39,039,578.27	42,463,267.64	42,528,534.36	41,343,793.42
	遞延所得稅資產/元	12,635,904.28	37,566,895.04	80,677,281.76	43,626,693.69
	總資產/元	14,696,566,235.12	18,980,730,512.10	17,102,447,652.37	16,926,581,466.53
	虛擬資產比重/%	0.35	0.42	0.72	0.50
B 公司	虛擬資產合計/元	98,356,461.06	238,278,085.99	385,487,290.19	240,707,279.08
	其中：三年以上應收帳款/元	633,234.32	538,184.17	12,232,122.38	4,467,846.96
	長期待攤費用/元	7,994,402.79	156,381,256.30	251,122,051.68	138,499,236.90
	遞延所得稅資產/元	89,728,823.95	81,358,645.52	122,133,116.13	97,740,195.20
	總資產/元	5,685,007,323.49	6,713,388,300.58	7,388,821,816.93	6,595,739,147.00
	虛擬資產比重/%	1.73	3.55	5.22	3.65

註：表中平均數為絕對數取算術平均、相對數為分子、分母取算術平均後再計算得出的（下同）。

由表 2-15 可知，A 公司三年間，比較同業、同期的 B 公司，虛擬資產的占比都比較小，平均為 0.5%，說明 A 公司資產的存在性較好，資產的整體質量優於同業的 B 公司。

2. 資產盈利性的評價

盈利性是資產質量內在屬性的必然要求，盈利性越高，資產質量就越高。衡量資產盈利性，最為適當的指標應該是資產報酬率（ROA），資產報酬率是指企業投入資產經營後獲取收益的多少，一方面可以反應資產的盈利性，另一方面也可以說明投入資產的利用效率。

$$資產報酬率 = \frac{淨利潤}{總資產} \times 100\%$$

上式中，為消除資本結構對該指標的影響，分子可用息稅前利潤（EBIT）這一數值：

$$資產報酬率 = \frac{息稅前利潤}{總資產} \times 100\%$$

該指標越高，說明資產的盈利性越強，一般來說，資產的整體質量也越好。

據 A 公司近三年資產負債表及相關資料，對比計算 B 公司的報表資料，得到結果如表 2-16 所示。

表 2-16　A 公司與 B 公司資產盈利性對比分析表

企業	項目	前年	去年	本年	平均
A 公司	息稅前利潤/元	299,395,621.96	785,377,674.13	1,428,894,131.93	837,889,142.70
	總資產/元	14,696,566,235.12	18,980,730,512.10	17,102,447,652.37	16,926,581,466.53
	資產報酬率/%	2.04	4.14	8.35	4.95
B 公司	息稅前利潤/元	191,489,208.44	218,661,193.73	-22,942,207.49	129,069,398.20
	總資產/元	5,685,007,323.49	6,713,388,300.58	7,388,821,816.93	6,595,739,147.00
	資產報酬率/%	3.37	3.26	-0.31	1.96

註：分子採用 EBIT 計算。

由表 2-16 可知，A 公司三年間，資產報酬率呈上升趨勢，平均為 4.95%，比較同業、同期的 B 公司，B 公司資產報酬率呈明顯的下降趨勢，到 2017 年甚至為負值，平均只有 1.96%。這說明 A 公司資產的盈利性明顯好於 B 公司，從資產的盈利性來看，其資產質量優於同業的 B 公司。

3. 資產週轉性的評價

資產的利用效率越高，其創造的價值就越多，資產質量越好。衡量資產的利用效率，可用資產週轉率指標。週轉率指標包括總資產週轉率、流動資產週轉率、固定資產週轉率、存貨週轉率及應收帳款週轉率。其中我們主要選取總資產週轉率，這一指標也可以用來衡量整體資產質量。雖然企業各類資產功能各不相同，但它們互相配合，其總體目的都是使企業獲取收入。在企業毛利率為正的情況下，企業的總資產週轉率越高或總資產週轉天數越短，不僅說明企業全部資產利用效率越高，營運能力越強，而且也說明企業整體資產的變現能力及創造收入的能力越強，並且還說明了企業整體資產質量越好；反之，亦然。

據 A 公司近三年資產負債表及相關資料，對比計算 B 公司的報表資料，得到結果如表 2-17 所示。

表 2-17　A 公司與 B 公司資產週轉性對比分析表

項目	前年	去年	本年	平均
A 公司總資產週轉率/%	79.39	71.43	112.01	87.59
B 公司總資產週轉率/%	55.21	53.46	39.34	49.34

由表 2-17 可知，A 公司三年間，總資產週轉率總體呈上升趨勢，平均為 87.59%，明顯比同業、同期的 B 公司高很多，且 B 公司總資產週轉率呈明顯的下降趨勢，平均只有 49.34%。這說明 A 公司資產的週轉性、管理效率明顯好於 B 公司，從資產的週轉性看，其資產質量優於同業的 B 公司。

4. 資產保值性的評價

資產減值準備數額可以反應資產的保值性。資產減值準備是企業根據資產減值等準則按單項資產分別計提的，其數額為單項資產（資產組）的帳面價值超過其可收回金額的差額。由於資產減值準備數額是一個絕對額，不同資產規模的企業不具有可比性，因此，可用資產減值準備占總資產比重來衡量整體資產質量。衡量指標為：

$$資產減值準備占總資產比重 = \frac{各類資產減值準備總額}{總資產} \times 100\%$$

式中，各類資產減值準備總額包括應收帳款壞帳準備、存貨跌價準備、短期投資跌價準備、長期投資減值準備、固定資產減值準備、無形資產減值準備、在建工程減值準備和委託貸款減值準備等。數值可以在年度報表資產負債表的附表「資產減值準備明細表」中或年度報表附註中直接查閱到。資產減值準備占總資產比重越低，說明企業整體資產質量越好；反之，說明企業整體資產質量越差。

據 A 公司近三年資產負債表及相關資料，對比計算 B 公司的報表資料，得到結果如表 2-18 所示。

表 2-18　A 公司與 B 公司資產保值性對比分析表

企業	項目	前年	去年	本年	平均
A 公司	資產減值準備總額/元	766,433,062.31	827,232,126.05	1,009,169,893.18	867,611,693.85
	總資產/元	14,696,566,235.12	18,980,730,512.10	17,102,447,652.37	16,926,581,466.53
	資產減值準備占總資產的比重/%	2.04	4.14	8.35	5.13
B 公司	資產減值準備總額/元	141,097,210.74	162,439,637.82	194,565,671.88	166,034,173.48
	總資產/元	5,685,007,323.49	6,713,388,300.58	7,388,821,816.93	6,595,739,147.00
	資產減值準備占總資產的比重/%	2.63	2.42	2.48	2.52

由表 2-18 可知，A 公司三年間，資產減值準備占總資產的比重呈上升趨勢，平均為 5.13%，比較同業、同期的 B 公司來看，比 B 公司資產減值準備占總資產的比重明顯偏高，說明 A 公司資產的保值性、管理效率不如 B 公司，需要進一步改進，即從資產的保值性來看，A 公司的資產保值管理存在一定問題，需要進一步詳細分析。

5. 資產變現性的評價

資產變現性是資產在正常的生產經營週期內以貨幣為出發點又以貨幣為迴歸點，資產的變現性指標應能體現企業獲取現金的能力。對於一個正常發展的企業，經營現金淨流量是現金淨流量的決定因素，反應公司的核心能力，具有持續性。因此用經營現金淨流量來衡量企業獲取現金的能力更合理、更準確。

指標可以採用：

$$資產回收率 = \frac{經營現金流入量}{總資產} \times 100\%$$

該指標可以反應資產獲取現金的能力，數值越高，資產獲取現金的能力越強，資產的變現性越好，資產質量越高。

據 A 公司近三年資產負債表及相關資料，對比計算 B 公司的報表資料，得到結果如表 2-19 所示。

表 2-19　A 公司與 B 公司資產變現性對比分析表

企業	項目	前年	去年	本年	平均
A 公司	經營性現金流入量/元	13,933,669,688.91	15,955,602,419.27	23,062,384,047.82	17,650,552,052.00
	總資產/元	14,696,566,235.12	18,980,730,512.10	17,102,447,652.37	16,926,581,466.53
	資產回收率/%	94.81	84.06	134.85	104.28
B 公司	經營性現金流入量/元	3,753,485,801.51	4,279,480,475.07	3,636,890,042.03	3,889,952,106.00
	總資產/元	5,685,007,323.49	6,713,388,300.58	7,388,821,816.93	9,893,608,721.00
	資產回收率/%	66.02	63.75	49.22	39.32

由表 2-19 可知，A 公司三年間，資產的變現性總體呈上升趨勢，平均為 104.28%，比較同業、同期的 B 公司，B 公司資產的變現性呈下降趨勢，平均只有 39.32%。A 公司資產的變現性高於 B 公司，說明 A 公司資產獲取現金的能力優於 B 公司，從資產變現能力看，其整體優於 B 公司，資產質量較好。

6. 上市公司資產整體質量輔助評價指標——市淨率

資產的以上五個指標特徵不是相互孤立的，而是相互聯繫、相互影響的。對於上市公司而言，資產質量的這些指標的相互影響，最終反應在公司股價與資產質量的對應關係上，而最能反應上市公司這一對應關係的指標是市淨率。市淨率指的是每股股價與每股淨資產的比率。計算公式如下：

$$市淨率 = \frac{每股股價}{每股淨資產}$$

式中：

$$每股淨資產 = \frac{年度末股東權益}{年度末普通股股數}$$

每股淨資產是股票的帳面價值，它是用成本計量的，而每股市價是這些資產的現在價值，它是證券市場上交易的結果。市價低於每股淨資產的股票，就像售價低於成本的商品一樣，屬於「處理品」。市價高於帳面價值時企業資產的質量較好，有發展潛力；反之，則資產質量差，沒有發展前景。因此市淨率越高，說明公司的資產質量越好。

優質股票的市價都超出每股淨資產許多，一般來說，市淨率達到 3，可以樹立較好的公司形象。注意，由於該指標受股價影響，而影響股價的因素很多、很複雜，因此，

本書認為該指標只能用於對上市公司資產質量的輔助評價。

由於 A 公司與 B 公司同為上市公司，因此，據 A 公司近三年資產負債表及相關資料，對比計算 B 公司的報表資料，得到結果如表 2-20 所示。

表 2-20　A 公司與 B 公司資產整體質量表現對比分析表

企業	項目	前年	去年	本年	平均
A 公 司	年度末股東權益/元	5,966,499,761.10	6,780,660,166.45	7,308,862,766.24	—
	年度末普通股股數/股數	2,051,876,155.00	2,051,876,155.00	2,051,876,155.00	—
	每股淨資產/元	2.91	3.3	3.56	3.26
	每股股價/元	9.84	12.16	7.78	9.93
	市淨率	3.38	3.68	2.18	3.05
B 公 司	年度末股東權益/元	1,654,890,893.89	1,614,600,628.35	1,415,678,541.50	—
	年度末普通股股數/股數	324,080,937.00	324,080,937.00	324,080,937.00	—
	每股淨資產/元	5.11	4.98	4.37	4.82
	每股股價/元	16.75	16.24	7.93	13.64
	市淨率	3.28	3.26	1.82	2.83

註：股價取的是該公司年末最後一個交易日收盤價。

據表 2-20，用市淨率指標做輔助評價可知，A 公司三年間，該指標儘管總體呈下降趨勢，平均為 3.05，比較同業、同期的 B 公司的平均值 2.83，也是明顯偏高的。這說明 A 公司資產整體質量較好，發展潛力大於 B 公司。

綜合上述各方面分析可知，三年來，A 公司資產質量整體優於同業、同期的 B 公司，只是需要在資產保值性方面，再進一步考慮在恰當的管理措施、計提減值準備的比例等多方面再進一步完善，以增強資產質量。

二、所有者權益質量評價

所有者權益，是指企業資產扣除負債後，由所有者享有的剩餘權益。公司的所有者權益又稱為股東權益。它既可反應所有者投入資本的保值增值情況，又體現了保護債權人權益的理念。所有者權益的質量很大程度上受所有者權益的形成來源的影響。

所有者權益如按照形成來源分類，可分為投入資本和留存收益。前者是所有者初始和追加投入的資本以及其他集團或個人投入的不屬於負債的資本，包括「實收資本（股本）」和「資本公積」，屬於「輸血性」所有者權益；後者是企業所得稅後利潤的留存部分，包括「未分配利潤」與「盈餘公積」兩項，屬於「盈利性」所有者權益。對於正常經營的企業而言，「盈利性」所有者權益的重要性超過「輸血性」所有者權益。「盈利性」所有者權益是由企業經營過程中的經營業績決定的，一般在分配政策一定的情況下，經營業績越好，「盈利性」所有者權益越多，所有者權益累積越多、整體質量越高；若這部分較少，則說明企業經營業績欠佳，留存累積不足，所有者權益整體質量不高，甚至可能會影響後續發展。

另外，所有者權益形成來源中，「資本公積」具有極大的不確定性，持續性較弱，若這部分比較多，則所有者權益持續性較弱，整體質量會變差。

據以上分析，我們可以通過設計計算兩個指標來分析企業所有者權益的整體質量。

(1)「盈利性」所有者權益占比（占所有者權益總額）= $\dfrac{盈餘公積+未分配利潤}{年末所有者權益總額} \times 100\%$

一般來說，該指標越高，說明企業所有者權益整體質量越高。

(2) 資本公積占比（占所有者權益總額）= $\dfrac{資本公積}{年末所有者權益總額} \times 100\%$

一般來說，該指標越高，說明企業所有者權益整體質量越差。

據 A 公司近三年資產負債表及相關資料，對比計算 B 公司的報表資料，得到結果如表 2-21 所示。

表 2-21　A 公司與 B 公司所有者權益對比分析表　　　　　單位:%

企業	項目	前年	去年	本年	平均
A 公司	「盈利性」所有者權益占比	-0.97	5.69	11.75	5.49
	資本公積占比	69.22	60.90	56.78	62.30
B 公司	「盈利性」所有者權益占比	-11.36	-10.50	-25.65	-15.84
	資本公積占比	88.01	89.23	101.73	92.99

由表 2-21 可知，A 公司近三年所有者權益中的「盈利性」所有者權益都較低，平均僅為 5.49%，說明 A 公司的所有者權益主要來源於「輸血性」所有者權益，且具有極大不確定性的資本公積一直都處於較高水準，平均達 62.30%。可以認為所有者權益整體質量不好，具有極大的不確定性。

但值得注意的是，從兩項指標的變化來看，「盈利性」所有者權益占比越來越高，從前年的-0.97%上升到了本年的 11.75%，上升了 12.72%；而不確定性所有者權益「資本公積」的占比越來越低，從前年的 69.22%下降到了本年的 56.78%，下降了 12.44%，說明 A 公司所有者權益整體質量有了好的變化。

對比同業同期的 B 公司，B 公司連續三年「盈利性」所有者權益占比都為負值，「資本公積」的占比一直遠遠高於 A 公司，說明 B 公司所有者權益三年來全部源於「輸血性」所有者權益，且近 90%的所有者權益一直源於不確定極高的「資本公積」，其經營效益欠佳，所有者權益的整體質量遠遠不如 A 公司。與 B 公司對比，A 公司所有者權益整體質量顯著高於同業的 B 公司。

三、資產負債表整體對稱性分析

在對資產負債表進行總體分析時，僅僅依靠企業規模研究、分析資產結構或資本結構是遠遠不夠的，這樣也就不能全面地判斷出企業的整體財務狀況風險。為此在分析資產負債表質量時，有必要對資產負債表左右兩方進行對稱性分析，即資產、資本（負債和所有者權益）對稱性分析，其中資產結構與資本結構的依存關係是核心。如果資產結構與資本結構不相適應，即二者對稱性差，則會加大企業的財務風險，導致財務狀況惡化，此時資產與資本的依存關係弱，資產負債表的整體質量下降。

資產結構與資本結構的對稱性主要體現在：第一，企業資產報酬率應能補償企業資本成本；第二，資產結構中基於流動性的構成比例要與資金來源的期限構成比例相互匹配。

具體地說，企業的流動資產作為企業最有活力的資產，應能為企業償還短期債務提供可靠保障；流動資產的收益率較低，所以應主要由資本成本相對較低的短期資金來提供支持；長期負債的資金占用成本較高，因而應與企業的長期資產項目相匹配。有了這樣的資產結構，才能保證企業有可能在允許的範圍內將資本成本和財務風險降至合理水準，從而達到最佳的生產經營狀態。資產結構與資本結構的對稱性通常要求企業在所能承受的財務風險範圍內運行。

連結 2-10　　案例 2-1　　秦池酒廠：短貸長投扼住「標王」咽喉

　　秦池酒廠是山東省濰坊市臨朐縣的一家生產秦池白酒的企業。1992 年，它還是一家虧損的國營小酒廠，全部資產僅為幾間低矮的平房、一地的大瓦缸、廠裡一人多高的雜草和 500 多個人心渙散的工人。1993 年，正營級退伍軍人姬長孔來到這裡，任經營副廠長。1995 年 11 月，姬長孔赴京參加第一屆「標王」競標，以 6,666 萬元的價格奪得中央電視臺黃金時段廣告「標王」後，引發轟動效應，秦池酒廠一夜成名，秦池白酒也身價倍增。中標後的 1 個多月時間裡，秦池酒廠就簽訂了銷售合同 4 億元，頭 2 個月秦池銷售收入就達 2.18 億元，實現利稅 6,800 萬元，相當於秦池酒廠建廠以來 55 年的總和。到 1996 年 6 月底時其訂貨單已排到了年底。1996 年，秦池酒廠的銷售也由 1995 年的 7,500 萬元一躍至 9.8 億元，實現利稅 2.2 億元。

　　嘗到了甜頭的秦池酒廠在 1996 年 11 月再以 3.2 億元的「天價」買下了中央電視臺黃金時段廣告，從而成為令人矚目的連續兩屆「標王」。然而，好景不長，1997 年年初的關於「秦池白酒是用川酒勾兌」的系列新聞報導，把秦池酒廠推進了無法自辯的大泥潭，當年秦池酒廠的銷售額減少到 6.5 億元。1998 年，其銷售額更銳減到 3 億元，並傳出秦池酒廠生產經營陷入困境、出現大幅虧損的消息。2000 年 7 月，因供應商起訴秦池酒廠拖欠其 300 萬元貨款，法院判決秦池酒廠敗訴，並裁定拍賣「秦池」註冊商標。令人啼笑皆非的是，幾億元打造的商標最終卻以幾百萬元的價格抵債。2004 年 4 月，國內媒體紛紛報導了一條消息：秦池酒廠準備將資產整體出售。

　　從財務角度看，秦池酒廠陷入財務困境的原因主要有兩個：一方面，酒廠在擴大生產規模，提高生產能力，從而提高固定資產等長期性資產比例的同時，使流動資產在總資產中的比例相應下降，由此降低了企業資金的流動能力和變現能力；另一方面，巨額廣告支出和固定資產投資所需資金要求企業通過銀行貸款解決，按當時的銀行信貸政策，此類貸款往往為短期貸款，這就造成了銀行的短期貸款被用於資金回收速度較慢、週轉期較長的長期性資產上，由此使企業資產結構與資本結構在時間和數量上形成較大的不協調性，「短貸長投」結果形成了很大的資金缺口。此時秦池酒廠所面臨的現實問題是，在流動資產相對不足從而使企業現金流動能力產生困難的同時，年內到期的巨額銀行短期貸款又必須償還，從而陷入了無力償還到期債務的財務困境。可以說，是「短貸長投」扼住了「標王」的喉嚨。

　　資產負債表整體結構主要有以下兩種表現形式：

　　（1）穩健結構。穩健結構的主要標誌是企業流動資產的一部分資金需要由流動負債來滿足，另一部分資金則需要由非流動負債來滿足。在這種結構下，企業資產結構中流動資產占全部資產的比重，高於資本結構中流動負債占負債和所有者權益總額的比重。

　　在實務中，企業的資產負債表整體結構普遍都表現為這種形式。

（2）風險結構。風險結構的主要標誌是流動負債不僅用於滿足流動資產的資金需要，還用於滿足部分長期資產的資金需要。在這種結構下，企業資產結構中流動資產占全部資產的比重，低於資本結構中流動負債占負債和所有者權益總額的比重。

這一結構形式只適用於企業發展壯大時期，而且只能短期之內採用。

連結2-11　　　　　　　　　　　　黑字破產

黑字破產是指帳面上有利潤，資產負債率也不高，就是帳面上沒有現金，企業陷入缺乏現金的危機中，既不能清償到期債務，又不能啟動下游生產，企業陷入關閉、倒閉之境，即「在盈利中破產」。自美國的次貸危機爆發後，黑字破產就成了一個被廣泛關注的問題。有資料顯示，發達國家的破產企業中，有85%的企業帳面上都有盈利，但由於現金流量不足，造成資金鏈斷裂，最終引發黑字破產。

黑字破產的原因很多，包括控股股東及關聯方占用上市公司資金，行業週期影響，經濟政策性和體制性財務危機等，但從財務角度來看，黑字破產的內部原因主要是：盲目擴張，過快的增長速度使經營管理和財務能力跟不上；資產結構不合理，自有資金不足，負債過多，特別是過度依賴銀行貸款發展；現金流管理混亂，彈性小，流動性差。可見資產結構不合理是黑字破產的主要原因。

在分析資產負債表對稱性時，長期資產適合率有重要的參考意義。該指標反應企業長期的資金占用與長期的資金來源之間的配比關係，長期資產和長期資金之間的關係越適合，對稱性就越好。計算公式如下：

$$長期資產適合率 = \frac{所有者權益總額 + 長期負債總額}{固定資產 + 長期投資總額} \times 100\%$$

其中，長期投資總額主要包括持有至到期投資、可供出售金融資產、長期股權投資等，在實際計算時，簡單化處理可用長期資產近似替代。

理論上，該指標在100%左右較合適。因此，若該指標大於1，且較高，一方面可以說明企業的長期資金來源充足，但過高的長期資金存在使用過程中成本較高的問題；另一方面，過高的長期資金甚至可能會被企業用於短期資產，有出現「長貸短投」的可能性，此時會加大財務風險，資產負債表的整體對稱性降低。該指標小於1，說明企業可能存在長期資金不足，擠占短期資金的情況，甚至出現「短貸長投」的可能性，此時，也會加大財務風險，資產負債表的整體對稱性下降。

根據A公司與同業的B公司的資產負債表相關資料，對資產負債表整體對稱性對比分析，結果如表2-22所示。

表2-22　A公司與B公司近三年資產負債表對稱性比較分析表

企業	項目	前年	去年	本年	平均
A公司	流動資產比重/%	62.89	65.74	62.62	63.75
	流動負債比重/%	57.95	56.08	50.06	54.70
	非流動負債/元	213,993,097.75	555,865,328.05	1,231,996,519.31	1,000,618,315.04
	所有者權益/元	5,966,499,761.10	6,780,660,166.45	7,308,862,766.24	6,685,340,897.93
	非流動資產/元	5,454,626,181.09	6,503,437,721.77	6,392,717,407.03	6,116,927,103.30
	長期資產適合率/%	113	128	134	126

表2-22(續)

企業	項目	前年	去年	本年	平均
B公司	流動資產比重/%	57.16	54.89	53.34	55.29
	流動負債比重/%	55.61	59.21	57.89	57.49
	非流動負債/元	739,286,874.55	1,123,559,681.40	1,864,183,623.53	1,242,343,393.16
	所有者權益/元	1,654,890,893.89	1,614,600,628.35	1,415,678,541.50	1,561,723,354.58
	非流動資產/元	2,652,602,768.58	3,028,188,266.00	3,165,199,081.11	2,948,663,371.90
	長期資產適合率/%	90	90	104	95

註：1. 表中流動資產比重均為占總資產的比重；流動負債比重也為占總資產（總資本）的比重。
　　2. 長期資產適合率計算中採用了長期資產近似替代（固定資產+長期投資）。

從表2-22中可以發現，A公司近三年年末流動資產的比重平均為63.75%，高於流動負債的平均比重54.70%，比起同業的B公司，屬於相對穩健型的結構。結合長期資產適合率這一指標來看，A公司近三年間平均為126%，且有上升的趨勢，比起同業的B公司，同樣偏高。這說明該公司在資金使用過程中太穩健，趨於保守，資產負債表整體對稱性存在一些不合理的方面，應當完善資產、資本結構，注重資產的盈利性，改善資產的配置分佈。

第五節　資產負債表重要具體項目分析實務

雖然企業持有各類資產的總體目的都是獲取收入，但其具體功能卻不相同。部分資產是實現盈利性目的的，部分則是實現安全性目的的，還有部分資產是實現銷售目的的。從資產為企業帶來經濟利益的途徑來看，總體有三種情況：一是直接出售或變現，如交易性金融資產、應收款項、存貨等；二是通過對外投資或出租獲取投資收益，如長期股權投資、投資性房地產等；三是通過生產經營活動創造經營收益，如固定資產、無形資產等。因此，對於交易性金融資產、應收帳款、長期股權投資、投資性房地產、固定資產和無形資產等各項具體資產的質量評價，應根據其持有功能進行分析。

這種分析需要報表使用者從資產負債表總體變動分析中找出需要進一步重點關注的具體項目，再收集比較充分的相關資料，才能做出比較合理的判斷。本節主要就資產負債表主要的資產具體項目做分析介紹。

一、貨幣資金

（一）貨幣資金的基本概念

貨幣資金是企業在生產經營過程中處於貨幣形態的資金，包括庫存現金、銀行存款和其他貨幣資金。庫存現金是指企業為了滿足經營過程中的零星支付情境而保留的現金，是流動性最大的貨幣資金；銀行存款是企業存入銀行或其他金融機構的各種存款（劃分為其他貨幣資金的情況除外）；其他貨幣資金包括外埠存款、銀行匯票存款、銀行本票存款、信用證保證金存款、信用卡存款、存出投資款、在途貨幣資金等。其中，庫存現金和銀行存款因其可作為支付手段並被普遍接受等特性，常被人們看作企業的「血液」。由於貨幣資金本身可用於償債，其變現時間等於零，並且通常不存在變

現損失問題，因此貨幣資金是償債能力最強的資產。

注意：有時候貨幣資金中有一部分資金屬於受限的貨幣資金，不可隨意支取，流動性較低，這類不可隨意支取的部分通常計入貨幣資金中的其他貨幣資金。受限的貨幣資金通常有兩類：一類是用於支持企業日常經營而形成的受限資金，如企業用於開立銀行承兌匯票的保證金及銀行備用信用證保證金和保函保證金等，這類受限資金在財務分析時通常放在經營性營運資金裡考慮，如零售企業為了向供應商開具商業票據，往往需要在銀行存入大量保證金；另一類則是屬於被他人（通常是企業股東或其他關聯方）占用的資金或為其他企業做擔保而放在銀行的保證金，這類受限資金意味著資金被占用且往往是否可全部及時回收具有不確定性，通常作為非核心資產來分析。

連結2-12　案例2-2　有「18億貨幣資金」，卻拿不出6,000萬元分紅款，18億貨幣資金有待落實，交易所要求盡快核查

輔仁藥業（600781）是一家以藥業、酒業為主導，集研發、生產、經營、投資、管理於一體的綜合性集團公司。2006年，隨著河南輔仁堂制藥有限公司成功實現上市，資本的力量不僅把輔仁推向飛速發展的階段，其行業地位亦逐步提升。

公司於2019年7月19日晚公告稱，因為資金安排原因，未按有關規定完成現金分紅款劃轉，無法按照原定計劃在7月22日發放現金紅利，而公司2019年一季報披露的貨幣資金尚有18.16億元。但公司2019年7月24日晚間公告又稱，公司財務提供資料顯示，截至7月19日，公司及子公司擁有現金總額1.27億元，其中大部分還處於受限狀態，受限金額為1.23億元，未受限金額377.87萬元。公司在公告中同時稱，公司一季度末實際資金及至今資金變動及流向情況還需進一步核實，公司將深入自查，待核實後及時公告。

上交所的問詢函也隨之而至。對於公司因不能及時籌措到分紅款而暴露出的資金安全、信息披露及內控等方面的重大風險隱患，上交所於2019年7月24日晚間下發問詢函，要求公司董監高、公司控股股東及實際控制人應當勤勉盡責，履行信息披露義務並充分揭示風險；並要求相關仲介機構應當認真履職，及時開展核查工作，並發表明確的專業意見。問詢函第一個問題直指資金問題，要求公司對貨幣資金、負債、與控股股東及其關聯方的資金往來等情況進行認真自查，並進行補充披露。對於資金問題，問詢函要求公司年審會計師對問詢函所提問題逐項進行核查並發表意見。問詢函還要求公司獨立董事對上述事項是否有損上市公司及中小股東利益發表意見，要求必要時聘請外部審計機構和諮詢機構對有關問題進行核查。

在交易所問詢函的追問下，公司對擔保問題也不敢保證全部合規了。

公司表示，對於擔保情況，經與控股股東、實際控制人及其關聯方進行溝通發現，因涉及公司較多，需要對每一筆往來的實質和內容進行客觀判斷後才能得出結論，上述工作尚需進一步核實。公司將進一步自查並全面核實公司的資金情況以及與控股股東、實際控制人及其關聯方的資金往來和擔保情況，若自查發現違規情況，將採取有效措施，追回公司利益，並對責任人嚴肅處理。

但公司在2019年4月20日的公告中還稱，截至當年3月31日，公司及子（孫）公司無對公司全資或控股子（孫）公司以外的對外擔保，也不存在逾期擔保情況。但公司在當年5月14日就爆出了違規擔保事項。根據公告，2018年1月11日，控股股

東輔仁藥業集團有限公司（簡稱「輔仁集團」）控股子公司河南省宋河酒實業有限公司委託鄭州農業擔保公司為其在鄭州銀行北環路支行的融資借款提供擔保，從而從鄭州銀行借款 3,000 萬元。同時簽署協議約定公司實控人朱文臣、輔仁集團、輔仁藥業向鄭州農業擔保公司提供反擔保。但該擔保未經公司內部決策程序，也未及時披露。

可能正是這筆違規擔保，讓公司惹上訴訟。天眼查信息顯示，2019 年 6 月 25 日，由河南省鄭州市中原區人民法院發布的鄭州農業擔保股份有限公司、宋河實業追償權糾紛其他民事裁定書顯示，鄭州農業擔保股份有限公司為申請人，宋河實業、輔仁藥業、輔仁集團以及輔仁藥業董事長朱文臣作為被申請人，最後法院裁定，凍結四位被申請人名下銀行存款 1,001.92 萬元或查封、扣押其同等價值的其他財產。

實際上，公司 2018 年年報中披露的利息收入與公司貨幣資金金額的高度不匹配以及存貸雙高的特徵，或許早就預示了其貨幣資金存在的不確定性。財報數據顯示，公司 2018 年四個報告期期末貨幣資金餘額分別為 10.87 億元、13.85 億元、14.01 億元和 16.56 億元，而公司 2018 年利息收入只有 600 萬元多一點。此外，公司財報數據還呈現出存貸雙高的典型特徵，2019 年一季度末，公司在帳面擁有 18.16 億元貨幣資金和高達 30.33 億元應收帳款及應收票據的情況下，卻要向銀行短期借款 25.29 億元。

值得注意的是，公司年審會計師事務所為 2019 年時正在風口浪尖上的瑞華會計師事務所。

案例思考：
1. 基於資產負債表分析該公司「貨幣資金」項目構成是怎樣的？
2. 基於案例資料分析公司「貨幣資金」實際情況。
3. 分析公司處於擔保與被凍結的「貨幣資金」的性質。

（二）貨幣資金的特點

①有著極強的流動性，在企業經濟活動中，有一大部分經營業務涉及貨幣資金的收支，也就是貨幣資金在企業持續經營過程中隨時有增減的變化；②貨幣資金收支活動頻繁；③在一定程度上貨幣資金的收支數額的大小反應著企業業務量的多少、企業規模的大小；④通過貨幣資金的收支反應企業收益和損失以及經濟效益。

（三）貨幣資金的變動分析

對貨幣資金的分析一般應該關注以下兩個方面：

1. 企業貨幣資金變動的主要原因

第一，銷售規模的變動。企業銷售商品或提供勞務是取得貨幣資金的重要途徑。當銷售規模發生變動時，貨幣資金存量規模必然會發生相應的變動，並且兩者具有一定的相關性。

第二，信用政策的變動。銷售規模的擴大是貨幣資金增加的先決條件。如果企業改變信用政策，則貨幣資金存量規模就會因此而變化。例如，在銷售時，如果企業奉行較嚴格的收帳政策，收帳力度較大，貨幣資金存量規模就會大一些。

第三，為大筆現金支出做準備。企業在生產經營過程中，可能會發生大筆的現金支出，如準備派發現金股利、償還將要到期的巨額銀行貸款、集中購貨等，為此企業必須提前做好準備，累積大量的貨幣資金以備需要，這樣就會使貨幣資金存量規模變大。

第四，資金調度。企業管理人員對資金的調度會影響貨幣資金存量規模，如：在

貨幣資金存量規模過小時，通過籌資活動可提高其規模；而在存量規模較大時，通過短期證券投資的方法對存量貨幣資金加以充分利用，就會降低其規模。

2. 分析貨幣資金規模及變動情況與貨幣資金比重及變動情況是否合理

貨幣資金存量過低，不能滿足日常經營所需；存量過高，既影響資產的利用效率，又降低資產的收益水準。因此，企業貨幣資金存量及比重是否合理應結合以下因素進行分析：

第一，企業貨幣資金的目標持有量。企業貨幣資金目標持有量是指既能滿足企業正常經營需要，又避免現金閒置的合理存量。企業應根據其目標持有量，控制貨幣資金存量規模及比重。

第二，資產規模與業務量。一般來說，企業資產規模越大，業務量越大，處於貨幣資金形態的資產可能就越多。

第三，企業融資能力。如果企業有良好信譽，融資渠道暢通，就沒有必要持有大量的貨幣資金，其貨幣資金的存量與比重就可以低些。

第四，企業運用貨幣資金的能力。如果企業運用貨幣資金的能力較強，能靈活進行資金調度，則貨幣資金的存量與比重可維持在較低水準上。

第五，行業特點。處於不同行業的企業，由其行業性質所決定，其貨幣資金存量與比重會有差異。

(四) 貨幣資金質量分析

貨幣資金質量主要涉及貨幣資金的運用質量、貨幣資金的構成質量以及貨幣資金的生成質量。因此，對企業貨幣資金質量的分析主要從以下幾個方面進行：

1. 貨幣資金規模的恰當性——分析貨幣資金的運用質量

為維持企業經營活動的正常運轉，企業必須保有一定量的貨幣資金餘額。判斷企業日常貨幣資金規模是否恰當，就成為分析企業貨幣資金運用質量的一個重要方面。那麼，企業貨幣資金的規模（餘額）應為多少才合適？由於企業的情況千差萬別，貨幣資金的最佳規模並沒有一個標準的尺度，需要企業根據自己的實際情況來調整，但總的原則是既要滿足生產經營和投資的需求，又不能造成大額現金的閒置。一般而言，企業貨幣資金的恰當規模主要由下列因素決定：

(1) 企業的資產規模和業務收支規模。
(2) 企業的行業特點。
(3) 企業對貨幣資金的運用能力。
(4) 企業的外部籌資能力。

此外，需要考慮的因素還有：企業近期償債的資金需求，企業的盈利狀況和自身創造現金的能力，宏觀經濟環境變化對企業融資環境的影響，等等。

2. 貨幣資金的幣種構成及其自由度——分析貨幣資金的構成質量

企業資產負債表上的貨幣資金金額代表了資產負債表日企業的貨幣資金擁有量。在企業的經濟業務涉及多種貨幣、企業的貨幣資金包含多種貨幣的條件下，不同貨幣幣值的不同未來走向決定了相應貨幣的「質量」。此時，對企業保有的各種貨幣進行匯率趨勢分析，就可以確定企業持有的貨幣資金的未來質量。

此外，有些貨幣資金項目由於某些原因被指定了特殊用途，這些貨幣資金因不能隨意支用而不能充當企業真正的支付手段。在分析中，可通過計算這些貨幣資金占該

項目總額的比例來考察貨幣資金的「自由度」，這樣將有助於揭示企業實際的支付能力。

例如，2016年格力電器年報中對其他貨幣資金進行的附註說明如下：①公司其他貨幣資金中開票、保函保證金6,077,539,766.88元，信用證保證金30,738,026.07元；②公司存放中央銀行款項中法定存款準備金為2,703,513,915.69元。加上現金流量表「支付其他與投資活動有關的現金」項目中所列示的定期存款淨增加額15,479,979,000.00元，被限定用途的貨幣資金共計約242億元。這正是造成貨幣資金期末餘額（956億元）與現金流量表中期末現金及現金等價物餘額（713億元）之間差異的主要原因。

3. 貨幣資金規模的持續性——分析貨幣資金的生成質量

貨幣資金（主要指現金部分）通常被譽為企業的「血液」，因而財務分析者非常關注企業貨幣資金規模的持續性。企業的貨幣資金規模發生變化，主要基於以下幾個原因：

（1）企業經營活動引起貨幣資金規模變化。通常情況下，企業經營活動中有兩個主要方面會影響企業的造血功能：第一，銷售規模以及信用政策的變化；第二，企業採購規模以及議價能力的變化。

（2）企業投資活動引起貨幣資金規模變化。無論是投資還是收回投資，所引起的貨幣資金規模的變化往往是「一次性」的，主要受各年度企業戰略規劃與實施情況的影響，通常會呈現出一定的波動性。

（3）企業籌資活動引起貨幣資金規模變化。在分析中，我們可以依據企業提供的現金流量表展開相應的貨幣資金質量分析，考察企業貨幣資金的生成質量，判斷企業貨幣資金規模的持續性及其合理性，為預測企業未來的貨幣資金規模走勢提供更加科學的依據。

（4）貨幣資金管理分析。第一，企業在對國家有關貨幣資金管理規定的遵守質量較差的情況下，企業的進一步融資也將發生困難，貨幣資金質量會下降。第二，從企業自身貨幣資金管理角度來進行分析。企業在收支過程中的內部控制制度的完善程度以及實際執行情況，則直接關係到企業的貨幣資金運用質量。

二、交易性金融資產

交易性金融資產是企業從二級市場購入、可以隨時出售的股票、債券、基金等金融資產。它是企業對暫時閒置資金的一種理財安排，主要以從價格變動中獲利為目的，具有變現能力強的特點。交易性金融資產是企業的「準現金」資產，它對企業的現金流起著「緩衝」或「蓄水池」的作用。因此，鑒於交易性金融資產的持有功能，其質量的評價主要考慮其盈利性，盈利能力越高越好，以同期銀行存款利率為底線。具體指標計算可以將交易性金融資產獲得的投資收益額除以交易性金融資產總投資額。由於交易性金融資產頻繁買賣，各期交易性金融資產投資數額不等，因此，可根據一定期間各時點的交易性金融資產進行加權平均，計算出交易性金融資產的投資報酬率。

三、應收款項

應收款項主要包括應收帳款和其他應收款，兩者產生的原因不同，所以分析時也

應分別進行。

(一) 應收帳款

應收帳款是企業提供商業信用而產生的。單純從資金占用角度講，應收帳款的資金占用是一種最不經濟的行為，但這種損失往往可以通過擴大銷售而得到補償。所以，應收帳款的資金占用又是必要的。對應收帳款的分析，應從以下幾方面進行：

1. 關注企業應收帳款的規模及變動情況

在其他條件不變時，應收帳款會隨銷售規模的增加而同步增加。如果企業的應收帳款增長率超過營業收入、流動資產和速動資產等項目的增長率，就可以初步判斷其應收帳款存在不合理增長的傾向。對此，應分析應收帳款增加的具體原因是否正常。

2. 分析會計政策變更和會計估計變更的影響

會計政策變更是指企業對相同的交易或事項由原來採用的會計政策改變為另一會計政策的行為。在一般情況下，企業每期應採用相同的會計政策，但在制度允許的某些情況下，也可以變更會計政策。如果涉及應收帳款方面的會計政策變更，應收帳款就會發生變化。

連結2-13　　案例2-3　浙江華策影視股份有限公司
　　　　　　　關於應收款項會計估計變更的公告

浙江華策影視股份有限公司於2017年3月31日召開第三屆董事會第十二次會議，審議通過了《關於修改公司部分治理制度和會計估計的議案》之子議案《關於應收款項會計估計變更的議案》，本次應收款項會計估計變更事項不需要提交股東大會審議，具體如下。

一、會計估計變更概述

隨著公司市場佔有率不斷提高，業務規模不斷擴大，銷售收入迅速增長，公司應收帳款相應增加，但公司主要客戶為國內各大衛視和視頻網站，應收帳款風險可控，壞帳率較低。同時，公司和其他公司聯合投資的影視劇項目，在由公司負責發行時，公司一般根據實際回款情況定期向其他投資方支付發行分成款項。為匹配公司業務發展規模及業務特性，真實反應公司經營業績，為投資者提供更可靠、更準確的會計信息，參考行業情況，結合監管要求，根據《企業會計準則》和公司目前的實際情況，公司對應收款項會計估計變更如下：

(一) 變更日期

自2017年1月1日起實施。

(二) 變更原因

為了更客觀、公正地反應公司的財務狀況和經營成果，便於投資者進行價值評估與比較分析，根據《企業會計準則》等相關規定，結合公司實際情況，公司擬變更按信用風險特徵組合計提壞帳準備的應收款項中，採用帳齡分析法計提壞帳準備的會計估計。

(三) 變更前採用的會計估計

1. 單項金額重大並單項計提壞帳準備的應收款項。
2. 按信用風險特徵組合計提壞帳準備的應收款項。具體組合及壞帳準備的計提

方法。

3. 單項金額不重大但單項計提壞帳準備的應收款項。

對應收票據、應收利息、長期應收款等其他應收款項，根據其未來現金流量現值低於其帳面價值的差額計提壞帳準備。

(四) 變更後採用的會計估計

1. 單項金額重大並單項計提壞帳準備的應收款項。

2. 按信用風險特徵組合計提壞帳準備的應收款項。其他組合及壞帳準備的計提方法。

3. 單項金額不重大但單項計提壞帳準備的應收款項。

對應收票據、應收利息、長期應收款等其他應收款項，根據其未來現金流量現值低於其帳面價值的差額計提壞帳準備。

4. 聯合投資並由公司負責發行的影視劇項目的應收帳款。

對於多方聯合投資並由公司負責發行的影視劇項目，如公司承擔無法收回應收帳款的全部風險，需墊付聯合投資方的分成款項的，則就項目全部應收帳款按前述1~3項規定計提；如公司未承擔前述責任（或類似責任），根據相關協議約定公司按實際回款金額向聯合投資方結算支付分成款項的，則按照公司投資或收益比例計算的應收帳款按前述1~3項規定計提。

二、本次會計估計變更的影響

1. 根據《企業會計準則第28號——會計政策、會計估計變更和差錯更正》的相關規定，本次會計估計變更採用未來適用法進行會計處理，不追溯調整，公司將自2017年1月1日起，採用新的應收款項會計估計，不會對擬披露的2016年度財務狀況和經營成果產生影響。

2. 根據《深圳證券交易所創業板上市公司規範運作指引》等相關規定，本次會計估計變更屬於董事會決策權限，不需要提交股東大會審議。

3. 分析企業是否利用應收帳款進行利潤調節

企業利用應收帳款進行利潤調節的案例屢見不鮮，因此，分析時要特別關注：①不正常的應收帳款增長，特別是會計期末突發性產生的與營業收入相對應的應收帳款。如果一個企業在平時的營業收入和應收帳款都很均衡，而唯獨第四季度特別是12月份營業收入猛增，並且與此相聯繫的應收帳款也直線上升，我們就有理由懷疑企業可能通過虛增營業收入或提前確認收入進行利潤操縱。②應收帳款中關聯方應收帳款的金額與比例。利用關聯方交易進行盈餘管理，是一些企業常用的手法。如果一個企業應收帳款中關聯方應收帳款的金額增長異常或所佔比例過大，應被視為企業利用關聯方交易進行利潤調節的信號。

4. 要特別關注企業是否有應收帳款巨額沖銷行為

一個企業巨額沖銷應收帳款，特別是其中的關聯方應收帳款，通常是不正常的，或者是在還歷史舊帳，或者是為今後進行盈餘管理掃清障礙。

5. 應收帳款質量分析

應收帳款是企業在銷售商品、提供勞務時所取得的一種債權，其產生原因是企業

想要增加銷售、減少存貨。因此，應收帳款本身不具有盈利性，其質量分析內容應包括應收帳款轉化為貨幣的數量及時間兩個方面。因為應收帳款既可能轉化為現實的貨幣，也可能會轉化為壞帳，形成壞帳損失。若應收帳款能在確定的時間內轉化為與其帳面餘額等額數量貨幣的可能性越大，則應收帳款的質量越好；反之，則越差。對應收帳款的質量分析，可以從以下幾個方面進行：

（1）對應收帳款的帳齡進行分析。

應收帳款拖欠的時間越長，發生壞帳的可能性越大，即帳齡越長，應收帳款質量越差。

（2）對債權的構成進行分析。

應收帳款的質量不僅與應收帳款的帳齡有關，而且與債務人的構成有關。債務人的構成方面主要應關注債務人的基本情況及集中度（應收帳款的集中度）。

因此，第一，可以通過對債務人的構成情況分析來判斷應收帳款的質量。債務人是實力雄厚、信譽良好的企業，應收帳款收回的保證程度較高，即應收帳款質量較好；反之，應收帳款質量較差。

第二，應收帳款集中度指企業應收帳款債務人（客戶）欠款金額的比例，比例高，集中度就高。應收帳款集中度越高，發生壞帳的風險越高。如果客戶過於集中，企業的生產經營可能存在潛在的經營風險，一旦某一客戶生產經營狀況惡化，會對企業業績造成很大衝擊。比如，APEX公司占四川長虹近90%的應收帳款對長虹的影響，樂視壞帳對普路通業績的影響以及金立壞帳對維科精華的業績的影響。

（3）通過對壞帳準備的提取情況進行分析，判斷應收帳款的質量。

通常情況下，應收帳款質量越差，計提的壞帳準備數額應越大，因此，計提壞帳準備較多的應收帳款，其質量也較差。有時，盈利企業可能會多提壞帳準備以儲存部分利潤，虧損企業也可能會多提壞帳準備為來年扭虧為盈做準備，這種情況下並不表明其應收帳款質量較差；微利企業可能會少提壞帳準備以避免虧損，這種情況下也不表明其應收帳款質量較好。因此，應根據企業的具體情況加以分析。

（4）對應收帳款的週轉速度進行分析。

應收帳款週轉速度用應收帳款週轉率和週轉天數衡量。應收帳款週轉率越高，週轉天數越少，表明應收帳款收回的時間越短，其質量越好；反之，表明應收帳款收回的時間越長，其質量越差。

連結 2-14　　案例 2-4　樂視壞帳對普路通業績的影響

普路通成立於2005年12月，2015年6月成功登陸A股中小板上市。該公司是專業為企業提供涵蓋供應鏈方案設計及優化、採購分銷、庫存管理、資金結算、通關物流以及信息系統配套支持等環節的一體化供應鏈管理服務商。

普路通供應鏈管理服務主要集中於電子信息行業及醫療器械行業，在繼續深耕供應鏈服務的同時，結合主要業務，向融資租賃、跨境電商等領域延展。普路通的營業收入按產品可區分為兩部分，占主要部分的是供應鏈管理服務收入，其次是其他業務。普路通供應鏈管理服務收入2017年較前兩年有明顯增長，增幅可觀，主要是其業務交易總量較之前年份大比例提升所致。2015年以來普路通毛利率水準穩步提升，說明公

司的競爭力在走強；期間費用率的持續走低也說明公司的管理水準在提高，費用控制嚴格，成效初顯；但淨利率水準卻在 2017 年大幅走低，增收不增利，為什麼呢？

根據 2017 年年報披露，其前五名客戶銷售額 33.82 億元，占年度銷售總額的 62.82%；前五名供應商採購額 39.01 億元，占年度採購總額的 78.83%。可見普路通的採購和銷售集中程度較高。普路通的供應商和客戶合作時間較長、基本穩定，且多為定制化服務，相互依賴性較強，但如果供應商和客戶的業務發生變化或者與普路通的合作關係發生變化，則可能對其生產經營產生較大影響。根據年度報告披露，普路通 2017 年對樂視移動智能信息技術（北京）有限公司（以下簡稱「樂視移動智能」）的應收帳款和其他應收款計提大額的壞帳準備，高達 80%；對樂視移動智能單一客戶計提的應收款壞帳準備金額高達 1.45 億元，是當期淨利潤的 2.13 倍，對當期淨利潤產生重大影響，這也解釋了上面為什麼增收不增利的問題。

相關分析也認為：普路通面臨的流動性風險較小，但是如果相關客戶經營情況和財務狀況出現重大變化，可能會使普路通面臨貨款無法收回的問題，導致無法按時支付供應商款項及其他款項，從而產生流動性風險。

事實上，早在 2016 年 11 月 6 日，樂視控股 CEO 賈躍亭就在發布的致全體員工的信中稱，公司發展節奏過快，近幾個月供應鏈壓力驟增，加上一貫伴隨 LeEco 發展的資金問題，導致供應緊張，對手機業務持續發展造成極大影響。之後樂視風波不斷，負面新聞纏身。

連結 2-15　案例 2-5　雲南白藥集團公司 2015—2017 年應收帳款質量分析

雲南白藥集團有限公司（以下簡稱「雲南白藥」）是雲南省的大型綜合制藥企業，以中藥品的研發、批發和零售為主，是中國知名的制藥企業。根據雲南白藥的資產負債表，該公司從 2015 年到 2017 年期末的應收帳款分別為 10.5 億元、10.1 億元和 12.3 億元（資料來源於雲南白藥 2015—2017 年年度財務報表及年度報告），分別占總資產的比例是 5.48%、4.12% 以及 4.45%，雲南白藥壞帳準備計提的方法為帳齡分析法，具體見表 2-23。

表 2-23　雲南白藥壞帳準備計提比例

帳齡	壞帳準備計提比例/%
1 年以內（含 1 年）	5
1~2 年	30
2~3 年	60
3 年以上	100

下面以雲南白藥 2015 年到 2017 年連續三年的資料為基礎，從應收帳款集中度、規模、帳齡、壞帳計提比例以及應收帳款週轉效率等幾個方面對該企業的應收帳款質量進行分析：

1. 應收帳款集中度分析

雲南白藥 2015 年到 2017 年前五名應收帳款債務人債務情況如表 2-24 所示。

表 2-24　前五名應收帳款債務人債務情況

時間	金額合計/萬元	占應收帳款總額的比例/%	壞帳準備的期末餘額合計/萬元
2015 年	21,082.60	18.51	1,054.13
2016 年	21,769.08	20.06	1,088.45
2017 年	28,882.29	21.70	1,444.11

根據表 2-24 可知，雲南白藥在 2015—2017 年欠款前五名債務人的所欠帳款占應收帳款總額的比例有一定程度的上升，表明集中度在變高，同時三年的壞帳準備的期末餘額也呈逐年上升的趨勢。這說明隨著雲南白藥市場的發展，該企業的應收帳款的集中度越來越高，且單筆交易對雲南白藥的影響越來越大，提示應收帳款的質量有可能有一定程度的下降。

2. 應收帳款壞帳準備計提比例分析

雲南白藥 2015 年到 2017 年的壞帳準備計提情況如表 2-25 所示。

表 2-25　雲南白藥 2015—2017 年應收帳款壞帳準備計提情況表

時間	應收帳款/萬元	壞帳準備/萬元	計提比例/%
2015 年	113,440.33	7,666.82	6.76
2016 年	108,501.99	7,298.34	6.73
2017 年	133,047.40	9,666.37	7.27

根據表 2-25 可知，壞帳計提比例總體增加，說明應收帳款的風險加大，應收帳款質量有所下降。

3. 應收帳款帳齡分析

查閱雲南白藥 2015—2017 年年報相關資料，計算得到表 2-26、表 2-27、表 2-28。

表 2-26　2015 年雲南白藥應收帳款帳齡分析表

帳齡	應收帳款/萬元	比重/%	壞帳準備/萬元	比重/%	計提比例/%
1 年以內（含 1 年）	109,792.02	96.78	5,489.60	71.60	5
1~2 年	1,705.76	1.50	511.73	6.67	30
2~3 年	692.66	0.61	415.60	5.42	60
3 年以上	1,249.90	1.10	1,249.90	16.30	100
合計	113,440.33	100.00	7,666.82	100.00	6.76

表 2-27　2016 年雲南白藥應收帳款帳齡分析表

帳齡	應收帳款/萬元	比重/%	壞帳準備/萬元	比重/%	計提比例/%
1 年以內（含 1 年）	105,761.30	97.47	5,288.06	72.46	5
1~2 年	631.07	0.58	189.32	2.59	30
2~3 年	721.63	0.67	432.98	5.93	60
3 年以上	1,387.98	1.28	1,387.98	19.02	100
合計	108,501.98	100.00	7,298.34	100.00	6.73

表 2-28　2017 年雲南白藥應收帳款帳齡分析表

帳齡	應收帳款/萬元	比重/%	壞帳準備/萬元	比重/%	計提比例/%
1年以內（含1年）	127,243.50	95.64	6,362.18	65.82	5
1~2年	3,403.57	2.56	1,021.07	10.56	30
2~3年	293.02	0.22	175.81	1.82	60
3年以上	2,107.31	1.58	2,107.31	21.80	100
合計	133,047.40	100.00	9,666.37	100.00	7.27

根據表 2-26—表 2-28 可知，2015 年到 2016 年的應收帳款總額呈下降趨勢，但在 2017 年陡然上升，這三年的應收帳款都顯示帳齡為 1~3 年的應收帳所占比重較小，一年以內的應收帳款所占比重最大，其次是帳齡三年以上的應收帳款所占比重，其壞帳準備占比也呈現同樣的變化規律。以上數據說明了該公司的帳期較長，顯然，應收帳款的質量在降低。

4. 應收帳款週轉效率分析

雲南白藥 2015 年到 2017 年連續三年的應收帳款週轉效率如表 2-29 所示。

表 2-29　雲南白藥 2015—2017 年應收帳款週轉表

項目	2015 年	2016 年	2017 年
當期銷售淨收入/萬元	2,073,812.62	2,241,065.44	2,431,461.40
期初應收帳款餘額/萬元	55,488.01	105,773.51	101,203.64
期末應收帳款餘額/萬元	105,773.51	101,203.64	123,381.03
應收帳款週轉率/次	25.72	21.66	21.65
應收帳款週轉天數/天	13.99	16.62	16.63

從表 2-29 可以看出，雲南白藥應收帳款週轉率從 2015 年到 2017 年呈現逐漸遞減的趨勢；同時，週轉天數逐漸增加，說明該公司應收帳款的管理效率在下降，應收帳款質量在降低。

5. 應收帳款與銷售收入、利潤、現金流的關係分析

雲南白藥 2015 年到 2017 年連續三年的應收帳款與銷售收入、利潤、現金流的關係如表 2-30 所示。

表 2-30　雲南白藥 2015—2017 年比較分析表　　　　　單位:%

項目	2015 年	2016 年	2017 年
應收帳款變動率	21.91	-4.32	90.62
銷售收入變動率	8.50	8.06	10.22
利潤總額變動率	6.60	5.67	10.49
現金流量淨額變動率	-85.32	-224.77	-1,148.88
經營活動產生的現金流量淨額占比	-61.28	36.95	37.35

註：經營活動產生的現金流量淨額占比是指占現金流量淨額的比重。

從表 2-30 可以看出，第一、三年應收帳款變動率增加，收入增加，導致利潤變動率增加，現金流量淨額變動率卻下降；第二年的趨勢則是，應收帳款變動率降低，收入變動率增加，導致利潤變動率上升，現金流量淨額變動率下降。以上數據提示：雲南白藥應收帳款收現能力在下降，應收帳款質量在降低。

6. 應收帳款壞帳損失占比分析

雲南白藥 2015 年到 2017 年應收帳款壞帳損失分析如表 2-31 所示。

表 2-31　應收帳款壞帳損失的占比分析　　　　　　　單位：萬元

年份	2015 年	2016 年	2017 年
終止確認的應收帳款	0.00	73,040.49	75,027.04
本期核銷的應收帳款	350.90	253.42	413,227.30
壞帳損失	350.90	73,293.91	488,254.34
應收帳款總額	113,440.33	108,501.99	133,047.40
壞帳損失率	0.003	0.676	3.67

根據表 2-31 中的信息可以看出，雲南白藥的壞帳損失逐年大額攀升，壞帳損失率逐漸增加，由此可以看出，雲南白藥應收帳款質量在逐年降低。

7. 核算計提方法的謹慎性分析

由表 2-26—表 2-28 中的數據可以看出，雲南白藥從 2015 年到 2017 年計提的壞帳準備呈現上升的趨勢，由此可說明，該公司對應收帳款的謹慎性在提高，在一定程度上是可以提高應收帳款質量的。

綜上可知，從 2015 年到 2017 年雲南白藥的應收帳款總額呈逐年遞增趨勢，規模逐漸增大；應收帳款債務人前五名在應收帳款總額中所占的比重越來越大，集中度越來越高；壞帳損失逐漸增加，應收帳款的風險加大；帳齡為三年以上的應收帳款的占比逐年增加，帳期逐漸變長；同時雲南白藥應收帳款週轉率逐漸下降，週轉天數逐漸增加；應收帳款收現能力在下降。可見，雲南白藥應收帳款質量不容樂觀，但可喜的是雲南白藥對壞帳準備的計提在增多，說明公司的謹慎性在提高。

分析結論：

對雲南白藥應收帳款質量進行分析後，我們發現雲南白藥存在以下問題：應收帳款的集中度越來越高，單筆交易對雲南白藥的影響越來越大；壞帳比例逐漸增加，應收帳款的風險加大；三年以上的應收帳款所占比重大，帳期長；應收帳款週轉率從 2015 年到 2017 年呈現逐漸遞減的趨勢，週轉天數逐漸增加等。因此，為提高雲南白藥應收帳款質量，應該從以下幾個方面進行：

第一，加強雲南白藥應收帳款內控管理。

從對雲南白藥應收帳款的質量分析來看，該公司對應收帳款的內控管理較弱，我們認為，雲南白藥應該建立完善的內控制度。提高公司的資本風險意識，採取適當、合理、有效的應收帳款管理措施和對策，加強企業內部管理，增強抗風險能力。

第二，適當分散應收帳款債務人。

根據以上資料分析，雲南白藥應收帳款的集中度較高，由於應收帳款的集中度越高，質量越差。因此，雲南白藥管理者應妥善分配債務人，降低債權人帳戶密度，從而降低債權人帳戶的收回風險，提高應收帳款質量。

第三，加強應收帳款質量管理效率。

根據資料分析可知，雲南白藥的應收帳款週轉率逐年降低，同時週轉天數也在逐漸增多，應收帳款質量下降。因此，企業應適當減少應收帳款帳面餘額，加快應收帳款週轉，增加可使用現金流量，同時增加內部資金的創造性功能，從而加強應收帳款質量。

由於國際國內市場的激烈競爭，信貸銷售已成為企業成功的必要手段，但低值的應收帳款將不可避免地影響公司的可持續經營業績。因此，雲南白藥應盡量縮短應收款項的回收期，避免發生壞帳損失，提高企業應收帳款質量。

第四，降低壞帳損失。

雲南白藥應抓好對應收帳款的管理，採取必要可行的措施，制定合理的管理辦法，有效防止壞帳的發生，加強對客戶信用的管理及監督，降低收帳風險，減少壞帳損失。

（二）其他應收款

其他應收款是指企業發生非購銷活動而產生的應收債權。該款項具體包括應收的各種賠款、罰款，應收出租包裝物租金，存出保證金，應向職工收取的各種墊付款項，以及不符合預付款性質而按規定轉入其他應收款的預付帳款等。在實務中，一些上市公司為了某種目的，常常把其他應收款作為企業調整成本費用和利潤的手段。在進行財務分析時，投資者對「其他應收款」項目應予以充分的注意。其他應收款分析應關注以下幾方面：

（1）其他應收款的規模及變動情況。如果其他應收款規模過大，或有異常增長現象，如其他應收款餘額遠遠超過應收帳款餘額，其他應收款增長率大大超過應收帳款增長率，就應注意分析是否有利用其他應收款進行利潤操縱的行為。

（2）其他應收款包括的內容。分析時，投資者要注意：第一，是否存在將應計入當期成本費用的支出計入其他應收款；第二，是否存在將本應計入其他項目的內容計入其他應收款。

（3）關聯方其他應收款餘額及帳齡。分析時，投資者應結合報表附註，觀察是否存在大股東或關聯方長期、大量占用上市公司資金，造成其他應收款餘額長期居高不下的現象。

連結2-16　　案例2-6　銀鴿投資10億元其他應收款去向成謎

銀鴿投資（600069）2014年8月27日晚間發布半年度業績報告稱，2014年半年度淨虧損1.48億元，上年同期虧損8,426.77萬元，虧損幅度擴大；另外，上半年營業收入為15.2億元，也較上年同期減少6.17%。

大眾證券報財信網記者注意到，就在中期業績虧損幅度加劇的同時，母公司當期其他應收款餘額竟高達10.88億元，而母公司與子公司合併報表中的其他應收款規模約2,667萬元，兩者之間差額約為10.62億元。

「上市公司的其他應收款遠比合併報表的規模大，說明上市公司其他應收款的主要債務人，是納入合併範圍內的子公司，也就是說，這10.62億元的應收帳款均為子公司拆借。」國內某會計師事務所會計師表示。

上述會計師說：「其他應收款是屬於企業主營業務以外的債權，與主營業務產生的債權相比較，其數額不應過大。如果數額過大，應對其進行質量分析。該公司上半年

營業收入也才 15 億元，但是對子公司的其他應收帳款一項已經超過了 10 億元，真是不可思議。」

財務專家馬靖昊曾表示，「其他應收款」科目有時候是一個萬能的科目，企業可以用它隱藏短期投資，截留投資收益；可以用它來隱藏利潤，少交稅金；可以用它來轉移資金，如大股東占用上市公司資金，高管卷款而逃；可以用它來私設小金庫，將款項源源不斷地轉移到帳外；可以用它來隱藏費用，在盈利水準不佳時可能直接通過其他應收款列支費用。

四、存貨

存貨在企業流動資產中佔有較大比重，是企業最重要的流動資產之一。因此，投資者應特別重視存貨的分析。存貨分析主要包括存貨構成分析和存貨質量分析。

（一）存貨的構成及規模恰當性分析

企業存貨資產遍布於企業生產經營全過程，種類繁多，按其性質可分為材料存貨、在產品存貨和產成品存貨。存貨構成分析既包括各類存貨規模與變動情況分析，也包括各類存貨結構與變動情況分析。

（1）存貨規模與變動情況分析。它主要是觀察各類存貨的變動情況與變動趨勢，分析各類存貨增減變動的原因，這需要結合報表附註中有關存貨的披露內容，需要瞭解企業存貨各具體項目之間的構成比例進行深入分析。

（2）存貨結構是指各種存貨資產在存貨總額中的比重。

（二）存貨質量分析

存貨是企業的一項重要流動資產，是企業創造盈利的媒介。但它通常要占用企業大量的資金，會給企業帶來持有成本（機會成本、倉儲成本等）和持有風險（過期風險、降價風險等）。因此，如何提升存貨的市場競爭力，加速存貨週轉，降低存貨持有量並保持存貨價值，既是存貨管理的關鍵因素，也是評價存貨質量的主要方面。

由於存貨組成類別不同，其各自的持有功能也存在差異。總體上，存貨的質量主要體現在其增值能力及週轉速度上。存貨轉化為貨幣或應收帳款的數額超過其帳面餘額越多、時間越短，其質量越好。存貨的質量分析和評價可以從以下幾個方面來進行：

1. 存貨的盈利性——考察毛利率水準及走勢

儘管存貨的種類繁多、功能各異但其最終價值都需要通過銷售才能實現，因此存貨轉化為貨幣或應收帳款的數額是否超過其帳面餘額以及超過多少，是評價其質量高低的關鍵。存貨的增值能力可用毛利率來衡量，存貨的毛利率越高表明其增值能力越強，內在質量越高，反之則越低。

2. 存貨的週轉性——考察存貨週轉率

一般情況下，存貨的週轉速度越快，表明其銷售情況越好，存貨的質量越高，貶值的可能性越小。反之，存貨的週轉速度慢，倉庫存放的時間越長，則出現變質、被新一代產品替代的可能性越大，從而導致其貶值的可能性越大。在週轉一次產生的毛利水準相對不變的情況下，在其他條件相同時，企業存貨週轉速度越快，一定時期的盈利水準也就越高。

3. 存貨的保值性

從存貨在會計報表附註中的披露可以看出企業存貨價值的貶損情況。除了企業利用存貨跌價準備進行盈餘管理的特殊情況外，一般情況下，某類存貨計提的減值準備越多，說明存貨的價值貶損越大，存貨的質量越差；反之，某類存貨計提的減值準備越少，說明存貨的價值貶損越小，存貨質量越好。

但需要注意的是：在通過對存貨跌價準備計提的分析來考察存貨的保值性時，應首先對計提的合理性進行判別；此外，還要關注報表附註有關存貨擔保、抵押方面的說明。如果企業存在上述情況，這部分存貨的保值性就會受到影響。

4. 存貨的時效狀況

存貨的時效狀況對存貨質量影響很大，如食品的保質期、出版物的內容更新速度、技術發展速度等。超過時效的存貨可能會變得一文不值。

連結2-17   案例2-7   中糧糖業2015—2017年存貨質量分析

中糧糖業是中糧集團控股的一家上市公司，經營範圍包括國內外制糖、食糖進口、港口煉糖、國內食糖銷售及貿易、食糖倉儲及物流、番茄加工業務，是保障國內食糖供給的堅強基礎。該公司在國內外具有完善的產業佈局，擁有從國內外制糖、進口及港口煉糖、國內銷售及貿易、倉儲物流並管理中央儲備糖的全產業營運模式。在國內甘蔗、甜菜制糖領域，中糧糖業擁有較強的競爭力，公司計劃力爭在「十三五」期間進一步發展成為國內最大的制糖企業之一。

根據上述存貨質量分析思路，結合中糧糖業2015—2017年年度財務報表及年度報告相關資料，下面對該公司存貨質量進行分析：

1. 中糧糖業存貨的品種構成分析

2017年中糧糖業的存貨品種構成見表2-32。

表2-32   2017年存貨分類表

項目	期末帳面餘額/元	期初帳面餘額/元	期末所占比重/%	期初所占比重/%
原材料	596,779,699.58	724,620,883.20	13.80	11.59
在產品	103,963,255.90	144,410,459.57	2.40	2.31
庫存商品	3,576,335,499.35	4,384,183,706.93	82.69	70.11
消耗性生物資產	16,041,169.13	13,845,242.49	0.37	0.22
在途物資	12,727,759.78	957,035,209.03	0.29	15.31
低值易耗品	6,407,265.97	3,511,480.64	0.15	0.06
包裝物	9,902,775.25	17,074,046.36	0.23	0.27
委託加工物資	2,747,624.14	8,197,093.33	0.06	0.13
合計	4,324,878,049.10	6,252,878,121.56		

從存貨分類表中可以看出，庫存商品所占的比重最大，並且期末所占的比重高於期初，占比越高，說明該公司存貨資金占用水準越高，流動性越差，可能存在存貨滯銷狀況，說明該企業存貨質量有一定下降。

2. 存貨的管理效率分析

（1）存貨週轉率分析（見表 2-33）。

表 2-33　存貨週轉率表　　　　　　　　　　　單位：次/年

時間	存貨週轉率
2015 年	2.552,6
2016 年	2.200,8
2017 年	3.062,8

從表 2-33 可知，2015—2017 年該公司存貨週轉率呈上升趨勢，說明該公司的管理效率提高，存貨的質量隨之提高，從而導致存貨的盈利水準提高。

（2）存貨跌價準備占存貨價值的比重分析（見表 2-34）。

表 2-34　2015—2017 年中糧糖業存貨跌價準備表　　　　　單位：元

| 項目 | 2017 年 | |
	跌價準備	帳面價值
原材料	15,417,456.75	581,362,242.83
在產品		103,963,255.90
庫存商品	60,471,922.64	3,515,863,576.71
消耗性生物資產		16,041,169.13
週轉材料		
建造合同形成的已完工未結算資產		
在途物資		12,727,759.78
低值易耗品	133.38	6,407,132.59
包裝物	1,040,594.42	8,862,180.83
委託加工物資		2,747,624.14
合計	76,930,107.19	4,247,947,941.91
存貨跌價準備占存貨價值比重	1.81%	
項目	2016 年	
	跌價準備	帳面價值
原材料	4,147,445.58	720,473,437.62
在產品		144,410,459.57
庫存商品	8,488,198.89	4,375,695,508.04
消耗性生物資產		13,845,242.49
週轉材料		
建造合同形成的已完工未結算資產		
在途物資		957,035,209.03
低值易耗品		3,511,480.64
包裝物	1,290,692.86	15,783,353.49
委託加工物資		8,197,093.35
合計	13,926,337.33	6,238,951,784.23
存貨跌價準備占存貨價值比重	0.22%	

表2-34(續)

項目	2015年	
	跌價準備	帳面價值
原材料	6,647,490.36	134,545,136.65
在產品	3,462,242.84	171,293,220.49
庫存商品	17,522,283.77	3,749,925,472.83
消耗性生物資產	13,682,072.60	12,489,035.93
週轉材料		
建造合同形成的已完工未結算資產		
在途物資		208,272,591.04
低值易耗品		3,357,509.14
包裝物	196,130.06	10,847,261.80
委託加工物資		440,060.27
合計	41,510,219.63	4,291,170,288.15
存貨跌價準備占存貨價值比重	0.97%	

　　從連續三年的數據可以看出，存貨跌價準備占存貨的價值比重是2016年最低，2017年呈上升趨勢，說明2016年是存貨質量最高的一年，而2017年該公司的管理效率下降，存貨的保值性不好，存貨的質量也隨之降低。

　　3. 存貨的核算方法分析

　　據年報，該企業發出存貨的計價方法採用加權平均法和個別計價法計價。存貨的盤存制度為永續盤存制。我認為採用個別計價法是不合適的，雖然它是比較準確的一種方法，但是該公司的存貨數量較大，採用個別計價法工作任務重，困難很大，因此採用加權平均法即可。

　　綜上分析可知，該公司存貨的管理機制、存貨的週轉率上升是做得好的，存貨的質量有一定的制度保證，但是存貨的品種構成、減值損失以及核算方法是不夠完善的，庫存商品在增加，減值上升，存貨質量有一定程度下降，造成對存貨的不利影響。針對存在的問題，結合存貨水準分析發現：2016—2017年存貨的變化主要係食糖採購及產品庫存量較期初減少所致；2017年度，中糧糖業下屬部分公司處於停工狀態，中糧糖業對停工公司確認減值損失達1.27億元。

五、長期股權投資分析

　　長期股權投資是指投資方對被投資單位實施控制、產生重大影響的權益性投資，以及對其合營企業的權益性投資，而不涉及不具有控制、共同控制和重大影響，且在活躍市場中沒有報價、公允價值不能可靠計量的權益性投資。長期股權投資通常包括三種權益性投資：對子公司的投資（單獨控制或實質性控制）、對合營企業的投資（共同控制）以及對聯營企業的投資（重大影響）。

　　長期股權投資，一方面，可以擴大企業的經營範圍，分散企業經營風險並獲取股利，另一方面，它是企業實現其戰略的一種安排。長期股權投資的直接收益是其帶來

的投資收益或損失，而間接收益或隱形收益則是企業戰略管理成本的降低。長期股權投資的質量可用投資收益率來衡量，即將其帶來的投資收益與其投資成本相比，還可以進一步根據其帶來的現金流分析其投資收益質量。此外，長期股權投資的變現能力和升值情況以及戰略管理成本的高低也是其質量評價的內容。總之，長期股權投資的收益率越高，變現能力越強，升值空間越大，或者通過長期股權投資使企業整體戰略管理成本降低幅度越大的，其質量越好；反之，其質量越差。

此外，長期股權投資減值準備計提的情況，也可在一定程度上反應該項目的質量。

長期股權投資減值準備是針對長期股權投資帳面價值而言的，計提了減值準備就意味著，長期股權投資要麼無法按照預期收益水準帶來收益，要麼無法按照帳面價值收回投資成本。總之，計提了減值準備的長期股權投資項目的保值性堪憂，質量會受影響。未來是否會繼續發生減值，則需要對被投資企業的持續經營能力和盈利能力做進一步的分析與判斷。

但由於減值準備在什麼時間計提、計提多少等均存在主觀人為因素，為企業操縱利潤提供了很大空間。對該項目的會計處理充分體現了謹慎性原則，這樣也會影響長期投資項目的質量。

六、固定資產

固定資產是指同時具有以下特徵的有形資產：為生產產品、提供勞務、出租或經營管理而持有；使用壽命超過一個會計年度。一般而言，固定資產屬於企業的勞動資料，代表了企業的擴大再生產能力。固定資產具有占用資金數額大、資金週轉時間長的特點，對其進行分析應從以下幾個方面入手：

（一）固定資產規模與變動情況分析

固定資產原值反應了企業固定資產規模，其增減變動受當期固定資產增加和當期固定資產減少的影響。對固定資產原值變動情況及變動原因的分析，可根據報表附註和其他相關資料進行。

（二）固定資產結構與變動情況分析

固定資產按使用情況和經濟用途，可以分為生產用固定資產、非生產用固定資產、租出固定資產、未使用和不需用固定資產、融資租入固定資產等。固定資產結構反應固定資產的配置情況，合理配置固定資產，既可以在不增加固定資金占用量的同時提高企業生產能力，又可以使固定資產得到充分利用。在各類固定資產中，生產用的固定資產，還有正在使用中的固定資產，特別是其中的機器設備，與企業生產經營直接相關，在固定資產中占較大比重。非生產用固定資產主要指職工宿舍、食堂、俱樂部等非生產單位使用的房屋和設備，其增長速度一般低於生產用固定資產的增長速度，其比重的降低應屬正常現象。

（三）固定資產折舊分析

《企業會計準則》和《企業會計制度》允許企業使用的折舊方法有平均年限法、工作量法、雙倍餘額遞減法、年限總和法，其中後兩種方法屬於加速折舊法。不同的折舊方法由於各期所提折舊不同，會引起固定資產價值發生不同的變化。固定資產折舊方法的選擇對固定資產的影響還隱含著會計估計對固定資產的影響，如對折舊年限的估計、對固定資產殘值的估計等。

固定資產折舊分析應注重以下幾方面：
(1) 分析固定資產折舊方法的合理性。
(2) 分析企業固定資產折舊政策的連續性。
(3) 分析固定資產預計使用年限和預計淨殘值確定的合理性。

(四) 固定資產減值準備分析

固定資產減值準備分析主要從以下幾方面進行：
(1) 固定資產減值準備變動對固定資產的影響。
(2) 固定資產可回收金額的確定。這是確定固定資產減值準備提取數的關鍵。
(3) 固定資產發生減值對生產經營的影響。固定資產發生減值使固定資產價值發生變化，既不同於折舊引起的固定資產價值變化，也不同於其他資產因減值而發生的價值變化。固定資產減值是因為有形損耗或無形損耗造成的，如因技術進步已不能使用或已遭毀損不再具有使用價值和轉讓價值等，此時雖然固定資產的實物數量並沒有減少，但其價值量和企業的實際生產能力都會相應變動。如果固定資產實際上已發生了減值，企業不提或少提固定資產減值準備，不僅虛誇了固定資產價值，同時也虛誇了企業的生產能力。

連結2-18　　案例2-8　固定資產減值對公司未來發展的影響

江蘇友利投資控股股份有限公司於2017年1月24日召開了第九屆董事會第三十次會議和第九屆監事會第二十次會議，會議審議通過了《關於2016年度計提固定資產減值準備的議案》。根據相關規定，現將具體情況公告如下：

一、本次計提固定資產減值準備的情況概述

根據《企業會計準則》的有關規定，為真實反應江蘇友利投資控股股份有限公司的財務狀況及經營成果，公司聘請北京天健興業資產評估有限公司於2017年1月份對江陰友利氨綸科技有限公司、江蘇雙良氨綸有限公司、江陰友利特種纖維有限公司氨綸生產相關固定資產價值出現的減值跡象進行了減值測試，按資產類別進行了測試，報告顯示：截至2016年12月31日，資產帳面價值為50,472.25萬元，可回收價值為15,616.00萬元，減值34,856.25萬元，減值率為69.06%。本次計提固定資產減值準備計入公司2016年年度報告。

公司本次計提固定資產減值準備尚需經會計師事務所審計，最終數據以經會計師事務所審計的財務數據為準。

二、本次計提固定資產減值準備的原因

1. 產能過剩，產品同質化、行業價格大幅下降

2016年國內氨綸產能增速加快，同比增速達到16%，較2015年的6%有明顯提升，年內行業負荷雖較2015年同期有所回落，但由於新產能釋放增量帶動，2015年國內氨綸產量達到45.7萬噸，增速約9.1%。2015年國內氨綸行業有效產能60.35萬噸。2016年國內氨綸年產能將達69.6萬噸左右。2015年國內氨綸需求量在40.4萬噸，同比增幅約4.9%，2016年國內氨綸需求量基本維持在2015年的水準上，產能過剩加劇。2016年上半年，以40D氨綸為例，市場主流商談價格由33,000元/噸跌至28,000元/噸，跌幅為15%左右。

2016年上半年，隨著氨綸市場價格不斷下滑，利潤面也進一步收窄，轉盈為虧。2016年1月40D氨綸平均利潤在1,342元/噸左右，6月平均利潤在-853元/噸左右，較1月相比減少-164%左右，行業虧損面日益加劇，氨綸廠家處境艱難，行業昔日的景氣度連連下降。

2. 公司生產工藝落後，成本比重大

20世紀80年代末期，國內已開始引進東洋紡干法紡絲生產工藝。日清紡干法紡絲生產工藝是在東洋紡干法紡絲生產工藝的基礎上改良發展起來的，在生產細旦絲、提高產品彈性伸長等方面，日清紡工藝具有一定的優越性。由於新工藝的出現，東洋紡、日清紡的工藝已落後，目前已被連續紡干法紡絲生產工藝（連續聚合、高速紡絲）取代。連續紡干法紡絲生產工藝與東洋紡、日清紡的生產工藝相比，具有產量高、公用工程消耗少、單位生產成本低的優勢，其產品具有品質均勻穩定、彈性伸長好、斷絲強度高等顯著特點，可用於生產細旦、有光、耐高溫、抗菌、耐氯等高技術功能性差別化氨綸。近年來國內各大氨綸生產廠家新建和擴能均採用連續紡干法紡絲生產工藝。

3. 2016年年底公司已停產了部分車間，公司虧損嚴重

因氨綸市場低迷，為減少虧損，江蘇雙良氨綸有限公司於2016年12月7日起一車間開始停產，年設計產能4,200噸；江陰友利特種纖維有限公司於2016年12月12日起二車間開始停產，年設計產能7,000噸。

三、本次計提固定資產減值準備對公司的影響

本次計提各項資產減值準備，將減少公司2016年度合併淨利潤29,139.31萬元，本次資產減值準備的計提不影響公司於2017年1月24日披露的《2016年業績預告》對公司2016年度經營業績的預計。

公司本次計提的資產減值準備未經會計師事務所審計，最終數據以會計師事務所審計的財務數據為準。

上市公司計提固定資產減值準備往往出於各種原因，不同的原因體現了企業不同的發展過程和特點，因此，對固定資產減值準備計提情況的分析，可以在一定程度上瞭解企業業務發展的前景，以便做出相應的決策。

七、無形資產

（一）無形資產概述

無形資產是指企業擁有或控制的沒有實物形態的可辨認非貨幣性資產，主要包括專利權、非專利技術、商標權、著作權、土地使用權、特許權等。無形資產分為可辨認無形資產和不可辨認無形資產。可辨認無形資產包括專利權、非專利技術、商標權、著作權、土地使用權等；不可辨認無形資產是指商譽。企業自創的商譽，以及未滿足無形資產確認條件的其他項目，不能作為無形資產。換句話說，企業控制的全部無形資源，並沒有都在資產負債表上體現出來，如人力資源、品牌、市場營銷網絡和渠道、企業文化等便沒有體現出來。

（二）無形資產分析

對無形資產的分析，可從以下幾個方面進行：

（1）無形資產規模分析。無形資產儘管沒有實物形態，但隨著科技進步特別是知識經濟時代的到來，對企業生產經營活動的影響越來越大。在知識經濟時代，企業控制的無形資產越多，其可持續發展能力和競爭能力就越強，因此企業應重視培育無形資產。

（2）無形資產價值分析。在資產負債表中無形資產項目披露的金額僅是企業外購的無形資產；自創的無形資產在帳上只體現為金額極小的註冊費、聘請律師費等費用作為無形資產的實際成本。即在資產負債表上所反應的無形資產價值常有偏頗之處，無法真實反應企業所擁有的全部無形資產的價值。因此，分析人員在對無形資產項目進行分析時，要詳細閱讀報表附註及其他有助於瞭解企業無形資產來源、性質等情況的說明，並要以非常謹慎的態度評價企業的真正價值。

（3）無形資產質量分析。雖然無形資產可以為企業帶來一定收益，但具有不確定性。在許多情況下，無形資產質量惡化是可以通過某些跡象來判斷的：①某項無形資產已被其他新技術替代，使其為企業創造經濟利益的能力受到重大不利影響；②某項無形資產的市價在當期大幅度下跌，並在剩餘攤銷年限內不會恢復；③其他足以證明某項無形資產實質上已經發生減值的情形。

（4）無形資產會計政策分析。這種分析主要有無形資產攤銷分析。無形資產攤銷金額的計算正確與否，會影響無形資產帳面價值的真實性。因此，在分析無形資產時應仔細審核無形資產攤銷是否符合會計準則的有關規定。此外在分析時還應注意企業是否有利用無形資產攤銷調整利潤的行為。

（5）無形資產計提減值準備的分析。在分析無形資產時應注意分析企業是否按照會計準則規定計提無形資產減值準備以及計提的合理性。如果企業應該計提無形資產減值準備而沒有計提或者少提，不僅會導致無形資產帳面價值的虛增，而且會虛增當期的利潤總額。一些企業往往通過少提或不提無形資產減值準備，來達到虛增無形資產帳面價值和利潤的目的。因此，財務分析人員對此現象應進行分析與調整。

本章小結

資產負債表是反應企業在某一特定時點財務狀況的會計報表。本章在介紹資產負債表分析的內容、作用的基礎上，有針對性地介紹了資產負債表分析的要求及步驟，重點介紹了企業資產負債表總體分析及具體項目分析的路徑及方法。本章內容主要包括：

（1）資產負債表分析的重要意義在於通過對企業不同時點資產負債表的比較，使人們對企業財務狀況的發展趨勢做出判斷，瞭解企業籌集和使用資金的能力，瞭解企業資產的流動性和財務彈性，進而判斷企業的償債能力、支付能力和企業對資產的使用效率和資產質量、負債的適應性、所有者權益的質量，進而能從總體上對資產負債表的質量有一定的判斷和認識。

(2) 資產負債表分析主要包含三個層次的分析：一是總體一般分析，包括資產、負債、所有者權益的總體分析；二是資產負債表具體項目的分析，包括資產負債表各項具體項目的變動、構成分析及質量分析；三是資產負債表整體質量分析，即在具體項目質量分析的基礎上，對資產整體質量、所有者權益整體質量、資產負債表整體對稱性進行的分析。

(3) 在以上三個層次分析的基礎上，可以對企業資產負債表做出一定的判斷和認識。

(4) 本章在講解理論分析的基礎上，結合分析特點及要求，分別給出了分析的方法及應用指標。

本章重要術語

資產負債表　資產　負債　所有者權益　會計恆等式　資產規模　資產結構
資本結構　營運資金需求量　資產質量　營運資金管理效率　資產存在性
資產盈利性　資產週轉性　資產保值性　資產變現性　所有者權益質量

習題・案例・實訓

一、單選題

1. 資產負債表的作用是（　　）。
   A. 反應企業某一時期的經營成果　　B. 反應企業某一時期的財務狀況
   C. 反應企業某一時點的經營成果　　D. 反應企業某一時點的財務狀況
2. 在財務分析中最常用的分析法是（　　）。
   A. 比率分析法　　　　　　　　　　B. 因素分析法
   C. 趨勢分析法　　　　　　　　　　D. 比較財務報表
3. 對一般企業來說，帳齡在 1 年內的應收帳款在其應收帳款總額中所占比例越大，其應收帳款的（　　）通常就越高。
   A. 盈利性　　B. 週轉性　　C. 靈活性　　D. 時效性
   E. 保值性
4. 採用共同比財務報告進行比較分析的主要優點是（　　）。
   A. 計算容易
   B. 可用百分比表示
   C. 可用於縱向比較
   D. 能顯示各個項目的相對性，能用於不同時期相同項目的比較分析
5. 在進行趨勢分析時，通常採用的比較標準是（　　）。
   A. 計劃數　　　　　　　　　　　　B. 預定目標數
   C. 以往期間實際數　　　　　　　　D. 評估標準值

6. 下列（　　）不會影響速動比率。
   A. 應收帳款　　B. 固定資產　　C. 短期借款　　D. 應收票據
7. 一般認為，應付票據和應付帳款的規模代表企業利用商業信用推動其經營活動的能力，也可以在一定程度上反應出企業在行業中的（　　）。
   A. 經營規模　　B. 採購能力　　C. 議價能力　　D. 發展能力
8. 某企業全部資本為 500 萬元，則企業獲利 40 萬元，其中借入資本 300 萬元，利率 10%，此時，舉債經營對投資者（　　）。
   A. 有利　　B. 不利　　C. 無變化　　D. 無法確定
9. ABC 公司 20××年的資產總額為 1,000,000 萬元，其中 620,000 萬元為固定資產；該公司流動負債為 250,000 萬元，非流動負債為 150,000 萬元。那麼，從固定資產規模與資產負債率角度來看，ABC 公司所在的行業最有可能是（　　）。
   A. 服務業　　B. 造船業　　C. IT 產業　　D. 文化教育
10. 短期借款的特點是（　　）。
    A. 風險較大　　　　　　B. 彈性較差
    C. 利率較高　　　　　　D. 滿足長期資金需要
11. 存貨發生減值是因為（　　）。
    A. 採用先進先出法　　　B. 採用後進先出法
    C. 可變現淨值低於帳面成本　　D. 可變現淨值高於帳面成本
12. 在通貨膨脹條件下，存貨採用先進先出法對利潤表的影響是（　　）。
    A. 利潤被低估　　　　　B. 利潤被高估
    C. 基本反應當前利潤水準　　D. 利潤既可能被低估也可能被高估
13. 一般不隨產量和銷售規模變動而變動的資產項目是（　　）。
    A. 貨幣資金　　B. 應收帳款　　C. 存貨　　D. 固定資產
14. 如果資產負債表上存貨項目反應的是存貨實有數量，則說明採用了（　　）。
    A. 永續盤存法　　　　　B. 實地盤存法
    C. 加權平均法　　　　　D. 個別計價法
15. 所有者權益不包括（　　）。
    A. 實收資本　　　　　　B. 資本公積
    C. 盈餘公積　　　　　　D. 公允價值變動損益
16. 資產負債表中的「未分配利潤」項目，應根據（　　）填列。
    A. 「利潤分配」科目餘額
    B. 「本年利潤」科目餘額
    C. 「本年利潤」科目和「利潤分配」科目餘額計算後
    D. 「盈餘公積」科目餘額
17. 下列說法中，正確的是（　　）。
    A. 對於股東來說，當全部資本利潤率高於借款利息率時，負債比例越高越好
    B. 對於股東來說，當全部資本利潤率高於借款利息率時，負債比例越低越好

C. 對於股東來說，當全部資本利潤率低於借款利息率時，負債比例越高越好

D. 對於股東來說，負債比例越高越好，與別的因素無關

二、多選題

1. 中國一般將財務比率指標分為四類，它們是（　　）。
   A. 獲利能力比率　　　　　　　B. 資本結構比率
   C. 償債能力比率　　　　　　　D. 營運能力比率
   E. 發展能力比率

2. 財務報告分析的基本方法有（　　）。
   A. 比較分析法　　　　　　　　B. 差量分析法
   C. 比率分析法　　　　　　　　D. 因素分析法
   E. 本量利分析法

3. 企業的不良資產區域主要存在於（　　）。
   A. 其他應收款　　　　　　　　B. 週轉緩慢的存貨
   C. 閒置的固定資產　　　　　　D. 長期待攤費用
   E. 帳齡較長的應收帳款

4. 某公司當年的經營利潤很多，卻不能償還到期債務。為查清其原因，應檢查的財務比率包括（　　）。
   A. 資產負債率　　　　　　　　B. 流動比率
   C. 存貨週轉率　　　　　　　　D. 應收帳款週轉率

5. 分析企業貨幣資金規模的合理性，要結合企業以下因素一起分析（　　）。
   A. 投資收益率　　　　　　　　B. 資產規模與業務量
   C. 籌資能力　　　　　　　　　D. 運用貨幣資金能力

6. 進行負債結構分析時必須考慮的因素有（　　）。
   A. 負債規模　　　　　　　　　B. 負債成本
   C. 債務償還期限　　　　　　　D. 財務風險

7. 從理論上看，企業的全部資產都是有價值的，均能夠變換為現金。然而，實踐中有些資產是難以或不準備迅速變換為現金的，這樣的資產有（　　）。
   A. 廠房建築物　　B. 機器設備　　C. 運輸車輛　　D. 商譽

8. 資產負債表分析的目的有（　　）。
   A. 瞭解企業財務狀況的變動情況
   B. 瞭解企業資產運用的效率
   C. 瞭解企業籌集和使用資金的能力
   D. 對企業財務狀況的發展趨勢做出判斷

9. 貨幣資金存量變動的原因可能有（　　）。
   A. 資金調度　　　　　　　　　B. 信用政策變動
   C. 銷售規模變動　　　　　　　D. 為大筆現金支出做準備

10. 關於企業貨幣資金存量規模及比重是否合適，分析評價應考慮的因素有（　　）。

A. 行業特點 　　　　　　　　　　B. 企業融資能力
C. 資產規模與業務量 　　　　　　D. 貨幣資金的目標持有量

11. 正常經營企業資產與負債對稱結構中的保守結構的特點有（　　）。
A. 企業風險極低 　　　　　　　　B. 資金成本較高
C. 籌資結構彈性弱 　　　　　　　D. 企業風險極大

12. 應收帳款變動的原因可能有（　　）。
A. 銷售規模變動 　　　　　　　　B. 信用政策改變
C. 收帳政策不當 　　　　　　　　D. 收帳工作執行不力

13. 在物價上漲的情況下，使存貨期末餘額從高到低排列的計價方法有（　　）。
A. 加權平均法 　　　　　　　　　B. 個別計價法
C. 先進先出法 　　　　　　　　　D. 成本與可變現淨值孰低法

14. 採取保守的固流結構政策可能出現的財務結果是（　　）。
A. 資產的流動性高 　　　　　　　B. 資產風險降低
C. 資產風險提高 　　　　　　　　D. 盈利水準下降

15. 資產負債表中的貨幣資金具體存在形式包括（　　）。
A. 庫存現金 　　　　　　　　　　B. 銀行存款
C. 銀行匯票存款 　　　　　　　　D. 信用證保證金
E. 信用卡存款

16. 關於企業資產結構的影響因素，下列項目表述正確的有（　　）。
A. 管理水準越高，占用的流動資產會越多
B. 一般而言，企業規模越大，占用的流動資產就會越多
C. 一般而言，企業流動負債越多，占用的流動資產就會越多
D. 不同行業的企業資產結構不同，同一行業內部的企業資產結構有相似性
E. 企業資產結構隨著經濟週期的變化而變化

17. 下列項目中，屬於速動資產的有（　　）。
A. 現金　　　B. 應收帳款　　　C. 固定資產　　　D. 存貨

三、判斷題

1. 利用分析方法時還應結合考察分析企業的誠信狀況等非財務信息資料才能得出正確的答案。（　　）
2. 財務分析主要採用量化方法，因此，只要收集公司財務報表的數據信息，就可以完成財務分析。（　　）
3. 貨幣資金屬於非盈利性資產，因而企業持有量越少越好。（　　）
4. 資產負債率較低，說明企業的財務風險較小。（　　）
5. 如果企業生產經營活動正常，其他應收款的數額應該大於應收帳款。（　　）
6. 如果企業的資金全部是權益資金，則企業既無財務風險也無經營風險。（　　）

7. 在流動負債的變動結構分析中，如果短期借款的比重趨於上升，則流動負債的結構風險趨於增大。（　）
8. 流動資產週轉速度越快，需要補充流動資產參加週轉的數額就越多。（　）
9. 企業的應收帳款增長率超過銷售收入增長率是正常現象。（　）
10. 資產負債表中某項目的變動幅度越大，對資產或權益的影響就越大。（　）
11. 如果本期總資產比上期有較大幅度增加，標明企業本期經營卓有成效。（　）
12. 只要本期盈餘公積增加，就可以斷定企業本期經營是有成效的。（　）
13. 資產負債表結構分析法通常採用水準分析法。（　）
14. 固定資產比重越高，企業資產的彈性越大。（　）
15. 資產結構變動一定會引起負債結構發生變動。（　）
16. 一個經濟效益好，資產質量總體上優良的企業，也可能個別資產項目質量很差。相反，一個面臨倒閉、資產質量總體上很差的企業，也可能會有個別資產項目質量較好。（　）
17. 資產負債表與利潤表是通過未分配利潤發生聯繫的。（　）
18. 現金流量表與利潤表沒有哪個項目相同，因此，他們沒有數據聯繫。（　）
19. 對應長期股權投資增加的投資收益質量最高。（　）
20. 一般來說，營運資金需求量增加，預示該公司競爭力增強，資產管理能力越強。（　）
21. 一般來說，應付票據的債務壓力大於應付帳款。（　）
22. 從股東的角度分析，資產負債率高，節約所得稅帶來的收益就大。（　）
23. 存貨發出計價採用後進先出法時，在通貨膨脹情況下會導致高估本期利潤。（　）
24. 在進行同行業比較分析時，最常用的是選擇同業最先進平均水準作為比較的依據。（　）
25. 企業放寬信用政策，就會使應收帳款增加，從而增大了發生壞帳損失的可能。（　）
26. 企業要想獲取收益，必須擁有固定資產，因此運用固定資產可以直接為企業創造收入。（　）

四、思考題

1. 請思考，當一個企業營運資金較多時是否說明企業的支付能力就一定強？
2. 資產負債表分析應當包含哪些內容？
3. 如何認識資產結構對資產負債表分析的重要性？
4. 如何對存貨質量進行分析？
5. 如何對應收帳款質量進行分析？
6. 資產質量具有的特徵主要有哪些？

五、計算分析題

A 公司 20×6 年年末、20×7 年年末的資產負債表中有關數據如表 2-35 所示。

表 2-35 比較資產負債表　　　　　　　　　　　　單位：萬元

項目	20×6 年	20×7 年	20×7 年比 20×6 年 變動值	20×7 年比 20×6 年 變動率/%
速動資產	30,000	28,000		
存貨	50,000	62,000		
流動資產合計	80,000	90,000		
固定資產淨值	140,000	160,000		
資產合計	220,000	250,000		
流動負債	40,000	46,000		
長期負債	20,000	25,000		
負債合計	60,000	71,000		
實收資本	130,000	130,000		
資本公積	18,000	27,000		
未分配利潤	12,000	22,000		
所有者權益合計	160,000	179,000		
負債及所有者權益合計	220,000	250,000		

要求：

(1) 將以上比較資產負債表填寫完整；
(2) 分析總資產項目變化的原因；
(3) 分析負債項目變化的原因；
(4) 分析所有者權益項目變化的原因；
(5) 指出該公司應該採取的改進措施。

六、案例分析

山東墨龍財務困境

2017 年 2 月 3 日新浪財經報導：從 2016 年 10 月份開始，山東墨龍一系列公告從利好到減持再到巨虧，高潮迭起，過山車式戲弄監管層。山東墨龍去年 10 月 27 日預告 2016 年扭虧為盈，把股價吹上去後，大股東張某某一路瘋狂減持，甚至超過 5% 都忘了公告，被證監會發了監管函。然後春節回來就發修正公告，表示之前算錯了，去年沒盈利，虧損超過 4.8 億元，即將要被 ST。這到底是怎麼回事，讓我們先來回顧一下這幾年來山東墨龍的財務數據。

從 2013 年到 2016 年，截至 2016 年第三季度，山東墨龍都是盈利的，但是從全年來看，只有 2014 年是盈利的，2013 年、2015 年、2016 年第四季累計虧損 9.77 億元至 11.27 億元。（收集該數據時，2016 年年報尚未公布。）

對於這樣的問題，公司表示，業績修正原因為：受國內外經濟形勢影響，公司經營業績大幅下滑，對存貨、應收款項、商譽等相關資產計提了減值準備；2016 年

市場需求有所復甦，但仍處在低位運行，受油價波動和原材料價格波動影響，雖然產銷量較2015年度增長，但是產品銷售價格大幅下滑且價格波動頻繁，導致公司經營業績受到重大影響。

但是，據市場推測，山東墨龍很可能在其他季度就已經虧損了，只不過在第四季度才集中釋放。雖然第四季度巨虧，但來年的一季報又是盈利的，這樣會緩衝巨虧對股價的影響，至少股東在減持股份時可以獲得更好的價格，好看的報表數據使得山東墨龍在銀行借款方面也容易一些。2017年4月，山東墨龍的股票已經被ST，如果繼續虧損，即將面臨退市。

到底這個公司的財務狀況如何？我們分析了2015年的財務報告，得出了以下數據：

這家公司的資產負債比高達56.62%，而同行業的其他公司負債率一般在20%左右，所以他們的負債比太高，高負債風險很大。

更為嚴重的是，在這高達33億元的負債中，只有不到1,500萬元是非流動負債，也就是長期負債，其他全是流動負債，也就是一年內要償還的短期負債，這是很要命的。對於這些高額負債，每年需要支付很高的銀行利息。數據表明山東墨龍每年要支付將近5,000萬元的財務費用以作為負債的利息。

再看資產的結構，山東墨龍這家公司的非流動資產比重為63.82%，比重太大，流動資產占比太小，資產結構不合理。非流動資產一般都是廠房和設備，很難變現流通，這樣的企業是絕對的重資產營運，負擔太重。相比較之下，同行業其他公司都是流動資產大於非流動資產的，本文中舉例的另外兩家公司，流動資產占總資產的比例都在60%左右，與山東墨龍剛好相反。

為了弄清資產結構，我們對固定資產和流動資產分別進行分解，並做詳細分析，通過與另外兩家同行業公司相比較，來判斷山東墨龍有哪些問題（見圖2-1）。

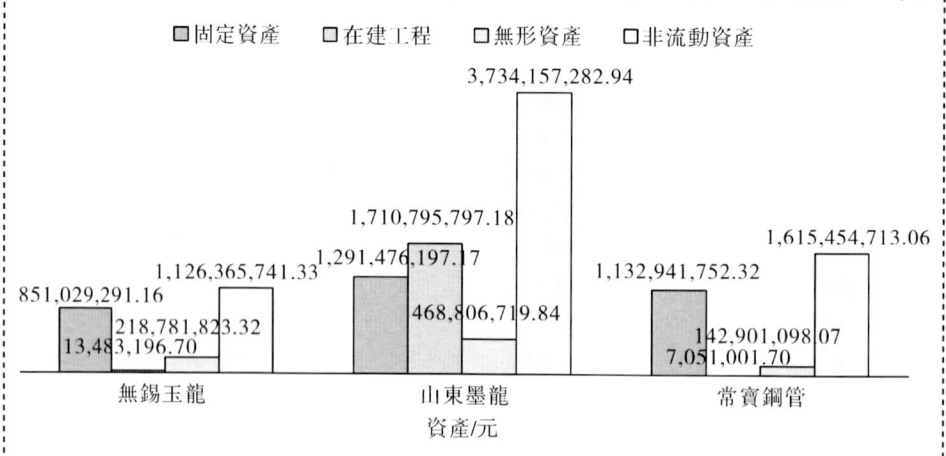

圖2-1 三家公司的資產結構

在圖2-1中，對三家公司的固定資產進行了分解對比，可以發現山東墨龍的在建工程金額巨大，有17個億，這個指標在其他兩家公司幾乎可以忽略。在建工程是已經購買的土地和在建的廠房設備，但還沒有竣工和投入使用，在建工程在未

投入使用和變成固定資產之前，不能給公司帶來效益，反而是沉重的經濟負擔。

在流動資產中，有一個重要的指標叫速動資產，是指流動資產中可以迅速轉換成現金或已屬於現金形式的資產，通常主要指流動資產扣除存貨和預付帳款，或者說，速動資產包括貨幣資金、應收帳款和應收票據，圖2-2顯示了三家公司的流動資產構成。

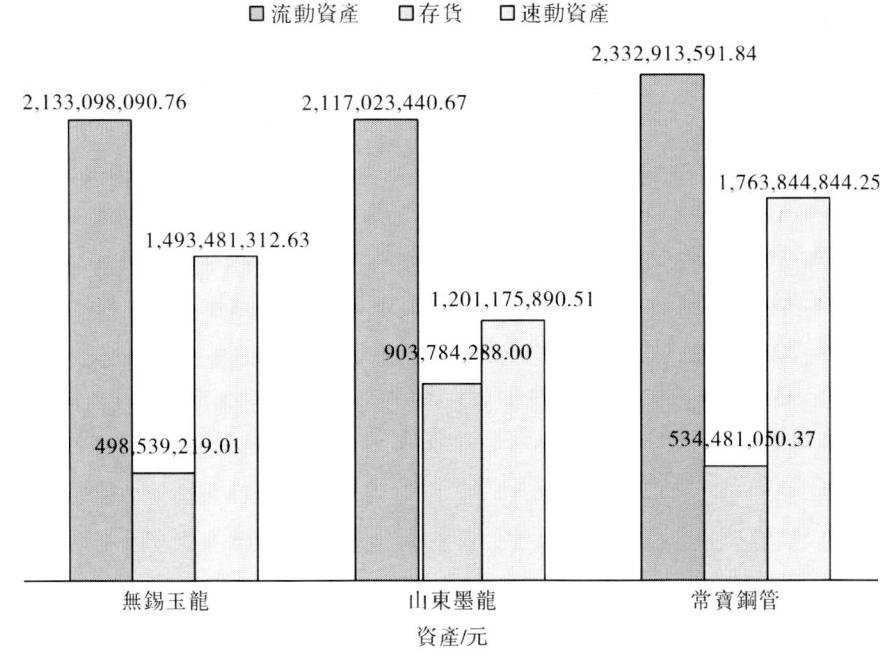

圖例：■流動資產　□存貨　□速動資產

無錫玉龍：流動資產 2,133,098,090.76；存貨 498,539,219.01；速動資產 1,493,481,312.63
山東墨龍：流動資產 2,117,023,440.67；存貨 1,201,175,890.51；速動資產 903,784,288.00
常寶鋼管：流動資產 2,332,913,591.84；存貨 534,481,050.37；速動資產 1,763,844,844.25

資產/元

圖 2-2　三家公司的流動資產構成

看一個公司的營運能力、償債能力和資金週轉能力，主要看流動資產，更準確地說，是看速動資產，由於存貨在流動資產中變現速度較慢，有些存貨可能滯銷，無法變現，所以存貨水準對企業的資金週轉有很大的影響。從圖2-2中可以看出，山東墨龍的存貨要高於另外兩家公司，而速動資產少於其他兩家公司。

再來看三家公司的流動比率和速動比率，比較一下他們的償債能力。經過計算，得到表2-36中的數據。

表2-36　三家公司的流動比率和速動比率

項目	無錫玉龍	山東墨龍	常寶鋼管
流動比率	3.69	0.64	2.75
速動比率	2.83	0.37	2.12

流動比率是流動資產和流動負債的比例，用來衡量企業流動資產在短期債務到期以前，可以變為現金用於償還負債的能力。流動比率一般要大於2。一般說來，比率越高，說明企業資產的變現能力越強，短期償債能力亦越強；反之則弱。速動比率是速動資產和流動負債的比例，速動比率一般要大於1。由此可見，無錫玉龍和

常寶鋼管的流動比率和速動比率都是合理的，而山東墨龍的流動比率和速動比率都低於正常指標，說明山東墨龍的短期償債能力太弱。

通過資產負債表的比較分析，我們可以發現三家公司期末存貨比期初減少的比例分別為：無錫玉龍 29.7%、山東墨龍 11.31%、常寶鋼管 21.57%。由此可以看出，山東墨龍期初和期末的存貨數額都是最高的，說明在庫存管理上非常欠缺。同時，期初和期末庫存減少的數額，不管是金額還是比例，山東墨龍都是最小的。存貨過高占用太多的資金，造成公司資金運轉困難。因此，可以肯定的是，山東墨龍在庫存週轉率上的表現，跟另外兩家公司相比，也會非常差（見表 2-37）。

表 2-37　三家公司的存貨週轉情況

項目	無錫玉龍	山東墨龍	常寶鋼管
存貨週轉次數/次	3.04	1.56	4.04
存貨週轉天數/天	118.51	231.46	89.22

存貨週轉次數＝營業成本/平均存貨

存貨週轉天數＝365/存貨週轉次數

山東墨龍的存貨週轉次數最低，一年只週轉 1.56 次，也就是週轉一次需要 231.46 天，這樣的週轉次數遠遠低於常寶鋼管的 4.04 次。

通過以上山東墨龍財務數據，請分析並思考以下問題：

1. 本案例對山東墨龍的財務報表分析運用了哪些報表分析方法？
2. 本案例中山東墨龍的主要財務問題是什麼？
3. 本案例反應出山東墨龍資產負債表哪些項目存在問題？存在什麼問題？

七、實訓任務

根據本章學習內容和實訓要求，完成下面的實訓任務 3。

（一）實訓目的

1. 熟悉資產負債表的結構和內容。
2. 運用資產負債表分析的原理與方法，掌握資產負債表分析內容及分析路徑。
3. 掌握資產負債表總體分析、質量分析的原則與分析內容、思路及方法，瞭解資產負債表具體項目分析的原則與分析方法。
4. 運用資產負債表總體分析的原則、思路及方法，對目標分析企業的資產、負債及所有者權益進行總體分析、質量分析。

（二）實訓任務 3：目標分析企業資產負債表分析

要求根據資產負債表分析原理、思路、內容及方法，基於上一章實訓任務 1、實訓任務 2 目標分析企業及被比較企業的資產負債表分析結果，進一步分析如下內容：

1. 對目標分析企業進行資產規模分析，包括資產規模一般分析及資產規模合理性對比分析，並得出相應結論。
2. 對目標分析企業進行資產結構分析，包括資產結構一般分析及資產結構合理性對比分析，並得出相應結論。

3. 對目標分析企業進行資產質量分析，包括資產存在性、盈利性、週轉性、變現性及保值性進行分析，並得出相應結論。

4. 對目標分析企業進行負債分析，包括負債的構成分析及變動分析，並得出相應結論。

5. 對目標分析企業進行所有者權益分析，包括所有者權益變動分析、構成分析及所有者權益質量分析，並得出相應分析結論。

6. 對目標分析企業資產負債表對稱性進行對比分析，並得出相應分析結論。

7. 查閱目標分析企業年度報告等相關資料，根據分析思路、內容及方法，對該企業存貨質量、應收帳款質量進行分析。

連結2-19　　　　　第二章　部分練習題答案

一、單選題

1. D　2. D　3. B　4. C　5. A　6. B　7. C　8. B　9. B　10. A
11. C　12. B　13. D　14. B　15. D　16. C　17. A

二、多選題

1. ACDE　2. ACD　3. ABCDE　4. BCD　5. BCD　6. ABCD　7. ABCD
8. ABCD　9. ABCD　10. ABCD　11. ABC　12. ABCD　13. ABC
14. ABD　15. ABCDE　16. CD　17. AB

三、判斷題

1. √　2. ×　3. ×　4. √　5. ×　6. ×　7. √　8. ×　9. ×　10. ×
11. ×　12. √　13. ×　14. √　15. √　16. √　17. √　18. ×　19. ×　20. ×
21. ×　22. √　23. ×　24. √　25. √　26. ×

五、計算分析題

（1）將比較資產負債表填寫完整（見表2-38）。

表2-38　比較資產負債表　　　　　　　　　　　　　單位：萬元

項目	20×6年	20×7年	20×7年比20×6年	
			變動值	變動率/%
速動資產	30,000	28,000	-2,000	-6.67
存貨	50,000	62,000	12,000	24
流動資產合計	80,000	90,000	10,000	12.5
固定資產淨值	140,000	160,000	20,000	14.29
資產合計	220,000	250,000	30,000	13.64
流動負債	40,000	46,000	6,000	15
長期負債	20,000	25,000	5,000	25
負債合計	60,000	71,000	11,000	18.33
實收資本	130,000	130,000	0	0

表2-38(續)

項目	20×6年	20×7年	20×7年比20×6年	
			變動值	變動率/%
資本公積	18,000	27,000	9,000	50
未分配利潤	12,000	22,000	10,000	83.33
所有者權益合計	160,000	179,000	19,000	11.88
負債及所有者權益合計	220,000	250,000	30,000	13.64

(2) 分析總資產項目變化的原因。

從總資產變動來看：總資產有較快的增長。總資產增長的主要原因是固定資產增長較快，流動資產中存貨有較大的增長，可能是新設備投產引起的。但速動資產下降，說明購買固定資產和存貨等使企業現金和有價證券大量減少。

(3) 分析負債項目變化的原因。

從負債變動來看：長期負債增加，是企業籌措資金的來源之一。流動負債增長，速動資產下降，會使企業短期內償債能力下降。

(4) 分析所有者權益項目變化的原因。

從所有者權益變動來看：實收資本不變，企業擴充生產能力，投資人沒有追加投資，資金主要來源於負債和留存收益的增長；盈餘公積和未分配利潤大幅度增長，說明留存收益是企業權益資金的主要來源。

(5) 指出該公司應該採取的改進措施。

總之，該企業20×7年與20×6年相比，規模有了較大的擴充。籌措資金的主要來源是內部累積，輔之以長期貸款，情況比較好，但是企業短期償債能力下降，應加速存貨週轉，適當增加現金持有量，以便及時償還短期借款。

六、案例分析

1. 主要運用了比較分析法及比率分析法。

2. 有很多問題值得分析討論，案例中主要分析了資金和資產結構的問題給公司帶來的麻煩。

3. 通過以上的財務數據對比，我們可以看出，山東墨龍有著以下幾大問題：

(1) 負債比過高，背負著高額的債務，每年財務費用很高，需要支付大量銀行利息。

(2) 固定資產太多，其中不產生效益的在建工程占很大比例。

(3) 流動資產比例過低，而且流動資產中的存貨太多，變現能力弱，速動資產少。

(4) 存貨週轉時間太長，每年的存貨週轉次數遠低於同行業其他企業。通過分析，從公司營運的困難，可以看出其資產結構的不合理，引用國內某著名供應鏈管理專家的話，把資金轉變成固定資產和庫存容易，把固定資產和庫存轉變成資金就難了。

第三章

利潤表分析

　　企業是經濟活動中的重要主體，利潤則是企業重要的生存源泉。利潤表就是對企業一定期間內經營成果的集中反應，它是基於權責發生制的會計觀，依據「利潤＝收入－費用」的等式原理編製而成的。

　　利潤表分析是分析企業如何組織收入、控制成本費用支出、實現盈利的能力，評價企業的經營成果。同時我們還可以通過收支結構和業務結構分析，分析與評價各項目業績成長對公司總體效益的貢獻，以及不同分公司經營成果對公司總體盈利水準的貢獻。通過利潤表分析，我們可以評價企業的可持續發展能力，它反應的盈利水準，上市公司的投資者更為關注，它是資本市場的「風向標」。

■學習目標

1. 熟悉利潤表的作用和具體結構、項目。
2. 掌握收入及成本費用項目的分析方法。
3. 掌握利潤質量分析方法。
4. 掌握利潤表水準分析、垂直分析和趨勢分析、結構分析的基本原理。

■ 導入案例

王總是某藥品公司的總經理兼法定代表人。一天，當他看到公司年終財務結算報表時，大為光火，立馬叫來了主管銷售的李副總。他指著利潤表對李副總吼道：「現在整個公司都在進行嚴格的成本控制，而公司今年的銷售費用卻比去年增加了近一倍，說明你分管的這部分工作出了大問題，我決定扣發你和整個銷售部門的年終獎金！」

本來興致勃勃、滿懷期待被褒獎一通的李副總瞬間蒙了，愣了片刻之後，他也如火山般爆發了：「王總，您只看到銷售費用比去年增加了，但我們整個團隊帶來的銷售收入的增長幅度遠遠大於銷售費用的增長幅度，我們是有功的，您一貫這麼剛愎自用，這工作沒法干了……」於是李副總領著一眾銷售骨幹絕塵而去，公司遭受了巨大的損失。

於是王總知道了，對於利潤表而言，通常不能拿絕對數說事兒。

第一節　利潤表的原理

一、利潤表的概念

（一）利潤表的概念

利潤表是反應企業一定會計期間（如月度、季度、半年度或年度）生產經營成果的財務報表。利潤表是一種動態的時期報表。利潤表的列報必須充分反應企業經營業績的主要來源和構成，有助於使用者判斷淨利潤的質量及其風險，有助於使用者預測淨利潤的持續性，從而做出正確的決策。

計算利潤的簡單公式為：

$$利潤 = 收入 - 費用$$

對利潤表的分析通常是從下到上、從結果到原因，即從淨利潤開始，逐步往上分析找到產生這個淨利潤結果的原因。對報表使用者而言，需要對連續多期的利潤表進行分析，以判斷企業經營的變動性和未來發展趨勢，從而做出正確的決策。

（二）利潤表的意義和作用

（1）可以從總體上瞭解企業收入和費用、淨利潤（或虧損）等的實現及構成情況。

（2）可以提供不同時期的比較數字，可以分析企業的獲利能力及利潤的變化情況和未來發展趨勢。

（3）可以瞭解投資者投入資本的保值增值情況，評價企業經營業績。

（4）可以評價公司的經營成果，考核公司經營管理者的工作業績。

利潤表作用的發揮，與利潤表所列示信息的質量直接相關。利潤表信息的質量則取決於企業在收入確認、費用確認以及其他利潤表項目確認時所採用的方法。

二、利潤表的格式及結構

(一) 利潤表的格式

利潤表一般由表首、表身和補充資料三部分組成。其中，表首主要說明報表的名稱、編製單位、報表日期、貨幣名稱和計算單位等。表身是利潤表的主體部分，主要反應收入、費用和利潤各項目的具體內容和相互關係。利潤表各項目在「本期金額」和「上期金額」兩欄分別填列。補充資料列示了一些在利潤表主體部分中未能提供的重要信息或未能充分說明的信息，這部分資料通常在報表附註中列示。

(二) 利潤表的結構

利潤表主要揭示企業一定時期（月、季、年）的經營成果，因此屬於動態報表。利潤表的結構主要有單步式和多步式兩種。

1. 單步式利潤表

單步式利潤表是將本期所有的收入加在一起，然後再把所有的費用加在一起，再將其簡單地相減得出當期的利潤總額，而不考慮收入與費用的配比關係。其基本格式如表 3-1 所示。

表 3-1 利潤表（單步式）

編製單位： 年 月 日 單位：元

項目	行次	本月數	本年累計數
一、收入			
主營業務收入			
其他業務收入			
投資收益			
營業外收入			
收入合計			
二、費用			
主營業務成本			
稅金及附加			
銷售費用			
其他業務支出			
管理費用			
財務費用			
投資損失			
營業外支出			
所得稅費用			
費用合計			
三、淨利潤			

2. 多步式利潤表

（1）多步式利潤表基本概念。

多步式利潤表將企業的收益和費用按性質分類，並以不同的方式將它們結合起來，

提供各種各樣的中間信息。多步式利潤表的結構是按照企業收益形成的主要環節，通過營業毛利、營業利潤、利潤總額、淨利潤和綜合收益四個層次來分步披露企業收益的，它詳細揭示了企業收益的形成過程。

（2）多步式利潤表格式。

多步式利潤表格式如表3-2所示。

表3-2　利潤表（多步式）

單位名稱：　　　　　　　　　　　年　月　日　　　　　　　　　　　單位：元

項目名稱	本期數	本年累計數
一、**營業收入**		
減：營業成本		
稅金及附加		
銷售費用		
管理費用		
財務費用		
其中：利息費用		
利息收入		
加：其他收益		
研發費用		
投資收益		
其中：對聯營企業和合營企業的投資收益		
以攤餘成本計量的金融資產終止確認收益（損失以「-」填列）		
淨敞口套期收益（損失以「-」填列）		
公允價值變動收益		
信用減值損失（損失以「-」填列）		
資產減值損失（損失以「-」填列）		
資產處置收益（損失以「-」填列）		
二、**營業利潤**（損失以「-」填列）		
加：營業外收入		
減：營業外支出		
三、**利潤總額**		
減：所得稅費用		
四、**淨利潤**		
（一）持續經營淨利潤（淨虧損以「-」填列）		
（二）終止經營淨利潤（淨虧損以「-」填列）		
歸屬於母公司所有者的淨利潤		
少數股東損益		
五、**其他綜合收益的稅後淨額**		
（一）以後不能重分類進損益的其他綜合收益		

表3-2(續)

項目名稱	本期數	本年累計數
1. 重新計量設定受益計劃淨負債或淨資產的變動		
2. 權益法下在被投資單位不能重分類進損益的其他綜合收益中享有的份額		
(二) 以後將重分類進損益的其他綜合收益		
1. 權益法下在被投資單位以後將重分類進損益的其他綜合收益中享有的份額		
2. 可供出售金融資產公允價值變動損益		
3. 持有至到期投資重分類為可供出售金融資產損益		
4. 現金流經套期損益的有效部分		
5. 外幣財務報表折算差額		
6. 其他		
六、綜合收益總額		
七、每股收益		
(一) 基本每股收益		
(二) 稀釋每股收益		
加：年初未分配利潤		
其他轉入		
減：提取法定盈餘公積		
提取企業儲備基金		
提取企業發展基金		
提取職工獎勵及福利基金		
利潤歸還投資		
應付優先股股利		
提取任意盈餘公積		
應付普通股股利		
轉作資本（或股本）的普通股股利		
轉總部利潤		
其他		
未分配利潤		

三、利潤表的編製

(一) 利潤表編製原理

利潤表編製的原理是「收入－費用＝利潤」的會計平衡公式和收入與費用的配比原則。

取得的收入和發生的相關費用的對比情況就是企業的經營成果。會計部門定期（一般按月份）核算企業的經營成果，並將核算結果編製成報表，這就形成了利潤表。

（二）利潤形成步驟

計算利潤時，企業應以收入為起點，計算出當期的利潤總額和淨利潤額。其利潤總額和淨利潤額形成的計算步驟為：

（1）以主營業務淨收入減去主營業務成本、主營業務稅金及附加來計算主營業務利潤，目的是考核企業主營業務的獲利能力。

$$主營業務利潤＝主營業務淨收入－主營業務成本－主營業務稅金及附加$$

其中：

$$主營業務淨收入＝主營業務收入－銷售退回－銷售折讓、折扣$$

（2）從主營業務利潤和其他業務利潤中減去管理費用、營業費用和財務費用，計算出企業的營業利潤，目的是考核企業生產經營活動的獲利能力。

$$營業利潤＝主營業務利潤＋其他業務利潤－管理費用－營業費用－財務費用$$

（3）在營業利潤的基礎上，加上投資淨收益、營業外收支淨額、補貼收入，計算出當期利潤總額，目的是考核企業的綜合獲利能力。

$$利潤總額＝營業利潤＋投資淨收益＋營業外收支淨額＋補貼收入$$

其中：

$$投資淨收益＝投資收益－投資損失$$
$$營業外收支淨額＝營業外收入－營業外支出$$

（4）在利潤總額的基礎上，減去所得稅，計算出當期淨利潤額，目的是考核企業最終獲利能力。

（5）「每股收益」報表項目反應普通股股東所持有的企業利潤或者風險。本項目分為基本每股收益和稀釋每股收益。

四、利潤表的局限性

一般而言，利潤表的局限性有如下幾點：

（1）由於採用貨幣計量，許多管理者幕後的投入對公司的獲利能力有重大幫助或提升，卻無法可靠地量化，因而無法在利潤表中列示。

（2）由於資產計價是以歷史成本為基礎，而收入按現行價格計量，進行配比的收入與費用未建立在同一時間基礎上，其利潤是由現時收入和歷史成本對比計算而成，影響了公司經營效果的真實性。在物價上漲的情況下，無法區別企業的持有收益及營業收益，常導致虛盈實虧的現象，進而影響企業持續經營能力。

（3）會計上採用權責發生制確認收入，這就造成了很多應收帳款的產生，如果企業沒有完善的風控制度和賒銷政策，則很容易造成貨款無法收回，使得利潤表上收入和利潤很好的公司卻深陷資金鏈斷裂的險境。

（4）利潤表中沒有包括未實現利潤和已實現利潤未攤銷費用。在計算收入時由於受收入實現原則的影響，因此利潤表只反應已實現的利潤，不包括未實現的利潤，如以後銷售商品和提供服務的合同、分期收款銷售商品等，而這部分又是會計信息使用者最為關心的事項。有些已支付尚未攤銷的費用以及數額未確定的費用也未在利潤表中反應。

綜上所述，我們在分析利潤表時，要結合利潤表的附註，考慮利潤表存在的局限性，以得出正確的分析結論。

連結 3-1　　　　　　**延伸閱讀　利潤**

為什麼有的企業利潤表連續多年淨利潤為正數，卻宣布破產了？

其實這個問題很簡單，就是利潤不能當錢使，企業發不了工資，購買不了原材料，支付不了任何一筆帳單，所以當現金流長期枯竭時，企業就死翹翹了。實際上，這種情況就是傳說中的「潛虧」，利潤中有太多的水分，實際上，企業是虧損的。

那麼，大家看利潤表時，有沒有思考過利潤中到底含有多大比例的現金？有沒有分析過利潤中的非現金部分到底是什麼東西？有沒有分析過利潤總額中有多少是營業利潤，多少是投資收益、營業外收入等非經營活動取得的利潤？

如果思考過、分析過、比較過，就大致能夠得出其利潤質量。一個真正優秀的企業，其利潤是可以大量變現的。

第二節　利潤表總體分析

利潤表分析是分析企業組織收入、控制成本費用支出實現盈利的能力，從而評價企業的經營成果。通過利潤表分析，我們可以評價企業的可持續發展能力。

一、利潤表分析概述

(一) 利潤表分析的概念

利潤表分析，是以利潤表為對象進行的財務分析。在分析企業的盈利狀況和經營成果時，必須要從利潤表中獲取財務資料，而且，即使分析企業的償債能力，也應結合利潤表，因為一個企業的償債能力同其獲利能力密切相關。

分析利潤表，可直接瞭解公司的盈利狀況和獲利能力，並通過收入、成本費用的分析，較為具體地把握公司獲利能力的原因。對業主而言，它有助於分析公司管理收費的合理性及其使用效益。

(二) 利潤表分析的目的

對利潤表進行分析，主要出於以下目的：

1. 反應和評價企業的經營成果和獲利能力，預測企業未來的盈利趨勢

由於利潤受各環節和各方面的影響，通過利潤表對不同環節的利潤進行分析，可以使我們瞭解企業在一定會計期間費用的損耗情況以及企業生產經營活動的成果即淨利潤的實現情況，據此可以分析企業利潤的構成和企業損益形成的原因。此外，通過比較企業不同時期或同一行業中不同企業的相關指標，我們可以瞭解企業的獲利能力，預測企業未來的盈利趨勢。

2. 解釋、評價和預測企業的償債能力

企業的償債能力受到多種因素的影響，而獲利能力強弱是決定償債能力的一個重要因素。企業的獲利能力不強，影響資產的流動性，會使企業的財務狀況逐漸惡化，進而影響企業的償債能力。

3. 幫助企業管理人員據此做出經濟決策

企業的損益是各個部門工作成果的集中體現。通過對利潤表的分析，企業管理人員可以發現企業在各個環節存在的問題，這有利於促進企業全面改進經營管理，促使

利潤大增長。

4. 利潤表分析的結果可為資金提供者的投資與信貸決策提供依據

由於企業產權關係及管理體制的變動，越來越多的人關心企業，尤其從經濟利益的角度關心企業的利潤。利益相關者通過對企業利潤的分析，掌握企業的經營潛力及發展前景，從而做出正確的投資與信貸決策。

(三) 利潤表分析的內容

從財務報表分析中受益的主要是報表使用者即企業的利益關係人。他們進行報表分析，要獲得對自己有用的信息。就利潤表而言，從總體層面上說，其分析的內容如下：

1. 利潤表主表分析

利潤表主表的分析，主要是對各項利潤數額的增減變動、結構增減變動及影響利潤的收入與成本進行分析。

(1) 利潤額增減變動分析。這主要是對利潤表的水準分析，從利潤的形成角度，反應利潤額的變動情況，揭示企業在利潤形成過程中的管理業績及存在的問題。

(2) 利潤結構變動情況分析。利潤結構變動分析，主要是在對利潤表進行垂直分析的基礎上，揭示各項利潤及成本費用與收入的關係，以反應企業各環節的利潤構成、利潤及成本費用水準。

(3) 企業收入分析。企業收入分析的內容包括：收入的確認與計量分析，影響收入的價格因素與銷售量因素分析，企業收入的構成分析，等等。

(4) 成本費用分析。成本費用分析包括產品銷售成本分析和期間費用分析兩部分。產品銷售成本分析包括銷售總成本分析和單位銷售成本分析，期間費用分析包括銷售費用分析和管理費用分析。

2. 利潤表附表分析

利潤表附表分析主要是對利潤分配表及分部報表進行分析。

(1) 利潤分配表分析。對利潤分配表的分析，可反應企業利潤分配的數量與結構變動，揭示企業利潤分配政策、會計政策以及國家有關法規變動等方面對利潤分配的影響。

(2) 分部報表分析。對分部報表的分析，可反應企業在不同行業、不同地區的經營狀況和經營成果，為企業優化產業結構，進行戰略調整指明方向。

3. 利潤表附註分析

利潤表附註分析主要是根據利潤表附註及財務情況說明書等提供的詳細信息，分析說明企業利潤表及附表中的重要項目的變動情況，深入揭示利潤形成及分配變動的主觀原因與客觀原因。

利潤表總體分析主要包括利潤表各項目的增減變動分析和利潤表各項目的結構變動分析。

二、利潤表各項目的增減變動分析

利潤表各項目的增減變動分析是對企業的盈利狀況及其變化趨勢所做的總體分析。增減變動分析一般採用比較分析法，通過編製比較利潤分析表來進行橫向分析。對企業利潤的增減變動分析，既可以是短期分析也可以是長期分析。

短期分析即僅對最近兩期利潤表的數據進行比較，編製利潤表水準分析表進行利潤表水準分析。短期分析的意義在於最近兩期提供的信息往往是報表使用者最為關心的信息。

長期分析即選取兩年以上利潤表的數據進行比較，編製利潤表趨勢分析表進行利潤表趨勢分析。選取兩年以上的利潤表的數據進行比較，可以更準確地反應企業發展的總體趨勢，預測企業的發展前景，發現企業經營過程中取得的成績，從而為報表使用者做出各種決策提供可靠的依據。

（一）利潤表水準分析

利潤表水準分析的實質是對利潤的增減變動趨勢進行水準分析。對利潤表的水準分析，能計算企業不同時期利潤表項目的絕對差異，從利潤的形成方面反應利潤額的變動情況，揭示企業在利潤形成中的會計政策、管理業績及存在的問題。

1. 利潤表水準分析表的編製

利潤表水準分析表的編製是通過對企業不同時期利潤表項目的增減變動數額進行計算，揭示其變化幅度與方向，一般採用計算變動額和變動百分比兩種方式。利潤表水準分析表中的變動額和變動百分比可以按下列公式計算：

變動額＝本期金額－上期金額

變動百分比＝變動額÷上期金額

例3-1 A公司上年和本年度有關損益類科目的累計發生淨額如表3-3所示，編製上年和本年A公司利潤表水準分析表。

表3-3 A公司本年和上年度損益類科目累計發生淨額　　　　　　單位：萬元

項目	本年數	上年數
一、營業總收入	1,915,721	1,355,715
營業收入	1,915,721	1,355,715
二、營業總成本	1,798,815	1,297,105
營業成本	1,605,975	1,158,734
營業稅金及附加	11,720	5,810
銷售費用	55,512	48,575
管理費用	62,582	58,140
財務費用	42,546	11,776
資產減值損失	20,480	14,070
公允價值變動收益	3,738	-12,215
投資收益	-22,021	18,735
其中：對聯營企業和合營企業的投資收益	-3,911	-8,037
匯兌收益	—	—
三、營業利潤	100,020	65,129
加：營業外收入	1,779	3,023
減：營業外支出	1,457	1,391
其中：非流動資產處置損失	—	777

表3-3(續)

項目	本年數	上年數
四、利潤總額	100,343	66,761
減：所得稅費用	24,943	15,716
五、淨利潤	75,400	51,046

現根據以上資料編製A公司近兩年的利潤表水準分析表，如表3-4所示。

表3-4　A公司近兩年的利潤表水準分析表　　　　　　　　　　單位：萬元

項目	本年數	上年數	變動額	變動率
一、營業總收入	1,915,721	1,355,715	560,006	41.31%
營業收入	1,915,721	1,355,715	560,006	41.31%
二、營業總成本	1,798,815	1,297,105	501,710	38.68%
營業成本	1,605,975	1,158,734	447,241	38.60%
營業稅金及附加	11,720	5,810	5,910	101.73%
銷售費用	55,512	48,575	6,936	14.28%
管理費用	62,582	58,140	4,442	7.64%
財務費用	42,546	11,776	30,770	261.28%
資產減值損失	20,480	14,070	6,410	45.56%
公允價值變動收益	3,738	-12,215	15,953	-130.61%
投資收益	-22,021	18,735	-40,756	-217.54%
其中：對聯營企業和合營企業的投資收益	-3,911	-8,037	4,125	-51.33%
匯兌收益	—	—	0	
三、營業利潤	100,020	65,129	34,891	53.57%
加：營業外收入	1,779	3,023	-1,244	-41.13%
減：營業外支出	1,457	1,391	66	4.73%
其中：非流動資產處置損失	—	777	-777	-100.00%
四、利潤總額	100,343	66,761	33,582	50.30%
減：所得稅費用	24,943	15,716	9,227	58.71%
五、淨利潤	75,400	51,046	24,355	47.71%
歸屬於母公司所有者的淨利潤	74,009	51,505	22,504	43.69%
少數股東損益	1,391	-459	1,851	-402.96%
六、每股收益	—	—		
基本每股收益（元/股）	0.36	0.25	0.11	43.71%
稀釋每股收益（元/股）	0.36	0.25	0.11	43.71%
七、其他綜合收益	2,075	29,064	-26,989	-92.86%
八、綜合收益總額	77,475	80,109	-2,634	-3.29%
歸屬於母公司所有者的綜合收益總額	77,624	78,948	-1,323	-1.68%
歸屬於少數股東的綜合收益總額	-149	1,162	-1,311	-112.86%

2. 利潤表的水準分析

在對 A 公司的利潤情況進行分析時，要特別注意以下指標：

（1）營業利潤分析。

營業利潤是企業經營活動中營業收入與營業成本、費用的差額以及與資產減值損失、公允價值變動淨收益、投資收益的總和。通常企業的營業利潤越大，其經濟效益越好。例如，A 公司在本年實現營業利潤 100,020 萬元，比上年增長了 34,891 萬元，增幅為 53.57%。

從利潤表水準分析表可以看出營業收入比上年增加了 560,006 萬元，增幅為 41.31%，營業總成本增加 501,710 萬元，增幅為 38.68%，營業收入的增幅要大於營業成本的增幅。就營業總成本的具體項目而言，財務費用比上年增加了 30,770 萬元，增幅為 261.28%，在費用類的項目中高居榜首。此外，投資收益出現了損失，比上年減少了 40,756 萬元，減幅為 217.54%，對營業利潤的增長具有抵銷作用。另外，營業稅金及附加的增幅遠遠大於營業收入的增幅，具體情況有待進一步分析。

（2）利潤總額分析。

利潤總額是企業在一定時期內經營活動的稅前成果，是反應企業全部財務成果的指標。

例如，A 公司在本年實現利潤總額 100,343 萬元，比上年的 66,761 萬元增長了 33,582 萬元，增幅為 50.3%。從利潤表水準分析表中可以看到，利潤總額大幅增長的原因是公司的營業利潤增長了 34,891 萬元，增長率為 53.57%。A 公司營業利潤增長意味著公司獲利能力增強，反應公司主營業務的經營管理取得了較好的業績。A 公司營業外收入減少和營業外支出增加兩個不利因素使利潤總額減少了 1,310 萬元，反應公司在對營業外支出的控制上存在不足。幾個因素共同作用後，公司本年利潤總額增加了 33,582 萬元。因此，還應對營業利潤做進一步分析。

（3）淨利潤分析。

淨利潤是可以供企業所有者分配或使用的財務成果。企業的淨利潤金額大，說明企業的經營效益好；反之，則說明企業的經營效益差。可見，淨利潤的增長是企業成長性的基本表現。

例如，A 公司在本年實現的淨利潤為 75,400 萬元，比上年增長了 24,355 萬元，增長率為 47.71%。從利潤表水準分析表中可以看到，淨利潤增長的主要原因是本年利潤總額比上年增長了 33,582 萬元。雖然本年的所得稅費用也比上年增長了 9,227 萬元，但兩者相抵後，本年的淨利潤仍然比上年增加了 24,355 萬元。分析時，應該對利潤總額的增長做進一步的分析。

（二）利潤表趨勢分析

利潤表趨勢分析表的編製是將利潤表上連續數期有關項目選擇某一年為基期進行比較，計算趨勢百分比，反應利潤表中的各項目近幾年的變動情況，從而揭示經營成果的變化和發展趨勢。若利潤表中的主要項目出現異動，突然大幅度上下波動，各項目之間出現背離，或者出現惡化趨勢，則表明公司的某些方面發生了重大變化，為判斷公司未來的發展趨勢提供了線索。趨勢分析法至少要有 3 年的分析數據，一般以 5 年為佳。利用這些數據採用迴歸分析的方法可得到更為準確的預測結果。利潤表趨勢分析可以採用年均增長率作為分析指標。

1. 年均增長率

年均增長率＝每年的增長率之和/年數。年均增長率其實是為了計算方便而人為設定的將幾年合在一起計算的平均增長率，這就排除了個別年的特別情況。其計算公式為：

n 年數據的增長率＝[（本期/前 n 年）^{1/(n-1)}-1]×100%

公式解讀：報告期/基期為期間總增長率，報告期與基期跨越年份數進行開方，如 7 年則開 7 次方，7 年資產總增長指數開方（指數平均化），再減 1，計算其實際年均增長率。

另外要注意的是年數。有的說 2003 年到 2010 年應該是 8 年，其實我們說的年數應該是時點對應的年數，如年底至年底，或年頭至年頭。2003 年至 2010 年應該是 7 年，即 n＝2010-2003＝7。

2. 具體分析方法

例 3-2 A 公司前年度到本年度有關利潤表的數據如表 3-5 所示。

表 3-5 A 公司近三年的利潤表

單位名稱：A 公司　　　　　　　　　　　　　　　　　　　　　　　　單位：萬元

項目	本年度	上年度	前年度
一、營業總收入	1,915,721.00	1,355,715.00	1,166,755
營業收入	1,915,721.00	1,355,715.00	1,166,755
二、營業總成本	1,798,815.00	1,297,105.00	1,141,935
營業成本	1,605,975.00	1,158,734.00	1,031,804
營業稅金及附加	11,720.00	5,810.00	1,721
銷售費用	55,512.00	48,575.00	40,432
管理費用	62,582.00	58,140.00	49,555
財務費用	42,546.00	11,776.00	12,936
資產減值損失	20,480.00	14,070.00	5,486
公允價值變動收益	3,738.00	-12,215.00	2,458
投資收益	-22,021.00	18,735.00	-14,940
其中：對聯營企業和合營企業的投資收益	-3,911.00	-8,037.00	-10,882
匯兌收益	—	—	—
三、營業利潤	100,020.00	65,129.00	12,339
加：營業外收入	1,779.00	3,023.00	6,049
減：營業外支出	1,457.00	1,391.00	1,384
其中：非流動資產處置損失	—	777.00	275
四、利潤總額	100,343.00	66,761.00	17,003
減：所得稅費用	24,943.00	15,716.00	10,157
五、淨利潤	75,400.00	51,046.00	6,846
歸屬於母公司所有者的淨利潤	74,009.00	51,505.00	7,608
少數股東損益	1,391.00	-459.00	-763
六、每股收益	—	—	—
基本每股收益（元/股）	0.36	0.25	0.04

表3-5(續)

項目	本年度	上年度	前年度
稀釋每股收益（元/股）	0.36	0.25	0.04
七、其他綜合收益	2,075.00	29,064.00	-2,599
八、綜合收益總額	77,475.00	80,109.00	4,247
歸屬於母公司所有者的綜合收益總額	77,624.00	78,948.00	5,010
歸屬於少數股東的綜合收益總額	-149.00	1,162.00	-763

現根據以上資料編製A公司近兩年的利潤表趨勢分析表，如表3-6所示。

表3-6 A公司利潤表趨勢分析表

項目	本年比前年	
	變動值/萬元	年均增長率/%
一、營業總收入	748,966	28
營業收入	748,966	28
二、營業總成本	656,880	26
營業成本	574,171	25
營業稅金及附加	9,999	161
銷售費用	15,080	17
管理費用	13,027	12
財務費用	29,610	81
資產減值損失	14,994	93
公允價值變動收益	1,280	23
投資收益	-7,081	21
其中：對聯營企業和合營企業的投資收益	6,971	-40
匯兌收益		
三、營業利潤	87,681	185
加：營業外收入	-4,270	-46
減：營業外支出	73	3
其中：非流動資產處置損失	-275	-100
四、利潤總額	83,340	143
減：所得稅費用	14,786	57
五、淨利潤	68,554	232
歸屬於母公司所有者的淨利潤	66,401	212
少數股東損益	2,154	—
六、每股收益		
基本每股收益（元/股）	0	—
稀釋每股收益（元/股）	0	—
七、其他綜合收益	4,674	—
八、綜合收益總額	73,228	327
歸屬於母公司所有者的綜合收益總額	72,614	294
歸屬於少數股東的綜合收益總額	614	-56

分析：

（1）本年比前一年營業收入增加了 748,966 萬元，年均增長率為28%，說明企業銷售業績穩定向好，產品市場需求旺盛，具有一定的生命力。營業總成本僅增加了 656,880 萬元，年均增長率為 26%，小於營業收入的增幅，其中銷售費用和管理費用的年均增長率分別為 17%和 12%，遠遠小於營業收入的年均增長率，說明企業有較高的管理效能。

（2）前一年到本年的營業利潤、利潤總額和淨利潤的年均增長率分別達到了 185%、143%和232%，說明企業有較強的盈利能力，成長性好。在前述收入穩定增長的同時，利潤大幅度增長，說明企業成本控制較好，管理到位，同時淨利潤的增長幅度遠遠大於利潤總額的增長幅度，這得益於國家的稅收優惠政策的支撐和企業自身的稅收籌劃。

總體來看，從前年到本年，A公司業務團隊通過期貨交易市場、現貨市場以及終端營銷相結合的多種貿易方式，組合銷售策略、擴大銷量、提高銷售價，最終提高毛利率，使得營業利潤穩定增長；公司通過提賈增效控成本，使得成本下降；公司參股公司投資收益同比減虧 7,081 萬元。主要產品價格上漲，公司抓住機遇，提升了主營業務的盈利能力。因此，該公司主營業務發展勢頭是良好的。

三、利潤表結構分析

企業的利潤表結構是指構成企業利潤的各種不同性質的項目的比例。從質的方面來理解，其表現為企業的利潤是由什麼樣的利潤項目組成的。不同的利潤項目對企業盈利能力有極不相同的作用和影響。從量的方面理解，其表現為不同的利潤占總利潤的比重。不同的利潤比重對企業盈利能力的作用和影響程度也不相同。所以，在利潤表結構分析中，不僅要認識不同的收入、費用項目對企業利潤影響的性質，而且要掌握各自的影響程度。企業利潤表中的利潤一般都是通過收入與支出的配比計算出來的，所以分析利潤表結構，既要分析利潤表收支結構，也要分析其利潤結構。

利潤表結構分析是指在對利潤表進行垂直分析的基礎上，顯示報表中各項目間的結構，揭示各項利潤及成本費用與收入的關係，以反應企業各環節的利潤構成和成本費用水準。它主要包括利潤表的收支結構分析和利潤表的盈利結構分析。

利潤表縱向結構分析主要是通過利潤垂直分析表的編製進行的。

（一）利潤垂直分析表的編製

利潤垂直分析表的編製，是將企業利潤表中各項目的實際數與共同的基準項目實際數進行比較，計算各利潤項目占基準項目的百分比，分析說明企業財務成果的結構及其增減變化的合理程度。具體方法通常是以利潤表中的「營業收入」作為其他項目的對比基數，以營業收入淨額為100%，其餘項目與之相比分別計算營業成本、各項費用、各項利潤等指標各占營業收入的百分比，形成縱向結構百分比利潤表，分析各項目對借款人利潤總額的影響。因此，垂直分析表也稱共同比利潤表。

例 3-3 A公司前年至本年利潤情況如表 3-5，現編製其利潤垂直分析表，如表 3-7 所示。

表 3-7　A 公司近三年的共同比利潤表　　　　　　　　　　　　單位:%

項目	本年度	上年度	前年度	平均占比
一、營業總收入	100	100	100	100
營業收入	100	100	100	100
二、營業總成本	94	96	98	95
營業成本	84	85	88	86
營業稅金及附加	1	0	0	0
銷售費用	3	4	3	3
管理費用	3	4	4	4
財務費用	2	1	1	2
資產減值損失	1	1	0	1
公允價值變動收益	0	-1	0	0
投資收益	-1	1	-1	0
其中：對聯營企業和合營企業的投資收益	0	-1	-1	-1
匯兌收益	—	—	—	—
三、營業利潤	5	5	1	4
加：營業外收入	0	0	1	0
減：營業外支出	0	0	0	0
其中：非流動資產處置損失	0	0	0	0
四、利潤總額	5	5	1	4
減：所得稅費用	1	1	1	1
五、淨利潤	4	4	1	3
歸屬於母公司所有者的淨利潤	—	—	—	—
少數股東損益	—	—	—	—
六、每股收益				
基本每股收益（元/股）	—	—	—	—
稀釋每股收益（元/股）	—	—	—	—
七、其他綜合收益	0	2	0	1
八、綜合收益總額	4	6	0	4
歸屬於母公司所有者的綜合收益總額	—	—	—	—
歸屬於少數股東的綜合收益總額	—	—	—	—

（二）利潤表縱向結構分析

1. 利潤收支結構分析

利潤收支結構反應企業一定時期內各項收入、支出與利潤的關係，以及不同性質的收支與總收入和總支出的關係。

利潤收支結構分析可以通過編製利潤收支結構分析表，計算各收入項目占總收入的比重和各支出項目占總支出的比重，分析說明企業收支的水準及其穩定性、必要性、合理性。

從表 3-7 中可以看到，公司營業成本占營業收入的比重是最大的，達到了 80%以

上，營業成本占營業收入的比重三年間略有小幅波動，但總體來說呈穩定下降的趨勢。營業利潤占營業收入的比重波動較大，本年、上年公司營業利潤占營業收入的5%，比前年的1%有大幅度的提升，說明企業在成本控制方面取得了成效，成本的降低導致本年利潤的增加，這是本年利潤變化的主要原因。從本年度與平均占比的指標對比，本年度的營業成本占比明顯下降，而營業利潤和淨利潤明顯上升，說明相對於企業平均水準而言，當前年度成本控制較好。

2. 利潤構成分析

如果對企業考察的重點是企業利潤總額的構成情況，還可以編製企業利潤構成分析表進行分析。

企業的利潤由營業利潤、營業外收支等組成，利潤構成分析就是要分析構成企業利潤的各個主要部分占利潤總額的比重。根據盈利的性質，公司的利潤來源包括經營業務帶來的利潤、投資獲取的收益以及營業外收支淨額。利潤表的盈利結構分析是指通過計算利潤表中各利潤項目占利潤總額的比重，分析其結構變動對企業經營業績的影響，利潤構成比率不同將直接影響到公司的盈利水準和盈利水準的穩定性和持久性。一般來說，營業利潤占企業利潤很大比重，主營業務利潤更是形成企業利潤的基礎。營業利潤所占比重越大，企業盈利水準的穩定性和可持續性越強。投資收益和非經常性項目收入對企業的盈利能力有一定的貢獻，但在企業的總體利潤中不應該占太大比例。如果企業的利潤主要來源於一些非經常性項目，或者不是由企業的主營業務活動創造的，如處置非流動資產利得、短期證券投資收益、債務重組、政府補助、盤盈或捐贈等，那麼這樣的利潤結構往往存在較大的風險，不能代表企業的真實盈利水準。因此閱讀報表時，當企業的主營業務利潤和其他業務利潤都較高時，則可以反應出這是一個發展全面、盈利能力強、前景誘人的企業，對投資者和債權人都具有吸引力；當企業沒有其他業務利潤時，作為企業的管理者則應該考慮是否開展多元化經營，以廣開財源，尋找新的利潤增長點；當企業的其他業務利潤為虧損時，怎樣進行多元化經營則是企業應慎重考慮的問題。

企業利潤構成分析表的編製以「利潤總額」為基數即100%，將其他項目與利潤總額進行比較，計算出百分比，進行利潤表的縱向結構分析。

A公司利潤構成分析表如表3-8所示。

表3-8　A公司利潤構成分析表　　　　　　　　　　　　　　單位:%

項目	本年度	上年度	前年度
營業利潤	99.68	97.56	72.57
加：營業外收入	1.77	4.53	35.57
減：營業外支出	1.45	2.08	8.14
其中：非流動資產處置損失	0	0.06	0.02
利潤總額	100.00	100.00	100.00
減：所得稅費用	24.86	23.54	59.74
淨利潤	75.14	76.46	40.26

從表3-8可以看出，本年、上年和前年營業利潤均構成了利潤總額的主要部分，但前年營業外收入貢獻了一定比率的利潤總額，上年、本年企業營業外收入相比前年

有了明顯的下降，說明企業盈利水準的穩定性和可持續性在增強。

3. 盈利模式分析

對企業進行盈利模式分析主要就是對企業的收入結構、成本結構、企業相應的目標利潤、企業經營策略、產品結構和市場構成，以及企業核心競爭力等和企業盈利相關的多方面因素進行分析。在縱向結構百分比利潤表中，可以看出企業收入分別以何種比例用於補償各種耗費和形成利潤。同時，從表 3-8 中可以看出在利潤中經營活動、投資活動和營業外收支等各占多大比重，從而分析企業各費用支出項目中存在的問題，以採取措施增強企業盈利能力。因此，我們需要結合更多的資料來進行盈利模式的分析。

第三節　利潤表具體項目分析

利潤表具體項目分析是從構成利潤的主要項目入手，對重點項目進行分析。其目的是瞭解企業利潤形成的主要因素和影響利潤的主要原因，為企業的經營決策提供有用的參考依據。

一、收入類項目分析

（一）營業收入分析

營業收入是企業創造利潤的核心力量，如果企業的利潤大部分都來自營業收入，則說明企業的利潤質量較高，因此營業收入的確認對財務報表分析有著重大影響。在對營業收入進行具體項目分析時要注意以下幾點：

1. 營業收入的產品品種構成分析

對企業營業收入的品種結構進行分析，可以判斷企業的收入是否主要來自主營業務收入。

大部分企業進行的都是多種產品的經營，對營業收入貢獻比較大的商品或勞務是企業的主要業務。如果企業的利潤主要來自主營業務收入，就說明企業的經營成果比較好，營業收入質量良好。

2. 營業收入的地區構成分析

對營業收入進行地區分析可以發現不同地區對營業收入的貢獻程度。占總收入比重大的地區是體現企業過去業績增長點的主要地區，需要重點發展和維持；而那些收入很少或者虧損的地區，應看是否要進行銷售方面的改革或考慮成本效益原則，決定是否要繼續該地區的發展。

3. 與關聯方交易狀況

如果公司為集團公司或上市公司，有的公司為達到某些調節利潤的目的，會人為製造一些關聯方交易。因此，要關注會計報表附註對於關聯方交易的披露，應該注意關聯方交易收入的比重，同時關注以關聯方銷售為主體形成的營業收入在以下方面的非市場化因素：交易價格、交易的實現時間、交易量。

4. 部門或地區行政手段對企業業務收入的貢獻

地方或部門保護主義對企業業務收入的實現有著很大影響。有些行業或者企業是受政府保護的，這有利於其市場競爭和利潤的實現。但這種保護能維持多久卻無法保障，因此，在分析企業的營業收入時應注意地方或部門保護主義對企業收入的影響，如果企業受影響很大，說明其自身創造利潤的能力不一定很強。

連結3-2　　　延伸閱讀　政府補助收入——巧婦無米也可做飯

鄧亞萍在擔任《人民日報》副秘書長兼「人民搜索」總經理時曾說過，我們本身代表的是國家，我們最重要的不是賺錢，而是履行國家職責。

在網上公布的「人民搜索」的2010年營業額是零，而利潤總額卻有30,899,063.40元。沒有營業額怎麼有利潤？

沒有收入的「米」也可做利潤的「飯」，因為還有各種政府補貼，以及其他途徑的投資收益等。另外，債務重組也可以產生利潤，以公允價值計量的資產增值也可產生利潤，可見利潤這碗「飯」來自四面八方。

5. 營業收入與資產負債表的應收帳款配比

通過此配比我們可以觀察公司的信用政策，是以賒銷為主還是以現金銷售為主。一般而言，如果賒銷比重較大，應進一步將其與本期預算、與公司往年同期實際、與行業水準進行比較，評價公司主營業務收入的質量。

（二）公允價值變動收益

公允價值變動損益通常來自企業持有的投資類資產的會計計量模式的影響，其往往與企業的主營業務不相關，通常波動巨大。在正常經營條件下，公允價值變動收益不應該成為企業利潤貢獻主體的項目。即使在某一特定時期，其對利潤的貢獻較大，這種貢獻也難以持久，同時不涉及現金流量，是一種未實現的收益（損失），在分析時需要謹慎使用相關數據。

（三）投資收益

從投資收益的確認和計量角度來看，在成本法下投資收益的確認不會引起現金流量的不足；在權益法下投資收益的確認會引起企業現金流量的困難，而企業還要將此部分投資收益用於利潤分配。採用權益法確認的投資收益質量較差，分析時要著重注意。對於一次性的收益增加，如股權投資轉讓調節利潤，在評價企業未來盈利趨勢時要予以調整或剔除。

（四）營業外收入

營業外收入數額較大會使企業淨利潤增加，因而增加企業利潤分配的能力。但是，其穩定性較差，企業不能根據這部分收益來預測將來的淨收益水準。此外，如果營業外收入占利潤總額的比例過大，說明企業的盈利結構出了問題，至少是增加了不穩定的因素。在分析營業外收入時，還應著重檢查各項營業外收入明細項目增減的合法性和合理性。

例3-4　A公司是一家從事白砂糖及相關產品的製造銷售、番茄加工及番茄製品的銷售的企業，本年相關收入的構成如表3-9所示。

表 3-9 A公司本年度收入構成情況表

業務名稱		營業收入/億元	收入比例/%
按行業	貿易	145.81	77.13
	工業	83.07	43.94
	農業	0.723,878	0.38
	內部抵銷	-40.56	-21.45
按產品	貿易糖	131.84	69.74
	自產糖	45.89	24.27
	加工糖	36.39	19.25
	番茄製品	13.22	6.99
	其他（農業、農資、電力等）	2.26	1.20
	內部抵銷	-40.56	-21.45
按地區	國內	209.34	110.74
	國外	20.26	10.72
	內部抵銷	-40.56	-21.45

從表3-9可以看出，按行業分，占A公司總收入比重大的業務是貿易，占到77.13%，其次是工業；按產品分，銷售額最多的產品是貿易糖，占比為69.74%，其次是自產糖；按地區分，國內銷售占比達110.74%。國內銷售的貿易糖類是企業過去業績的主要增長點，也指明了企業未來的發展趨勢，企業應主要立足於國內糖類貿易業務。相較國際貿易而言，國內貿易的穩定性較好，同時A企業的利潤主要來自主營業務收入，這就說明企業的經營成果比較好，營業收入質量良好。

二、成本費用類項目分析

（一）營業成本

營業成本是指公司所銷售商品或者所提供勞務的成本。對於大多數行業來說，主營業務成本是損益表中衝減利潤最大的一項，因此需要重點分析。

對於營業成本的分析，首先要明確公司主營業務成本的構成和各部分比例，其次要逐項判斷主要成本構成的變化趨勢。不同行業的成本構成有很大的差異，要針對公司的行業特徵來分析成本的合理性。要注意企業是否存在延期或提前確認營業成本以及隨意變更成本計算方法的行為。企業可以通過這些行為人為地控制成本數據，從而操縱利潤。

例3-5 A公司是一家從事白砂糖及相關產品的製造銷售、番茄加工及番茄製品的銷售的企業，本年相關成本的構成如表3-10至表3-13所示。

表 3-10 A公司本年度收入成本比重　　　　　　　　單位：萬元

項目	本年數	上年數
一、營業總收入	1,915,721.00	1,355,715.00
營業收入	1,915,721.00	1,355,715.00

表3-10(續)

項目	本年數	上年數
二、營業總成本	1,798,815.00	1,297,105.00
其中：營業成本	1,605,975.00	1,158,734.00
營業成本占收入的比重	84%	85%

表3-11 A公司本年度主營業務分行業、分產品、分地區情況

主營業務分行業情況	營業收入/萬元	營業成本/萬元	毛利率/%	營業收入比上年增減/%	營業成本比上年增減/%	毛利率比上年增減/%
工業	830,671	678,952	18.26	28.67	29.42	-0.47
農業	7,239	5,671	21.66	8.05	6.79	0.93
貿易	1,458,121	1,309,356	10.20	46.62	42.23	2.78
小計	2,296,031	1,993,979	13.16	39.43	37.46	1.25
主營業務分產品情況						
貿易糖	1,318,412	1,216,185	7.75	32.57	32.10	0.33
自產糖	458,850	367,511	19.91	-2.72	-6.24	3.01
加工糖	363,942	291,993	19.77	1,139.87	1,337.20	11.02
番茄製品	132,205	103,969	21.36	-7.05	-7.03	-0.02
其他（農業、農資、電力等）	22,622	14,321	36.69	150.72	145.98	1.22
小計	2,296,031	1,993,979	13.16	39.43	37.46	1.25
主營業務分地區情況						
國內	2,093,432	1,821,812	12.97	49.27	46.49	1.64
國外	202,600	172,167	15.02	-17.07	-16.80	-0.28
小計	2,296,032	1,993,979	13.16	39.43	37.46	1.25

表3-12 產銷量情況分析表

主要產品	生產量/萬噸	銷售量/萬噸	庫存量/萬噸	生產量比上年增減/%	銷售量比上年增減/%	庫存量比上年增減/%
自產糖	101.33	86.06	37.98	17.82	-11.15	67.23
番茄醬	24.96	20.62	22.95	21.01	-7.06	23.28

表3-13 A公司本年度產品成本構成情況

分產品情況	成本構成項目	本期金額/萬元	本期占總成本比例/%	上年同期金額/萬元	上年同期占總成本比例/%	本期金額較上年同期變動比例/%
自產糖	原料	221,564	80.07	217,226	87.55	2.00
	直接人工	9,654	3.49	9,649	3.89	0.06
	製造費用	17,448	6.31	15,947	6.43	9.41

表3-13(續)

分產品情況	成本構成項目	本期金額/萬元	本期占總成本比例/%	上年同期金額/萬元	上年同期占總成本比例/%	本期金額較上年同期變動比例/%
番茄醬	原料	51,408	61.96	56,526	62.99	-9.05
	直接人工	2,679	3.23	2,632	2.93	1.79
	製造費用	11,516	13.88	12,722	14.18	-9.48

　　從表3-10可以得出本年營業成本對營業收入的比率比上一年略有下降，說明企業的經營獲利能力將出現上升的趨勢，但趨勢不夠明顯。根據表3-11，從A公司本年度主營業務分行業、分產品情況看，貿易糖對收入貢獻最大，自產糖業務利潤率最高；從分地區看，本年度A公司以國內業務為主且國內業務發展迅速；國外業務有所縮減，但國外業務毛利率高於國內業務。A公司相比上年度而言，本年度主要業務的收入增幅普遍略大於成本增幅，說明成本控制穩定向好。從A公司具體主營業務成本的構成和各部分比例來看，根據表3-12和表3-13可以看出，A公司的自產糖三項主要成本與上年同期相比穩中略降，而番茄醬在產量上升的同時原料投入金額卻有一定幅度的下降，說明當年番茄豐收，而農產品原材料市場行情對產品成本的影響往往是一過性的，並不長久。另外番茄醬製造費用的整體下降，說明企業當期在間接費用的控制上有一定成效。

(二) 稅金及附加

　　稅金及附加是指企業從事生產經營活動，按照稅法規定應繳納並在會計上可以從營業利潤中扣除的稅金及附加。分析該項目時應該將其與營業收入相對應分析，同時要確認稅金的計算依據是否正確。該項目金額對營業利潤的影響較小，可不作為分析重點。

(三) 期間費用

　　期間費用包括銷售費用、管理費用和財務費用。對期間費用的分析應注意以下問題：

　　1. 銷售費用

　　對銷售費用進行分析時，應該注意銷售費用的構成，同時應該注意銷售費用增減的原因。在企業業務發展的條件下，企業的銷售費用一般不應降低；當按收入百分比計算的銷售費用增加時，應關注因銷售費用增加而帶來的收入增加。同時應該注意有的企業會基於公司業績的考慮，將巨額廣告費列為長期待攤費用。

　　2. 管理費用

　　在企業的組織結構、業務規模等方面變化不大的情況下，企業的管理費用規模變化不會太大。如果發現在利潤表中，出現收入項目增加但費用項目降低的情形，則存在調整利潤的可能。一般來說，費用越低，收益越大，企業盈利就越多。對此，應當根據企業當前經營狀況、以前各期間水準以及對未來的預測來評價支出的合理性，而不應單純強調絕對值的下降。同時，企業的研發支出分界點比較複雜，容易為企業違規留下操作空間。因此，應該關注管理費用的重要項目。

　　3. 財務費用

　　在對財務費用進行分析時，應該注意以下幾點：

（1）企業當年列支的利息支出是否確實屬於當年損益應負擔的利息支出，應特別注意需要資本化的利息費用，嚴格核實其資本化的條件是否滿足。

（2）利息支出列支範圍是否合規。注意審查各種不同性質的利息支出的處理是否正確。

（3）存款利息收入是否抵減了利息支出，計算是否正確。特別應注意升降幅度較大的月份，並分析其原因。

（4）企業列支的匯兌損益是否確已發生，即計算匯兌損益的外幣債權、債務是否確實收回或償還，調劑出售的外匯是否確已實現。

例3-6 仍以 A 公司為例，其本年度期間費用如表 3-14 所示。

表3-14　A 公司本年度期間費用統計分析表

項目	本期金額/萬元	上期金額/萬元	增減額/萬元	增減比例/%
營業總收入	1,915,721	1,355,715	560,006	14
銷售費用	55,511.61	48,575.44	6,936.16	14.28
銷售費用占收入的比重/%	3	4		
管理費用	62,581.67	58,139.73	4,441.94	7.64
管理費用占收入的比重/%	3	4		
財務費用	42,546.33	11,776.42	30,769.91	261.28
財務費用占收入的比重/%	2	1		

變動說明：

（1）銷售費用增加主要系糖銷量同比增加以及運費、倉儲費及工資增加所致。

（2）管理費用增加主要系職工薪酬同比增加 6,219 萬元，股權激勵計提費用同比增加 1,916 萬元，停工損失同比減少 2,433 萬元所致。

（3）財務費用增加主要系本年度用款需求大所致，公司貸款額度同比增加 30 億元，加權平均貸款利率上浮 1.72%；匯兌損失 2,181 萬元，同比增加 6,417 萬元。

根據表 3-14 所示及相關說明，A 公司當年銷售費用和管理費用絕對值雖比上年同期有所增加，但增加的原因合理，增加的幅度不大，且其占收入的百分比與去年同期相比還有所下降，所以該公司這兩項費用控制較好；而財務費用發生的絕對值增幅較大且其占收入的百分比與去年同期相比還有所上升，究其原因是本年度用款需求大，貸款利率上浮，且發生了較大額度的匯兌損失，因此需要警惕財務風險的發生。

4. 資產減值損失

在分析資產減值損失項目時，要注意分析一次性大額的資產減值損失對利潤的影響，警惕利用資產減值損失來進行利潤調節，如轉回減值準備或少提減值準備，或者過度計提減值準備等，同時要注意資產減值損失不涉及現金流量，分析時要注意審慎使用相關數據。

5. 所得稅費用

具體分析所得稅費用時，應注意以下幾個方面：其一，遞延所得稅占所得稅費用總額的百分比；其二，帳面所得稅費用占稅前利潤的百分比；其三，當期所得稅費用；其四，資本收益。

6. 營業外支出

在分析營業外支出時，應著重檢查其明細項目增減的合法性和合理性。但營業外支出能在一定程度上反應企業管理方面存在的問題，如違反法律、合同規定等，企業對於這些損失，力爭控制到最低程度。另外，還應注意營業外支出的準確性和波動性，對於異常變動的項目要從總額中剔除。

三、利潤類項目的分析

企業生產經營的最終目的就是要擴大收入，盡可能降低成本與費用，努力提高企業盈利水準，增強企業的獲利能力。因此，收益能力的高低，即利潤水準是衡量企業優劣的一個重要標誌。

利潤由四個主要部分組成：主營業務利潤、營業利潤、利潤總額和淨利潤。

（一）主營業務利潤

主營業務利潤是企業生存發展的基礎，代表了企業相對穩定的盈利能力。

主營業務利潤是企業生產經營第一個層次的業績。對此，首先可將主營業務利潤與利潤總額配比，一般應在60%以上，並結合行業、企業歷史水準進行分析，評價企業的現有盈利能力、持久盈利能力以及企業當期利潤的質量，進而再對其具體構成項目進一步分解評價。

（二）營業利潤

營業利潤是企業生產經營第二個層次的業績，即企業通過生產經營獲得利潤的能力。對此，亦可將營業利潤與利潤總額配比，一般應該在80%以上，並結合行業、企業歷史水準進行分析。當營業利潤額較大時，要注意其他業務利潤數額和用途；當營業利潤額較小時，應著重分析主營業務利潤的大小、多種經營的發展情況和期間費用的多少。

（三）利潤總額

利潤總額是企業生產經營第三個層次的業績。利潤總額代表了企業當期綜合的盈利能力和為社會所做的貢獻；同時，利潤總額也直接關係到各種利益分配問題，如投資人、職工、國家（稅收）。對於影響利潤總額的非經營性因素應進一步分析和評價。從企業的角度來說，利潤總額多多益善。

（四）淨利潤

淨利潤是企業的利潤總額與所得稅費用的配比結果，是企業生產經營的第四個層次，也是企業最終的業績。淨利潤屬於所有者權益，它也構成了企業利潤分配的內容。對淨利潤進行分析，需要注意盈利質量的高低。利潤表的質量分析以主營業務收入為起點，以淨利潤為終點。

例3-7 仍以A公司為例，其近三年實現的利潤額見表3-15；近三年度利潤構成情況見表3-16。

表3-15　A公司近三年年度利潤額　　　　　　　　　　單位：萬元

項目	本年數	上年數	前年數
一、營業利潤	100,020	65,129	12,339
加：營業外收入	1,779	3,023	6,049

表3-15(續)

項目	本年數	上年數	前年數
減：營業外支出	1,457	1,391	1,384
其中：非流動資產處置損失	—	777	275
二、利潤總額	100,343	66,761	17,003
減：所得稅費用	24,943	15,716	10,157
三、淨利潤	75,400	51,046	6,846

表 3-16　A 公司近三年年度利潤構成情況　　　　　　　單位：%

項目	本年度	上年度	前年度
一、營業利潤	99.68	97.56	72.57
加：營業外收入	1.77	4.53	35.57
減：營業外支出	1.45	2.08	8.14
其中：非流動資產處置損失	0	0.06	0.02
二、利潤總額	100.00	100.00	100.00
減：所得稅費用	24.86	23.54	59.74
三、淨利潤	75.14	76.46	40.26

從前年度到本年度 A 公司實現的營業利潤、利潤總額和淨利潤的絕對值來看，本年度明顯好於上年度和前年度；從營業利潤與利潤總額占比來看也呈現逐年增加的趨勢，說明 A 公司利潤的發展趨勢逐年向好，本年度當期利潤的質量較高。

第四節　利潤質量分析

利潤作為反應公司經營成果的指標，在一定程度上體現了公司的盈利能力，同時也是目前中國對公司經營者進行業績考評的重要依據。但是，會計分期假設和權責發生制的使用決定了某一期間的利潤並不一定意味著利潤具有可持續性以及利潤帶來的資源具有確定的可支配性。此外，公司經營者出於自身利益的考慮，往往會運用各種手段調節利潤、粉飾利潤表，從而導致會計信息失真並誤導投資者、債權人及其他利益相關者。因此，在關注公司盈利能力的同時，更要重視對公司利潤質量的分析。

一、利潤質量分析的概念及特徵

(一) 利潤質量分析的概念

利潤的質量是指企業利潤的形成過程以及利潤結果的質量。利潤質量分析是指分析利潤形成的真實性與合理性，以及對現金流轉的影響。

(二) 利潤質量的特徵

高質量的企業利潤，應當表現為資產運轉狀況良好，企業所依賴的業務具有較好的市場發展前景，公司有良好的購買能力、償債能力、交納稅金及支付股利的能力。利潤所帶來的淨資產的增加能夠為企業的未來發展奠定良好的資產基礎。反之，低質

量的企業利潤，則表現為資產運轉不靈，企業所依賴的業務具備主觀操縱性或沒有較好的市場發展前景，企業對利潤具有較差的支付能力，等等。企業的利潤構成、信用政策、存貨管理水準及關聯方交易都會影響企業的利潤質量。因此，高質量的企業利潤具有以下特徵：

（1）一定的盈利能力。

（2）利潤結構基本合理。

企業的利潤結構應該與企業的資產結構相匹配，費用變化是合理的。利潤總額各部分的構成合理，主營業務帶來的利潤具有持續性。

（3）企業的利潤具有較強的獲取現金的能力。

二、影響利潤質量的主要因素分析

（一）利潤實現過程的質量

對利潤表進行質量分析，實質上就是對企業利潤的形成過程進行質量分析。企業生產經營的最終目的就是要擴大收入，盡可能降低成本與費用，努力提高企業盈利水準，增強企業的獲利能力。企業只有最大限度地獲取利潤才能保證企業持續不斷地生產和經營，為投資者提供盡可能高的投資報酬。因此，收益能力的高低，是衡量企業優劣的一個重要標誌。收入的質量分析、費用的質量分析參考第三節利潤表具體項目分析。

（二）利潤結構的質量

由多步式利潤表的結構特點可知，企業經營與其收益結構有密切的關係。企業經營活動的組織、目標、範圍和內容的調整變化會引起收益結構發生變化。因此，通過對利潤表收益結構的分析，還可以瞭解企業的市場營銷戰略、發展戰略和技術創新戰略等是否合理，有無創新。例如，將幾個經營期間的同種結構數據放在一起進行比較，可以看出企業經營活動的發展變化過程和各期收益的變化趨勢，從中也大體可看出市場行情的走勢、國家宏觀政策的調整以及整個社會經濟的運行環境。

公司的利潤可以分為營業利潤與非營業利潤、稅前利潤與稅後利潤、經常業務利潤與偶然業務利潤、經營利潤與投資收益、資產利潤與槓桿利潤。這些項目的數額和比率關係，會導致收入質量的不同，在預測未來利潤時具有不同意義。因此，要分析以下比率關係。

1. 營業利潤與非營業利潤

營業利潤的質量高於非營業利潤。

營業活動是公司賺取利潤的基本途徑，代表公司有目的的活動取得的成果，而非營業利潤則帶有很大的偶然性。一個公司的營業利潤應該遠遠高於其他利潤（如投資收益、處置固定資產收益等）。非營業利潤較高的公司，往往在自己的經營領域裡處於下滑趨勢，市場份額減少，只好在其他地方尋求收益。例如，通過投資股票市場、債券市場或期貨市場獲取收益，而這種市場的風險是很大的，影響因素複雜，收益很難保障。通過分析經營利潤的比重，可以發現收益質量的變化。

具體分析的方法可以從絕對指標分析和相對指標分析兩方面展開：

（1）絕對指標分析。

我們將企業的利潤表按照其收益來源劃分為營業利潤（營業利潤＝經營性利潤＋投

資收益）和營業外業務收入（營業外業務收入＝補貼收入＋營業外收入－營業外支出）。通過上述收益的劃分，我們將企業的利潤構成情況大致分為以下六種類型，從而可以判定企業盈利能力的穩定性。

①正常情況：企業的經營性利潤、投資收益、營業外業務收入都為正，或者經營性利潤大於0、投資收益大於0、營業外業務收入小於0，致使當期收益為正。這說明企業的盈利能力比較穩定，狀況比較好。

②如果經營性利潤、投資收益為正，而營業外業務虧損多，致使當期收益為負數，表明雖然企業的利潤為負，但是是企業的營業外收支所導致的，構不成企業的經常性利潤，所以，並不影響企業的盈利能力狀況，這種虧損狀況是暫時的。

③如果經營性利潤大於0，投資收益、營業外業務收入小於0，致使經營性利潤＋投資收益小於0，當期收益小於0，說明企業的盈利情況比較差，投資業務失利導致企業的經營性利潤比較差，企業的盈利能力不夠穩定。

④如果經營性利潤小於0，投資收益大於0，營業外業務收入大於0，致使企業的當期收益大於0，說明企業的利潤水準依賴於企業的投資業務和營業外業務，其投資項目的好壞直接關係到企業的盈利能力，投資者應該關注其項目收益的穩定性。

⑤如果經營性利潤小於0，投資收益小於0，營業外業務收入大於0，致使企業的當期收益大於0，說明企業的盈利狀況很差，雖然當年盈利，但是其經營依賴於企業的營業外收支，持續下去會導致企業破產。

⑥如果經營性利潤小於0，投資收益小於0，營業外業務收入小於0，致使企業的當期收益小於0。說明企業的盈利狀況非常差，企業的財務狀況堪憂。

例3-8 A公司最近三年年利潤情況如前表3-5，現按絕對指標分析方法分析A公司利潤質量如下：

A公司前年的利潤表上的數據為：經營性利潤為27,279萬元，投資收益-1,494萬元，營業外收支淨額4,665萬元，利潤總額為17,003萬元。說明該企業生產經營比較正常，但對外投資較為失敗。上年的年報數據：經營性利潤為46,394萬元，與前年相比上升，投資收益18,735萬元，營業外收支淨額1,632萬元，利潤總額66,761萬元，上升較快。這說明企業的盈利能力上升較快，經營狀況比較好。本年的年報數據：經營性利潤為122,041萬元，與上年相比上升，投資收益-22,021萬元，營業外收支淨額322萬元，利潤總額100,343萬元，在投資收益為負數，且營業外收支淨額減少的情況下，利潤總額上升較快。這說明企業的盈利能力持續增長，經營狀況比較好，但對外投資狀況不佳。

同行業同背景的兩家公司，相同年度的利潤質量還可以進行對比分析。

例3-9 B公司與A公司同為制糖行業的大型公司（後面例題中B公司的背景資料相同），B公司本年利潤情況如表3-17所示。

表3-17 利潤表

編製單位：B公司　　　　　　　　　　　　　　　　　　　　　單位：萬元

項目	本年數
一、**營業總收入**	290,642.1
營業收入	290,642.1

表3-17(續)

項目	本年數
二、營業總成本	327,094.3
營業成本	259,800.9
營業稅金及附加	1,889.6
銷售費用	8,643.8
管理費用	32,298.2
財務費用	21,186.8
資產減值損失	3,274.9
公允價值變動收益	-21.6
投資收益	2,348.0
其中：對聯營企業和合營企業的投資收益	0.0
匯兌收益	0.0
三、營業利潤	-23,209.1
加：營業外收入	180.3
減：營業外支出	452.3
其中：非流動資產處置損失	0.0
四、利潤總額	-23,481.0
減：所得稅費用	-3,645.3
五、淨利潤	-19,835.7
歸屬於母公司所有者的淨利潤	-19,363.4
少數股東損益	-472.3
六、每股收益	
基本每股收益（元/股）	0.0
稀釋每股收益（元/股）	0.0
七、其他綜合收益	0.0
八、綜合收益總額	-19,835.7
歸屬於母公司所有者的綜合收益總額	-19,363.4
歸屬於少數股東的綜合收益總額	-472.3

現按絕對指標分析方法分析B公司利潤質量如下：

B公司本年的年報數據：經營性利潤為-25,557.1萬元，投資收益為2,348萬元，營業外收支淨額為-272萬元，利潤總額為-23,481萬元。該公司經營性利潤小於0，投資收益大於0，營業外業務收入小於0，致使企業的當期收益小於0。說明企業的盈利狀況非常差，企業的財務狀況堪憂。

按絕對指標分析方法分析，本年A公司與B公司相比，除了投資收益A公司不如B公司以外，經營性利潤及利潤總額等指標A公司都遠超B公司，說明A公司的盈利狀況和財務狀況都優於B公司。

除了絕對指標之外，我們還需關注相對指標的情況。

（2）相對指標分析。

①毛利率走勢。

$$毛利率＝（營業收入－營業成本）／營業收入$$

毛利率高，表明企業具有良好的財務狀況。如果企業的毛利率在同行業中處於平均水準以上，且不斷上升，就說明其核心競爭力強，具有一定的壟斷地位，受行業週期性波動的正向影響，會不斷提高產量。

毛利率低、下降，則意味著企業所生產的同類產品在市場上競爭加劇，銷售環境惡化；如果企業的毛利率顯著低於同行業的平均水準，則意味著企業的生產經營狀況明顯比同行業其他企業要差，其產品生命週期處於衰退期，核心競爭力下降，會計處理不當。

例 3-10 A 公司近 3 年毛利率走勢如表 3-18 所示。

表 3-18　A 公司近 3 年毛利率分析表

項目名稱	本年數	上年數	前年數
營業收入／萬元	1,915,721	1,355,715	1,166,755
營業成本／萬元	1,605,975	1,158,734	1,031,804
毛利／萬元	309,746	196,981	134,951.28
毛利率／%	16	15	12

近 3 年制糖行業平均毛利率分別為 -10.6%、10.49% 和 10.32%（以上數據來源於前瞻產業研究院發布的《2018—2023 年中國制糖行業產銷需求與投資預測分析報告》），整個行業的產品生命週期屬於上升階段。如表 3-18 所示，A 公司近 3 年的毛利率均高於行業平均值，且毛利及毛利率均呈現逐年上升的趨勢，說明該企業財務狀況良好，核心競爭力強，在行業中佔有一定的壟斷地位，企業發展前景較好。

B 公司近 3 年毛利率走勢如表 3-19 所示。

表 3-19　B 公司近 3 年毛利率分析表

項目名稱	本年數	上年數	前年數
營業收入／萬元	290,642.1	358,882	313,842.3
營業成本／萬元	259,800.9	304,833	267,532.9
毛利／萬元	30,841.2	54,049	46,309.4
毛利率／%	11	15	15

如表 3-19 所示，B 公司近 3 年的毛利率均高於行業平均值，但前 2 年毛利及毛利率均高於本年，且本年下降明顯，說明該企業在制糖行業中佔有一定的壟斷地位，但發展勢頭不如 A 公司。

②銷售費用、管理費用、財務費用、營業利潤及其相關比率所包含的質量信息。

A. 銷售費用與銷售費用率。

銷售費用率反應了銷售費用的有效性，用以下公式計算：

$$銷售費用率＝銷售費用／營業收入$$

企業的產品結構、銷售規模、營銷策略等方面變化不大時，銷售費用規模變化不

會太大。因為變動性銷售費用隨業務量的增長而增長，固定性銷售費用則不會有太大變化。

B. 管理費用與管理費用率。

管理費用率反應了管理費用的有效性，用以下公式計算：

$$管理費用率＝管理費用/營業收入$$

企業的組織結構、管理風格、管理手段、業務規模等方面變化不大時，管理費用規模變化不會太大。因為變動性管理費用隨業務量的增長而增長，固定性管理費用則不會有太大變化。

C. 財務費用與財務費用率。

財務費用率反應了財務費用的有效性，用以下公式計算：

$$財務費用率＝財務費用/營業收入$$

財務費用與貸款規模、貸款利率、貸款環境相關，財務費用的規模反應了企業的理財狀況。當企業的貸款主要用於補充流動資金和拓展經營活動時，財務費用率也可以說明企業的產品經營活動對貸款使用的有效性。

D. 資產減值損失/營業收入。

將資產減值損失和營業利潤的數額相比較，可以用來判斷資產減值損失對營業利潤的影響程度。

$$資產減值損失率＝資產減值損失/營業收入$$

當資產減值損失的規模發生變化時，發生減值的資產未來給企業帶來的相應現金流量很可能會發生變化，但當期營業收入未必會發生相應變化：如果應收款項大幅度減值，當期的營業收入一般不會受到影響；如果長期股權投資、持有至到期投資發生減值，當期營業收入不會受到影響；如果存貨、固定資產、無形資產、商譽等資產發生減值，說明該類資產的盈利能力降低，企業的營業收入可能會相應有不同程度的減少。

資產減值損失對利潤質量的影響還有另外一個指標，那就是資產減值損失/營業利潤。

如果資產減值損失對營業利潤的影響程度較大，分析人員可以對資產減值損失確認及轉回的合理性做進一步研究。

E. 公允價值變動收益與營業利潤。

在分析時應當將公允價值變動收益與營業利潤相比較，據以判斷其對營業利潤的影響程度。公式為：

$$公允價值變動收益占比＝公允價值變動收益/營業利潤$$

正常情況下，一般企業的公允價值變動收益對營業利潤的影回應當較小，企業的營業利潤應當主要來源於營業收入。

F. 投資收益與營業利潤。

比較投資收益占營業利潤的比重，以對企業營業利潤受投資收益的影響程度做出判斷。計算公式為：

$$投資收益占比＝投資收益/營業利潤$$

一般企業不能依賴不確定性極大的投資收益，而中國的一些企業在特定的會計期間會出現投資收益成為營業利潤的主要來源的情況。分析人員應當注意比較投資收益

占營業利潤的比重，以便對企業營業利潤受投資收益的影響程度做出判斷。

G. 營業利潤與營業利潤率。

營業利潤率反應了企業經營活動的基本盈利能力，用以下公式計算：

$$營業利潤率＝營業利潤／營業收入$$

式中營業利潤是以產品經營為主的企業在一定時期的財務業績的主體。毛利率、營業費用、管理費用的質量綜合反應到營業利潤的變化上。

需要注意的是，有的公司一般會通過對「非經營性變化」進行會計調整的辦法來達到在報表上使營業利潤過高或過低的目的。

例3-11 A公司近2年相關利潤結構指標如表3-20所示。

表3-20　A公司利潤結構指標分析

項目名稱	本年數	上年數	差異
營業收入/萬元	1,915,721.00	1,355,715.00	560,006.00
銷售費用/萬元	55,512.00	48,575.00	6,937.00
管理費用/萬元	62,582.00	58,140.00	4,442.00
財務費用/萬元	42,546.00	11,776.00	30,770.00
資產減值損失/萬元	20,480.00	14,070.00	6,410.00
公允價值變動收益/萬元	3,738.00	-12,215.00	15,953.00
投資收益/萬元	-22,021.00	18,735.00	-40,756.00
營業利潤/萬元	100,020.00	65,129.00	34,891.00
銷售費用/營業收入	3%	4%	-1%
管理費用/營業收入	3%	4%	-1%
財務費用/營業收入	2%	1%	1%
資產減值損失/營業利潤	20.5%	21.6%	-1.1%
公允價值變動收益/營業利潤	4%	-19%	22%
投資收益/營業利潤	-22%	29%	-51%
營業利潤/營業收入	5%	5%	0%

與上年相比，本年的營業收入增幅較大，而銷售費用、管理費用絕對值增加，增幅卻不大，從而導致銷售費用率和管理費用率的下降。這說明該公司對相應費用的利用效率有所提高。

該公司本年的資產減值損失占營業利潤的20.5%，比上年減少了1.1%，變動幅度較小。當資產減值損失的規模未發生較大變化時，發生減值的資產未來給企業帶來的相應現金流量也不會發生太大變化；但因占營業利潤的比重較大對營業利潤的影響較為明顯，需要結合具體明細項目對資產減值損失確認及轉回的合理性做進一步研究。

該公司本年的公允價值變動收益占營業利潤的比重不大，是一個正收益，比上年有較大幅度的增長，對營業利潤的影響較小，企業的營業利潤應當主要來源於營業收入。本年度的投資收益占營業利潤的-22%，佔有一定的比重且由於比上年減少了51%，降幅較大，其波動對營業利潤造成了一定程度的影響。由於當年投資收益為大額

負數，實質為投資損失，結合 A 公司年報明細，當年投資損失主要是由持有交易性金融資產、交易性金融負債產生的公允價值變動損益，處置交易性金融資產、交易性金融負債和可供出售金融資產取得的投資收益以及對外投資的會計核算方法的變更構成的，一方面說明當年投資收益質量不高，對營業利潤造成了較大的負面影響，需要企業有關部門及人員引起重視；另一方面說明本年 A 公司的營業利潤的主要來源是能夠給企業帶來持續穩定收益的主營業務，企業當期利潤質量較高，盈利能力較強，說明企業具有長期穩定發展的潛力。

與上年相比，本年的營業利潤占營業收入的比率沒有變化，表明企業通過生產經營獲得利潤的能力，即企業的盈利能力未發生大的變化，企業的經營管理較為穩定。

表 3-21 為 A 公司與 B 公司本年相關指標的對比情況。

表 3-21　A 公司與 B 公司本年相關指標對比

項目名稱	A 公司本年	B 公司本年	差異
營業收入/萬元	1,915,721	290,642	1,625,079
銷售費用/萬元	55,512	8,644	46,868
管理費用/萬元	62,582	32,298	30,284
財務費用/萬元	42,546	21,187	21,359
資產減值損失/萬元	20,480	3,275	17,205
公允價值變動收益/萬元	3,738	-22	3,760
投資收益/萬元	-22,021	2,348	-24,369
營業利潤/萬元	100,020	-23,209	123,229
銷售費用/營業收入	3%	3%	0%
管理費用/營業收入	3%	11%	-8%
財務費用/營業收入	2%	7%	-5%
資產減值損失/營業利潤	20.5%	-14.1%	34.6%
公允價值變動收益/營業利潤	4%	0%	4%
投資收益/營業利潤	-22%	-10%	-12%
營業利潤/營業收入	5%	-8%	13%

從絕對值看，除了投資收益外，A 公司各項數值均高於 B 公司，其中 B 公司本年的營業利潤為負數；從相對值看，A 公司的管理費用率及財務費用率均低於 B 公司，而營業利潤率遠高於 B 公司，說明 A 公司期間費用控制好於 B 公司，經營管理水準高於 B 公司，企業的當期利潤質量較高，盈利能力強於 B 公司。

2. 經常業務利潤和偶然業務利潤

經常業務利潤是通過經常性業務淨利潤與經常性業務淨利潤率指標來分析的，計算公式如下：

經常性業務淨利潤率＝經常性業務淨利潤/營業收入

式中，經常性業務淨利潤＝歸屬於上市公司股東的淨利潤－非經常性損益

它是淨利潤率指標的補充，剔除非經常性損益對淨利潤帶來的影響，能夠比較真

實客觀地反應企業的實際業務盈利能力,是在分析企業業務盈利能力時常用的指標之一。

偶然業務利潤是沒有保障的,不能期望它經常地、定期地發生。偶然業務利潤比例較高的公司,其收益質量較低。經常性業務收入因其可以持續地、重複不斷地發生而成為收入的主力。

例 3-12　A 公司近 2 年相關利潤指標如表 3-22 所示。

表 3-22　A 公司近 2 年經常性業務利潤分析表

項目名稱	本年數	上年數
營業收入/萬元	1,915,721	1,355,715
歸屬於上市公司股東的淨利潤/萬元	74,009	51,505
減:非經常性損益/萬元	-4,775	14,491
歸屬於上市公司股東的扣除非經常性損益後的淨利潤/萬元	78,784	37,014
經常性業務淨利潤率/%	4	3

按前例所示,A 公司本年與上年營業利潤占營業收入的比率沒有變化,表面上看這兩個年度企業的獲利能力似乎相同,但剔除偶然業務利潤的影響之後,根據表 3-22 所示,我們可以看出本年度 A 公司實際業務盈利能力和企業經營能力的穩定性是好於上年度的。

表 3-23 為 A 公司和 B 公司本年經常性業務利潤分析對比表。

表 3-23　A、B 公司本年經常性業務利潤分析對比表

項目名稱	A 公司本年	B 公司本年
營業收入/萬元	1,915,721	290,642
歸屬於上市公司股東的淨利潤/萬元	74,009	-19,363
減:非經常性損益/萬元	-4,775	8,790
歸屬於上市公司股東的扣除非經常性損益後的淨利潤/萬元	78,784	-28,153
經常性業務淨利潤率/%	4	-10

根據表 3-23,我們可以看出本年度 A 公司的經常性業務淨利潤率遠高於 B 公司,這說明剔除偶然業務利潤的影響之後,A 公司的實際業務盈利能力是強於 B 公司的。

3. 內部利潤和外部利潤

內部利潤是指依靠公司生產經營活動取得的利潤,它具有較好的持續性。外部利潤是指通過政府補貼、稅收優惠或接受捐贈等,從公司外部轉移來的收益。外部收益的持續性較差。外部收益比例越大,收益的質量越低。

4. 資產利潤與槓桿利潤

股東投資所獲利潤,可以分為資產利潤和槓桿利潤兩部分。槓桿利潤是因為總資產利潤率高於借款利率而使股東增加的利潤。當總資產利潤率下滑時,由於借款利率是固定的,槓桿利潤很快消失,甚至借款所獲資產取得的收益尚不能彌補利息支出,使股東的資產利潤被槓桿虧損所吞噬。因此,槓桿利潤的持續性低於資產利潤,槓桿

利潤越多則報告收益質量越差。

(三) 利潤的內涵質量

利潤的內涵質量主要是指利潤所創造的資產項目的質量以及核心利潤的現金獲取質量，即利潤所帶來的淨資產的增加能不能為企業的未來發展奠定良好的資產基礎，以及企業的利潤在多大程度上能轉換為企業的現金流。從利潤形成的結果來看，企業利潤各項目均會引起資產負債表項目的相應變化：企業收入的增加，對應資產的增加或負債的減少；費用的增加，對應資產的減少或負債的增加，同時還要體現企業當期現金的賺取能力。也就是說，對企業利潤質量的分析，要關注企業利潤各項目所對應的資產負債表項目的質量和現金流量表項目的質量；同時，對利潤表進行質量分析也需要遵循對資產負債表和現金流量表質量分析的基本原則（參見資產負債表及現金流量表分析相關章節）。利潤的內涵質量分析可以採用以下方法：

1. 信號識別法

利潤質量分析是一項需要耗費大量精力的高成本的分析性活動。把精力集中於具有利潤質量惡化表現的公司，可以降低這項成本，這就是信號識別法。

當企業出現以下危險信號時，說明企業利潤質量下降的可能性極大。

常見的危險信號有：

(1) 企業持續盈利，有足夠的可供分配利潤，但從來不進行現金股利的分配。這有兩種可能：一是企業處於發展階段，需要足夠的現金支持；二是企業的利潤只存在於利潤表上，沒有足夠的現金來支付股利。如果是第二種情況，則企業可能同時在現金流量上表現一般，這就說明企業有可能存在虛增利潤的情況，企業的利潤質量存在問題。

(2) 其他應收款隱瞞潛虧，其他應付款隱瞞利潤。如果企業的購貨和銷售狀況沒有發生很大變化，企業的供貨商也沒有主動放寬賒銷的信用政策，則企業應付帳款規模的不正常增加、應付帳款平均付帳期的不正常延長，就是企業支付能力惡化、資產質量惡化、利潤質量惡化的表現。另外，應收帳款規模不正常增加，回款期不正常延長，企業為了實現銷售目標，經常會通過賒銷來創造利潤。

(3) 企業報告利潤與經營性現金流量之間的差距日益擴大；報告利潤與應稅所得之間的差距日益擴大；企業過分熱衷於融資機制，如與關聯方合作從事研究開發活動，帶有追索權的應收帳款轉讓；出人意料的大額資產衝銷。

(4) 企業存貨週轉率過於緩慢。企業存貨週轉率過於緩慢，說明企業產品可能並不適應市場的需求，或者是企業產品存在質量問題，或者是企業銷售能力太弱。總之，企業存貨週轉率過低會影響企業的盈利，從而影響企業的利潤，是企業利潤惡化的標誌。

(5) 未加解釋的會計政策和會計估計變動，經營惡化時出現此類變動尤其應當注意。例如，企業隨意變更固定資產的折舊方法、存貨的計價方法等，這些都會影響企業的利潤。因此，應該注意企業會計政策變更的內容並與利潤結合起來，判斷是否存在惡意調節利潤的行為。

(6) 未加解釋的旨在「提升」利潤的異常交易；公司已經取得了巨大的市場份額，並且增長速度比行業平均值更快。市場份額越大，比行業增長得更快就越困難。與銷售有關的應收帳款的非正常增長；與銷售有關的存貨的非正常增長；公司業績太好，

以至於難以讓人相信。銷售收入、利潤和現金餘額的全面上升，這可能都是創造性的存貨搬移和持有引起的。

（7）管理當局具有使用利潤調節（利潤操縱）達到利潤預期的歷史；第四季度和第一季度的大額調整被出具「不乾淨意見」的審計報告，或更換 CPA（註冊會計師）的理由不充分。一般而言，審計人員不會輕易地放棄客戶，很有可能是管理當局準備降低利潤質量，而審計人員不予配合。

連結 3-3　　　　　　超連結：小知識——更換 CPA 的理由

更換 CPA 的理由包括「重新招標」「大股東委派」「合併或分立」「時間或地域原因」「前任在工作時間和人員安排上無法滿足公司的需要」「後任擔任重大資產重組項目的審計師」。

上海一家汽車設計公司籌劃二次上會，聘請了天健會計師事務所，但不久天健被換，更換的理由是「公司的高管與事務所的審計人員發生戀情，為了保證審計報告的獨立性，公司將審計機構換成了安永」。

歐盟審計改革計劃中有一條，要求企業每 6 年至 12 年更換一次審計機構，再次雇用同家審計公司須經過四年的冷卻期。

2. 剔除識別評價法

剔除識別評價法也是企業利潤的內涵質量分析的一個大類，具體包括：

（1）不良資產剔除法。

所謂不良資產，是指待攤費用、待處理流動資產淨損失、待處理固定資產淨損失、開辦費、遞延資產等虛擬資產和高齡應收帳款、存貨跌價和積壓損失、投資損失、固定資產損失等可能產生潛虧的資產項目。如果不良資產總額接近或超過淨資產，或者不良資產的增加額（增加幅度）超過淨利潤的增加額（增加幅度），就說明公司當期利潤有水分。

（2）關聯交易剔除法。

關聯交易剔除法是將來自關聯公司的營業收入和利潤予以剔除，分析公司的盈利能力多大程度上依賴於關聯公司的方法。如果某公司主要依賴於關聯公司，就應當特別關注關聯交易的定價政策，分析公司是否以不等價交換的方式與關聯方進行交易以調節利潤。

（3）異常利潤剔除法。

異常利潤剔除法是將其他業務利潤、投資收益、補貼收入、營業外收入從公司的利潤總額中扣除，以分析公司利潤來源的穩定性。尤其應注意投資收益、營業外收入等一次性的偶然收入。

3. 現金流量分析法

現金流量分析法是將經營活動產生的現金流量、投資活動產生的現金流量、現金淨流量分別與主營業務利潤、投資收益和淨利潤進行比較分析，以判斷公司的利潤質量。這種分析重點關注營業利潤、淨利潤與投資收益各自帶來現金流量的能力。

一般而言，沒有現金淨流量的利潤，其質量是不可靠的。

進行現金流量分析需要分析以下方面：

（1）營業利潤帶來現金流量的能力。

同口徑營業利潤＝營業利潤+財務費用+折舊費用+長期資產攤銷-所得稅-投資收益

這一結果需要與經營活動現金流量淨額做比較，可以用盈利現金比率來分析。計算公式為：

盈利現金比率＝經營活動產生的現金淨流量/營業利潤

營業利潤代表當期經營成果，「盈利現金比率」則決定當期營業利潤中有多大比例是現金。這一比率越高，營業利潤中現金越多，貨幣資金再生產能力越強，也就意味著企業經營過程中獲取現金的能力越強，營業利潤質量越高，企業的經營狀況也就越好。如果伴隨著銷售收入的增加，就說明企業應收帳款管理水準高，銷售渠道通暢。這也是所有企業想要達到的理想狀況。

（2）營業收入現金含量的走向。

營業收入的現金含量是用銷售收現率來衡量的。計算公式為：

銷售收現率＝銷售商品、提供勞務收到的現金/營業收入

該比率反應了企業的收入質量。一般來說，該比率越高收入質量越高。當比值小於1時，說明本期的收入有一部分現金沒有收到；當比值大於1時，說明本期不僅收到了全部現金，而且還收回了以前期間的應收款項或預收款項增加。營業收入與銷售收現率兩個指標聯袂走高，通常意味著企業的銷售環境和內部管理都處於非常良好的狀況。如果這兩個指標同時走低，則企業的經營管理肯定存在問題。

例3-13 A公司近兩年相關利潤現金比率指標如表3-24所示。

表3-24　A公司近兩年相關利潤現金比率分析表　　　　　　　　　單位:%

項目	本年	上年
盈利現金比率	263	-150
銷售收現率	115	117
淨利潤現金比率	710	-277
投資收益收現率	-20	14

本年A公司盈利現金比率高達263%，說明企業經營過程中獲取現金的能力強，營業利潤的質量高；銷售收現率大於1說明銷售收入回籠現金情況良好；淨利潤現金比率高達710%，說明淨利潤中現金含量高，利潤質量好。由於投資收益為負數，所以投資收益收現率為負值，但當年仍從投資收益中獲取現金，應該是投資收益會計確認時間與具體收現時間之差造成的，對利潤質量沒有影響。反觀上年度，因當年經營活動產生的現金流量淨額為負數造成了盈利現金比率和淨利潤現金比率都呈現負值，說明當年相關利潤質量不夠理想，銷售收現率大於1說明當年銷售收入回籠現金情況較好；投資收益收現率僅達到14%，說明當年投資收益帶來的利潤質量一般。

結合兩年的情況綜合分析，需要考慮存在會計確認損益的時間和具體收現時間的時間差的問題。但總體而言，從現金流量的角度分析，A公司本年度利潤質量明顯好於上年度。

A公司和B公司本年相關利潤現金比率分析如表3-25所示。

表 3-25　A、B 公司本年相關利潤現金比率分析表　　　　　　單位：%

項目	A 公司本年	B 公司本年
盈利現金比率	263	−300
銷售收現率	115	122
淨利潤現金比率	710	436
投資收益收現率	−20	7

根據表 3-25，我們可以看出兩家公司的銷售收現率均大於 1，說明銷售收入回籠現金情況良好。本年度除了投資收益收現率和銷售收現率外，A 公司的其他現金比率指標均優於 B 公司。其中由於 B 公司虧損，A 公司盈利現金比率遠遠高於 B 公司，這說明經營過程中 A 公司獲取現金的能力強於 B 公司，營業利潤質量高於 B 公司。

綜上所述，對企業進行利潤表分析需要從利潤表總體情況、具體項目以及利潤表質量等方面全方位、多角度展開，這是一項綜合性很強、技術要求較高的工作。其中，總體分析包括共同比利潤表分析、利潤表水準分析、趨勢分析等；具體項目分析要立足於利潤表主要項目，包括收入類項目、成本類項目和利潤類項目；而利潤表質量分析則是利潤表分析的核心和重點，因為當年實現同樣利潤金額的兩家企業會因為不同的利潤質量狀態而呈現出不同的資產運轉狀況、市場發展前景、購買能力、償債能力、交納稅金及支付股利的能力等方面的差異，這就是所謂的不同企業的財務報告中的淨利潤中每一元的價值並不是相等的。對企業的利潤質量水準的分析，一般從利潤實現過程的質量、利潤結構的質量以及利潤的內涵質量三方面來展開。

連結 3-4　　　　知識連結：資產重組、債務重組與利潤表質量分析

上市公司資產重組是指上市公司通過購買、出售、贈予資產等方式，對公司現有業務進行擴張、收縮或重新調整，實現上市公司的資產主體的重新選擇和組合，優化公司資產結構，提高公司資產質量的一系列行為。

債務重組是指上市公司通過與債權人協商，對債務期限、償還方式、債務轉移或債權本息減免等達成共識，以改善公司資產負債結構的行為。

我們閱讀利潤表時，看到淨利潤的數值，要思考有多少利潤是現金利潤，有多少利潤是應計利潤，有多少利潤是持有利潤，有多少利潤是虛擬利潤。只有現金利潤是「在手」利潤，應計利潤是「在林」利潤，持有利潤是「暫時」利潤，在未來也可能是虧損，虛擬利潤根本就是一個數字，比如債務重組的利潤。

現金利潤：到現金流量表經營活動現金流中去分析；
應計利潤：結合應收帳款和營業收入去分析；
持有利潤：到以公允價值計量的資產價值波動中去分析；
虛擬利潤：到負債方去尋找，看看哪些負債通過債務重組變成了「利潤」。

本章小結

利潤表是反應企業一定時期經營成果的報表，它能夠反應企業在一定期間內利潤（虧損）的實現情況以及企業的盈利水準。利潤表的分析方法有：結構分析法、比率分析法和趨勢分析法。利潤表結構分析法是用百分率表示利潤表項目的內部結構。它反應該項目內各組成部分的比例關係，代表了公司某一方面的特徵、屬性或能力。利潤表趨勢分析法是將利潤表內不同時期的項目進行對比，瞭解公司目前的利潤情況，也可以分析其發展趨勢。若利潤表中的主要項目出現異動，突然大幅度上下波動，各項目之間出現背離，或者出現惡化趨勢，則表明公司的某些方面發生了重大變化。

利潤作為反應公司經營成果的指標，在一定程度上體現了公司的盈利能力，同時也是目前中國對公司經營者進行業績考評的重要依據。但是，會計分期假設和權責發生制的使用決定了某一期間的利潤並不一定具有可持續性，利潤帶來的資源不一定具有確定的可支配性。此外，公司經營者出於自身利益的考慮，往往會運用各種手段調節利潤、粉飾利潤表，從而導致會計信息失真並誤導投資者、債權人及其他利益相關者。因此，在關注公司盈利能力的同時，應更重視對公司利潤質量的分析。

本章以利潤表為主線，介紹利潤表分析的內容，包括利潤表水準分析、利潤表垂直分析、利潤表趨勢分析、利潤表結構分析、利潤表項目分析和利潤表質量分析；重點闡述利潤表總體分析及收入、費用和利潤項目的分析，以及通過利潤質量分析對企業盈利能力、營運能力進行分析的方法。

本章重要術語

利潤表水準分析　利潤表垂直分析　利潤表趨勢分析　利潤表結構分析
利潤表項目分析　利潤表質量分析

習題·案例·實訓

一、單選題

1. 反應企業全部財務成果的指標是（　　）。
   A. 主營業務利潤　B. 營業利潤　　C. 利潤總額　　D. 淨利潤
2. 企業商品經營盈利狀況最終取決於（　　）。
   A. 主營業務利潤　B. 營業利潤　　C. 利潤總額　　D. 投資收益
3. 企業提取法定盈餘公積金是在（　　）。
   A. 提取法定公益金之後
   B. 彌補企業以前年度虧損之後
   C. 支付各項稅收的滯納金和罰款之後
   D. 支付普通股股利之前

4. 企業用盈餘公積金分配股利後，法定盈餘公積金不得低於註冊資本的下述比例（　　）。
　　A. 10%　　　　　B. 20%　　　　　C. 25%　　　　　D. 50%
5. 產生銷售折讓的原因是（　　）。
　　A. 激勵購買方多購商品　　　　B. 促使購買方及時付款
　　C. 進行產品宣傳　　　　　　　D. 產品質量有問題
6. 銷售量變動對利潤的影響的計算公式為：
　　A. 銷售量變動對利潤的影響＝產品銷售利潤實際數×(產品銷售量完成率－1)
　　B. 銷售量變動對利潤的影響＝產品銷售利潤實際數×(1－產品銷售量完成率)
　　C. 銷售量變動對利潤的影響＝產品銷售利潤基期數×(產品銷售量完成率－1)
　　D. 銷售量變動對利潤的影響＝產品銷售利潤基期數×(1－產品銷售量完成率)
7. 銷售品種構成變動會引起產品銷售利潤變動，主要是因為（　　）。
　　A. 各種產品的價格不同　　　　B. 各種產品的單位成本不同
　　C. 各種產品的單位利潤不同　　D. 各種產品的利潤率高低不同
8. 產品等級構成變化引起產品銷售利潤變動，原因是（　　）。
　　A. 等級構成變動必然引起等級品平均成本的變動
　　B. 等級構成變動必然引起等級品平均價格的變動
　　C. 等級構成變動必然引起等級品平均銷售量的變動
　　D. 等級構成變動必然引起等級品平均利潤的變動
9. 產品質量變動會引起產品銷售利潤變動，是因為（　　）。
　　A. 各等級品的價格不同　　　　B. 各等級品的單位成本不同
　　C. 各等級品的單位利潤不同　　D. 各等級品的利潤率高低不同
10. 如果企業本年銷售收入增長快於銷售成本的增長，那麼企業本年營業利潤（　　）。
　　A. 一定大於零　　　　　　　　B. 一定大於上年營業利潤
　　C. 一定大於上年利潤總額　　　D. 不一定大於上年營業利潤
11. 企業收入從狹義上是指（　　）。
　　A. 主營業務收入　B. 營業收入　C. 投資收入　　D. 營業外收入
12. 與利潤分析無關的資料是（　　）。
　　A. 利潤分配表　　　　　　　　B. 應交增值稅明細表
　　C. 分部報表　　　　　　　　　D. 營業外收支明細表
13. 影響產品價格高低的最主要因素是（　　）。
　　A. 銷售利潤　　B. 銷售稅金　　C. 產品成本　　D. 財務費用
14. 在各種產品的利潤率不變的情況下，提高利潤率低的產品在全部產品中所占的比重，則全部產品的平均利潤率（　　）。
　　A. 提高　　　　B. 降低　　　　C. 不變　　　　D. 無法確定

二、多選題
1. 影響主營業務利潤的基本因素有（　　）。
　　A. 銷售量　　　B. 單價　　　　C. 期間費用　　D. 銷售品種構成

E. 產品等級
2. 進行產品銷售利潤因素分析的主要步驟包括（　　）。
　　A. 找出影響產品銷售利潤的因素
　　B. 將影響產品銷售利潤的因素分為有利因素和不利因素
　　C. 確定各因素變動對產品銷售利潤的影響程度
　　D. 按各因素變動對產品銷售利潤的影響程度排序
　　E. 對產品銷售利潤完成情況進行分析評價
3. 企業的收入從廣義上講應包括（　　）。
　　A. 主營業務收入　B. 其他業務收入　C. 股利收入　　D. 利息收入
　　E. 營業外收入
4. 銷售淨收入是指從銷售收入中扣除（　　）。
　　A. 銷售退回　　B. 現金折扣　　C. 數量折扣　　D. 商業折扣
　　E. 銷售折讓
5. 下列項目屬於期間費用的有（　　）。
　　A. 營業稅費　　B. 製造費用　　C. 財務費用　　D. 銷售費用
　　E. 管理費用
6. 投資收入分析應包括的內容有（　　）。
　　A. 利息收入分析　　　　　　B. 租金收入分析
　　C. 資產使用費收入分析　　　D. 處理固定資產的收入分析
　　E. 股利收入分析
7. 銷售費用結構分析主要分析以下指標（　　）。
　　A. 銷售費用變動率　　　　　B. 銷售費用變動額
　　C. 銷售費用構成率　　　　　D. 百元銷售收入銷售費用
　　E. 百元銷售收入銷售費用增長率
8. 財務費用項目分析的內容包括（　　）。
　　A. 借款總額　　B. 利息支出　　C. 利息收入　　D. 匯兌收益
　　E. 匯兌損失
9. 影響直接材料成本的因素有（　　）。
　　A. 產品產量　　B. 材料單耗　　C. 材料單價　　D. 材料配比
　　E. 生產工人的技術熟練程度

三、判斷題

1. 營業利潤是企業營業收入與營業成本費用及稅金之間的差額。它既包括產品銷售利潤，又包括其他業務利潤，並在二者之和基礎上減去管理費用與財務費用。（　　）
2. 息稅前利潤是指沒有扣除利息和所得稅前的利潤，即等於營業利潤與利息支出之和。（　　）
3. 利潤表附表反應了會計政策變動對利潤的影響。（　　）
4. 企業的利潤取決於收入和費用、直接計入當期利潤的利得和損失金額的計量。（　　）

5. 銷售成本變動對利潤有著直接影響，銷售成本降低多少，利潤就會增加多少。（　）
6. 增值稅的變動對產品銷售利潤沒有影響。（　）
7. 價格變動對銷售收入的影響額與對利潤的影響額不一定總是相同的。（　）
8. 價格變動的原因是多種多樣的，但是，概括地說，價格變動無非是質量差價和供求差價兩種。（　）
9. 價格因素是影響產品銷售利潤的主觀因素。（　）
10. 按中國現行會計制度規定，企業當期實現的淨利潤即為企業當期可供分配的利潤。（　）
11. 企業成本總額的增加不一定意味著利潤的下降和企業管理水準的下降。（　）
12. 當期單位產品銷售成本與單位生產成本的差異主要受期初和期末存貨成本變動的影響。（　）
13. 直接材料成本不只受材料的單位耗用量和單價兩個因素影響。（　）
14. 全部銷售成本分析是從產品類別角度找出各類產品或主要產品銷售成本的構成內容及結構比重。（　）
15. 運用水準分析法可以更深入地說明銷售費用的變動情況及其合理性。（　）

四、計算分析題

1. 利潤完成情況分析

華日公司 2018 年度有關利潤的資料如表 3-26 所示。

表 3-26　華日公司 2018 年度簡化利潤表　　　　單位：元

項目	計劃	實際
主營業務利潤	962,112	1,070,740
其他業務利潤	38,000	32,000
投資淨收益	70,000	75,000
營業外淨收支	-33,944	-28,514
利潤總額	1,036,168	1,149,226

要求：根據上述資料，運用水準分析法對該公司 2018 年度利潤的完成情況進行分析。

2. 利潤結構分析

欣欣公司 2018 年度利潤表如表 3-27 所示。

表 3-27　2018 年度利潤表

編製單位：欣欣公司　　　　　　　　　　　　　　　　　　　　　　單位：元

項目	2018 年度	2017 年度
營業收入	1,938,270	2,205,333
減：營業成本	1,083,493	1,451,109
營業稅金及附加	79,469	92,624
主營業務利潤	775,308	661,600
加：其他業務利潤	5,488	4,320
減：管理費用	188,980	170,500
財務費用	69,500	58,000
營業利潤	522,316	437,420
加：投資淨收益	42,500	30,000
營業外收入	60,000	80,000
減：營業外支出	29,000	22,000
利潤總額	595,816	525,420
減：所得稅	196,619	173,389
淨利潤	399,197	352,031

要求：根據上述資料，對公司利潤表進行分析。

3. 成本水準分析

某企業生產甲產品的有關單位成本資料如表 3-28 所示。

表 3-28　甲產品單位成本表　　　　　　　　　　　　　　　　　　單位：元

成本項目	2018 年實際成本	2017 年實際成本
直接材料	655	602
直接人工	159	123
製造費用	322	356
產品單位成本	1,136	1,081

要求：根據表 3-28，運用水準分析法對單位成本完成情況進行分析。

4. 銷售成本完成情況分析

某企業 2017 年度和 2018 年度的銷售成本資料如表 3-29 所示。

表 3-29　產品銷售成本資料表

產品名稱	實際銷售量/件	實際單位銷售成本/萬元		實際銷售總成本/萬元	
		2017 年	2018 年	2017 年	2018 年
主要產品				19,100	18,000
其中：A	120	80	75	9,600	9,000
B	100	95	90	9,500	9,000
非主要產品				2,300	2,380
其中：C	20	70	75	1,400	1,500
D	10	90	88	900	880
全部產品				21,400	20,380

要求：根據表3-29，對該企業的全部銷售成本完成情況進行分析。

五、業務題

1. 產品銷售利潤分析

弘遠公司2017年和2018年的主要產品銷售利潤明細表如表3-30所示。

表3-30　弘遠公司2017年和2018年的主要產品銷售利潤明細表　　單位：萬元

產品名稱	銷售數量/件		銷售單價		單位銷售成本		單位銷售稅金		單位銷售利潤		銷售利潤總額	
	2017年	2018年	2017年	2018年	2017年	2018年	2017年	2018年	2017年	2018年	2017年	2018年
A	400	390	60	60	49.327	49	3.6	3.6	7.073	7.4		
B	295	305	150	145	134.648	128.4	9	8.7	6.352	7.9		
C	48	48	50	50	44.76	45.787,5	3	3	2.24	1.212,5		
合計	—	—	—	—	—	—	—	—	—	—		

要求：（1）根據所給資料填表；

（2）確定銷售量、價格、單位成本、稅金和品種結構等各因素變動對產品銷售利潤的影響。

2. 銷售費用分析

佳樂公司有關銷售收入和銷售費用的明細資料如表3-31所示。

表3-31　佳樂公司銷售費用明細表　　單位：元

序號	項目	2018年	2017年
1	工資	2,930,445	1,010,377
2	差旅費	3,876,044	1,805,062
3	運輸費	4,540,432	6,139,288
4	包裝費	1,530,240	168,243
5	銷售佣金	2,900,000	—
6	倉儲費	732,000	810,410
7	廣告費	2,410,386	446,876
8	展覽費	467,504	1,140,878
9	會議費	1,087,414	63,688
10	其他	959,120	370,420
11	銷售費用合計	21,433,585	11,955,242
12	銷售收入合計	1,345,687,440	997,868,434

要求：

（1）計算銷售費用構成率；

（2）計算百元銷售收入銷售費用；

（3）評價企業銷售費用情況。

六、案例分析

華能公司是一家上市公司，它主要生產小型及微型處理電腦，其目標市場主要為小規模公司和個人。該公司生產的產品質量優良，價格合理，在市場上頗受歡迎，銷路很好，因此該公司也迅速發展壯大起來。公司當前正在做 2018 年度的財務分析，下一週，財務總監董某將向總經理匯報 2018 年度公司的財務狀況和經營成果，匯報的重點是公司經營成果的完成情況，並要出具具體的分析數據。

張某是該公司的助理會計師，主要負責利潤的核算、分析工作，董某要求張某對公司 2018 年度有關經營成果的資料進行整理分析，並對公司經營成果的完成情況寫出分析結果，以供公司領導決策考慮。接到財務總監交給的任務後，張某立刻收集有關經營成果的資料，資料如表 3-32 至表 3-35 所示。

表 3-32　2018 年度利潤表

編製單位：華能公司　　　　　　　　　　　　　　　　　　　　　　　單位：元

項目	2018 年度	2017 年度
一、主營業務收入	1,296,900,000	1,153,450,000
減：主營業務成本	1,070,955,000	968,091,000
營業稅金及附加	14,396,000	6,805,000
二、主營業務利潤	211,549,000	178,554,000
加：其他業務利潤	-5,318,000	-2,192,000
減：存貨跌價損失	2,095,000	
銷售費用	2,723,000	1,961,000
管理費用	124,502,000	108,309,000
財務費用	-24,122,000	105,541,000
三、營業利潤	101,033,000	-39,449,000
加：投資淨收益	23,604,000	68,976,000
營業外收入	80,000	
減：營業外支出	3,113,000	1,961,000
四、利潤總額	121,604,000	27,566,000
減：所得稅	23,344,000	4,268,000
五、淨利潤	98,260,000	23,298,000

表 3-33　華能公司投資收益表

　　　　　　　　　　　　　　　　　　　　　　　　　　　　　　　　單位：元

項目	2018 年	2017 年
長期股權投資收益	26,274,000	21,176,000
長期股權投資差額攤銷	-2,400,000	-2,200,000
長期股權轉讓收益		50,000,000
短期投資跌價損失	-270,000	
投資收益合計	23,604,000	68,976,000

表 3-34 華能公司財務費用表　　　　　　　　　　單位：元

項目	2018 年	2017 年
利息支出	970,000	128,676,000
減：利息收入	26,854,000	25,320,000
匯兌損失	3,108,000	2,809,000
減：匯兌收益	1,480,000	756,000
其他	134,000	132,000
財務費用	-24,122,000	105,541,000

表 3-35 華能公司管理費用明細表　　　　　　　　　單位：元

項目	2018 年	2017 年
工資及福利費	64,540,000	64,320,000
勞動保險費	4,340,000	4,308,000
業務招待費	8,988,000	4,211,000
工會經費	1,150,000	1,048,000
折舊費	1,540,000	1,540,000
技術開發費	38,600,000	27,856,000
其他	5,344,000	5,026,000
管理費用	124,502,000	108,309,000

請運用案例中提供的信息，協助張某做好以下幾項分析工作：

1. 運用水準分析法編製利潤增減變動分析表。
2. 對公司 2018 年利潤比上期增減變動情況進行分析評價。
3. 運用垂直分析法編製利潤結構分析表。
4. 對公司 2018 年利潤結構變動情況進行分析評價。

七、實訓任務

根據本章學習內容和實訓要求，完成實訓任務 4。

(一) 實訓目的

1. 熟悉利潤表結構。
2. 運用利潤表分析的原理與方法，掌握利潤表分析內容及分析方法。
3. 掌握利潤表總體分析、質量分析的原則與分析內容、思路及方法，瞭解利潤表具體項目分析的原則與分析方法。
4. 運用利潤表總體分析的原則、思路及方法，對目標分析企業的收入、成本費用及利潤進行總體、質量分析。

(二) 實訓任務 4：目標分析企業利潤表分析

要求根據利潤表分析原理、思路、內容及方法，基於實訓任務 1、實訓任務 2 目標分析企業及被比較企業的利潤表分析結果，進一步分析以下內容：

1. 對目標分析企業收入要素進行分析，包括收入的變動及構成對比分析，並得出相應結論。

2. 對目標分析企業成本費用要素進行分析，包括成本費用變動及構成對比分析，並得出相應結論。

3. 對目標分析企業利潤要素進行分析，包括利潤變動及構成分析，並得出相應結論。

4. 對目標分析企業利潤質量進行分析。

連結 3-5　　　　第三章　部分練習題答案

一、單選題

1. C　2. A　3. B　4. C　5. D　6. C　7. D　8. B　9. A　10. D
11. B　12. B　13. C　14. B

二、多選題

1. ABDE　2. ACE　3. ABCDE　4. ABDE　5. CDE　6. ACE　7. CDE
8. BCDE　9. ABCD

三、判斷題

1. √　2. ×　3. ×　4. √　5. ×　6. √　7. √　8. √　9. ×　10. ×
11. √　12. √　13. √　14. ×　15. ×

四、計算分析題

1. 利潤完成情況分析

運用水準分析法對企業 2018 年度利潤的完成情況進行分析，如表 3-36 所示。

表 3-36　華日公司 2018 年度利潤水準分析表

項目	實際/元	計劃/元	增減額/元	增減/%
主營業務利潤	1,070,740	962,112	+108,628	+11.3
其他業務利潤	32,000	38,000	-6,000	-15.8
投資淨收益	75,000	70,000	+5,000	+7.1
營業外淨收支	-28,514	-33,944	+5,430	+16.0
利潤總額	1,149,226	1,036,168	+113,058	+10.9

從表 3-36 可以看出，該公司 2018 年度利潤任務完成情況較好，利潤總額實際比計劃超額完成 113,058 元，即增長 10.9%，主要原因在於產品銷售利潤增加了 108,628 元，增長 11.3%，投資淨收益增加了 5,000 元，增長了 7.1%，營業外支出減少了 5,430 元，降低了 16%，此三項共使利潤增加了 119,058 元，但由於其他銷售利潤減少了 6,000 元，所以 2018 年度利潤總額只增加 113,058 元。

2. 利潤結構分析

對欣欣公司 2018 年度利潤構成情況分析如表 3-37 所示。

表 3-37　2018 年度欣欣公司利潤垂直分析表　　　　單位:%

項目	2018 年度	2017 年度
主營業務收入	100.00	100.00

表3-37(續)

項目	2018年度	2017年度
減：主營業務成本	55.90	65.80
營業稅金及附加	4.10	4.20
主營業務利潤	40.00	30.00
加：其他業務利潤	0.28	0.20
減：管理費用	9.75	7.74
財務費用	3.59	2.63
營業利潤	26.94	19.83
加：投資淨收益	2.19	1.36
營業外收入	3.11	3.63
減：營業外支出	1.50	1.00
利潤總額	30.74	23.82
減：所得稅	10.14	7.86
淨利潤	20.60	15.96

　　從表3-37可以看出公司2018年度各項利潤指標的構成情況：產品銷售利潤占銷售收入的40%，比上年的30%上升了10%；營業利潤為26.94%，比上年度的19.83%上升了7.11%；利潤總額為30.74%，比上年度上升了6.92%；淨利潤為20.6%，比上年上升了4.64%。從公司的利潤構成情況看，2018年度的盈利能力比上年度有所提高。

　　3. 成本水準分析

　　運用水準分析法對甲產品成本完成情況進行分析，如表3-38所示。

表3-38　甲產品單位成本分析表

成本項目	2018年實際成本/元	2017年實際成本/元	增減變動情況		項目變動對單位成本的影響/%
			增減額/元	增減/%	
直接材料	655	602	+53	+8.80	+4.90
直接人工	159	123	+36	+29.27	+3.33
製造費用	322	356	-34	-9.55	-3.15
產品單位成本	1,136	1,081	+55	+5.08	+5.08

　　由表3-38可知，甲產品2018年單位銷售成本比上年度增加了55元，增長5.08%，主要是直接人工成本上升了36元和直接材料成本上升了53元所致，但由於製造費用的下降，單位成本又下降了34元，最終單位成本較2017年增加55元，增長5.08%。至於材料和人工成本上升的原因，以及製造費用下降的原因，還應進一步結合企業的各項消耗和價格的變動進行分析，以找出單位成本升降的最根本原因。

　　4. 銷售成本完成情況分析

　　(1) 計算全部銷售成本增減變動額和變動率

　　全部銷售成本降低額=20,380-21,400=-1,020（萬元）

　　全部銷售成本降低率=（-1,020）÷21,400×100%=-4.77%

　　企業全部銷售成本比上年下降，降低額為1,020萬元，降低率為4.77%。

（2）確定主要產品和非主要產品成本變動情況及對全部銷售成本的影響

主要產品銷售成本降低額＝18,000-19,100＝-1,100（萬元）

主要產品銷售成本降低率＝（-1,100）÷19,100×100%＝-5.76%

主要產品對全部成本降低率的影響＝（-1,100）÷21,400×100%＝-5.14%

非主要產品成本降低額＝1,500-1,400＝100（萬元）

非主要產品成本降低率＝100÷1,400×100%＝7.14%

非主要產品對全部成本降低率的影響＝100÷21,400×100%＝0.467%

從以上分析可以看出，全部銷售成本之所以比上年有所下降，主要是主要產品銷售成本下降引起的。主要產品銷售成本比上年降低了5.76%，使全部銷售成本降低了5.14%。非主要產品的銷售成本卻比上年提高了，成本超支7.14%，使全部銷售成本上升了0.467%。

（3）分析各主要產品銷售成本完成情況及對全部成本的影響

A產品銷售成本降低額＝9,000-9,600＝-600（萬元）

成本降低率＝（-600）÷9,600×100%＝-6.25%

對全部成本降低率的影響＝（-600）÷21,400×100%＝-2.8%

B產品銷售成本降低額＝9,000-9,500＝-500（萬元）

成本降低率＝（-500）÷9,500×100%＝-5.26%

對全部成本降低率的影響＝（-500）÷21,400×100%＝-2.34%

A、B兩種產品的成本是下降的，是導致全部銷售成本下降的主要原因。

五、業務題

1. 產品銷售利潤分析

（1）根據資料填表，如表3-39所示。

表3-39　弘遠公司2017年和2018年的主要產品銷售利潤明細表　　單位：萬元

產品名稱	銷售數量/件		銷售單價		單位銷售成本		單位銷售稅金		單位銷售利潤		銷售利潤總額	
	2017年	2018年	2017年	2018年	2017年	2018年	2017年	2018年	2017年	2018年	2017年	2018年
A	400	390	60	60	49.327	49	3.6	3.6	7.073	7.4	2,829.2	2,886
B	295	305	150	145	134.648	128.4	9	8.7	6.352	7.9	1,873.84	2,409.5
C	48	48	50	50	44.76	45.787,5	3	3	2.24	1.212,5	107.52	58.2
合計	—	—	—	—	—	—	—	—	—	—	4,810.56	5,353.7

（2）對產品銷售利潤進行因素分析

分析影響產品銷售利潤的因素，首先要確定分析對象，即2018年產品銷售利潤與2017年產品銷售利潤的差異：5,353.7-4,810.56＝543.14（萬元）。

根據上述五項因素的分析可以看出，產品銷售利潤增加543.14萬元，是由於：（計算過程略）

①產品銷售數量變動的影響61.281萬元；

②產品銷售價格變動的影響-1,525萬元；

③產品銷售成本變動的影響1,983.85萬元；

④產品銷售稅金變動的影響91.5萬元；

⑤產品品種結構變動的影響-68.491萬元。

2. 銷售費用分析

（1）銷售費用的結構分析表如表3-40所示。

表3-40　銷售費用結構分析表　　　　　　　　單位:%

項目	產品銷售費用構成			百元銷售收入銷售費用		
	2018年	2017年	差異	2018年	2017年	差異
工資	13.67	8.45	+5.22	0.22	0.10	+0.12
差旅費	18.08	15.10	+2.98	0.29	0.18	+0.11
運輸費	21.18	51.35	-30.17	0.34	0.62	-0.28
包裝費	7.14	1.41	+5.73	0.11	0.02	+0.09
銷售佣金	13.53	—	+13.53	0.22	—	+0.22
倉儲費	3.42	6.78	-3.36	0.05	0.08	-0.03
廣告費	11.25	3.74	+7.51	0.18	0.04	+0.14
展覽費	2.18	9.54	-7.36	0.03	0.11	-0.08
會議費	5.07	0.53	+4.54	0.08	0.01	+0.07
其他	4.48	3.10	+1.38	0.07	0.04	+0.03
銷售費用合計	100.00	100.00	0.00	1.59	1.2	+0.39

（2）評價：

從銷售費用構成來看，2018年差旅費和運輸費占的比重最大，另外工資、銷售佣金和廣告費所占比重也較大。從動態上看，2018年運輸費比重有大幅度下降，下降了30.17%，而廣告費、工資比重則有所上升；2018年發生銷售佣金的支出，且在銷售費用結構中占較大比例。從百元銷售收入銷售費用來看，2018年為1.59%，比上年的1.2%增長了0.39個百分點，其中，除了運輸費、倉儲費和展覽費有所下降外，其他項目都有增加。尤其是銷售佣金增長得最多，達到0.22個百分點，銷售佣金的支出對擴大銷售收入的作用如何，還需進一步分析。

六、案例分析

1. 企業利潤增減變動分析表如表3-41所示。

表3-41　利潤水準分析表

項目	2018年度 金額/元	2017年度 金額/元	增減額 /元	增減率/%
一、主營業務收入	1,296,900,000	1,153,450,000	143,450,000	12.44
減：主營業務成本	1,070,955,000	968,091,000	102,864,000	9.78
營業稅金及附加	14,396,000	6,805,000	7,591,000	111.55
二、主營業務利潤	211,549,000	178,554,000	32,995,000	18.48
加：其他業務利潤	-5,318,000	-2,192,000	-3,126,000	-142.61
減：存貨跌價損失	2,095,000	—	2,095,000	—
銷售費用	2,723,000	1,961,000	762,000	38.86
管理費用	124,502,000	108,309,000	16,193,000	14.95

表3-41(續)

項目	2018年度 金額/元	2017年度 金額/元	增減額 /元	增減率/%
財務費用	-24,122,000	105,541,000	-129,663,000	-122.86
三、營業利潤	101,033,000	-39,449,000	140,482,000	356.11
加：投資淨收益	23,604,000	68,976,000	-45,372,000	-65.78
營業外收入	80,000	—	80,000	
減：營業外支出	3,113,000	1,961,000	1,152,000	58.75
四、利潤總額	121,604,000	27,566,000	94,038,000	341.14
減：所得稅	23,344,000	4,268,000	19,076,000	446.95
五、淨利潤	98,260,000	23,298,000	74,962,000	321.75

2. 利潤增減變動情況評價：

從總體上看，公司利潤比上年有較大增長，如淨利潤、利潤總額和營業利潤都有較大幅度的增加。增利的主要原因是：一是財務費用的大幅度下降，增利約1.3億元；二是主營業務利潤的增加，增利3,300萬元。減利的主要原因是：一是投資損失減利4,500餘萬元；二是管理費用的增長，減利1,600餘萬元。因此，除了對主營業務利潤和管理費用進一步分析外，重點應對財務費用和投資收益變動情況進行分析。

財務費用變動分析如表3-42所示。

表3-42　華能公司財務費用分析表　　　　單位：元

項目	2018年	2017年	增減額
利息支出	970,000	128,676,000	-127,706,000
減：利息收入	26,854,000	25,320,000	1,534,000
匯兌損失	3,108,000	2,809,000	299,000
減：匯兌收益	1,480,000	756,000	724,000
其他	134,000	132,000	2,000
財務費用	-24,122,000	105,541,000	-129,663,000

從表3-42可看出，公司財務費用2018年比上年下降約1.3億元，其主要原因是利息支出減少、利息收入和匯兌收益的增加，三者合計共減少支出129,964,000元，同時匯兌損失增加299,000元，所以財務費用下降約1.3億元。

投資收益變動分析如表3-43所示。

表3-43　華能公司投資收益分析表　　　　單位：元

項目	2018年	2017年	增減額
長期股權投資收益	26,274,000	21,176,000	5,098,000
長期股權投資差額攤銷	-2,400,000	-2,200,000	-200,000
長期股權轉讓收益		50,000,000	-50,000,000
短期投資跌價損失	-270,000		-270,000
投資收益合計	23,604,000	68,976,000	-45,372,000

從表 3-43 可看出，2018 年公司投資收益較上年有大幅下降，原因是本年沒有長期股權轉讓收益，而上年則有 5,000,000 元的收益，同時長期股權投資差額攤銷和短期投資跌價損失使投資收益減少 900,000 元，但本年長期股權投資收益較上年增加 5,098,000 元。

3. 利潤結構變動分析如表 3-44 所示。

表 3-44　利潤垂直分析表　　　　　　　　單位：%

項目	2018 年度	2017 年度
一、主營業務收入	100.00	100.00
減：主營業務成本	82.58	83.93
營業稅金及附加	1.11	0.59
二、主營業務利潤	16.31	15.48
加：其他業務利潤	-0.41	-0.19
減：存貨跌價損失	0.15	
銷售費用	0.21	0.17
管理費用	9.60	9.39
財務費用	-1.86	9.15
三、營業利潤	7.80	-3.42
加：投資淨收益	1.82	5.98
營業外收入	0	
減：營業外支出	0.24	0.17
四、利潤總額	9.38	2.39
減：所得稅	1.8	0.37
五、淨利潤	7.58	2.02

4. 利潤結構變動情況評價如下：

從利潤垂直分析表可以看出，2018 年度主營業務利潤占主營業務收入的比重為 16.31%，比上年度的 15.48% 上升了 0.83%，其原因是主營業務成本下降，即成本下降是主營業務利潤提高的根本原因；本年度營業利潤的構成為 7.8%，比上年度的 -3.42% 上升了 11.22%，上升的原因除了主營業務利潤的構成上升外，主要在於財務費用比重的大幅下降；利潤總額的構成本年度為 9.38%，比上年度的 2.39% 上升 6.99%，上升的原因是營業利潤構成比重的上升，但由於投資淨收益構成比重下降，所以利潤總額構成的上升幅度小於營業利潤構成的上升幅度；淨利潤構成本年度為 7.58%，比上年度的 2.02% 上升 5.56%，淨利潤構成上升幅度小於利潤總額構成的上升幅度，主要是實際交納所得稅的比重下降所致。

第四章

現金流量表分析

　　經營成功的公司,各有差異化的戰略和秘密,但經營失敗的公司,卻有共通的問題和徵兆,通常就是現金鏈條斷裂,導致公司財務危機,使公司走向滅亡。2008年的全球金融危機中,財務報表上顯示贏利的一些公司卻最終走向破產,其大多是資不抵債、現金流短缺而造成無法經營。由此可見,如果公司的現金流量不足,現金週轉不暢、調配不靈,就會影響公司的盈利能力,進而影響到公司的生存和發展。公司的現金流從某種意義上比收入和利潤更為重要,也更真實,經營現金流量為負說明公司處於現金短缺的狀態。在日益崇尚「現金至上」的現代理財環境中,現金流量表分析對信息使用者來說顯得更為重要。利用現金流量表內的信息與資產負債表和損益表相結合,可清楚反應出公司創造淨現金流量的能力,更為清晰地揭示公司資產的流動性和財務狀況。

■學習目標

1. 瞭解現金流量表的概念及作用。
2. 掌握現金流量表的內容、結構及編製方法。
3. 掌握現金流量的趨勢分析和結構分析的內容及方法。
4. 掌握現金流量表具體(主要)項目分析的方法。
5. 掌握現金流量質量分析方法和現金流量信息的作用。
6. 瞭解利用自由現金流量法的企業價值評估。

■導入案例

　　現金流之於公司，如同血液之於人體，公司缺乏現金，難免會出現償債危機，最終走向倒閉。統計資料表明，發達國家破產公司中的80%，破產時帳面仍是有盈利，導致它們倒閉是因為現金流量不足。世界知名公司安然公司的破產曾引起全球範圍的軒然大波，因為破產前，安然公司的財務報告顯示，公司盈利連年增長，又怎麼會在一夜之間破產呢？實際上，安然公司經營活動現金淨流量為負數已經持續了相當長時間，公司完全是依靠出售資產、對外投資及做假帳來實現巨額「盈利」的，強撐硬頂只能堅持一時，破產是必然的。中國也不例外，曾經是香港規模最大投資銀行的百富勤公司和內地珠海極具實力的巨人公司，亦都是在盈利能力良好、但現金淨流量不足以償還到期債務時，引發財務危機而陷入破產境地的。

　　股神巴菲特在投資界裡經常重複的一個商業投資理念是「自由現金流充沛的公司才是好公司」「偉大的公司必須現金流充沛」，在他的經驗裡，自由現金流比成長性更重要。他所在的公司伯克希爾就是很好的例子，公司在管理經營中格外重視現金流，並且長期都保持著充沛的現金流。只有手上握有足夠的現金，當危機到來的時候才能夠有效應對，充足的現金流能在市場犯錯誤的時候買到物美價廉的好東西。由此可見，良好的盈利能力並非公司得以持續健康發展的充分條件，是否擁有正常的現金流量才是公司持續經營的前提。

第一節　現金流量表概述

一、現金流量表的概念

（一）現金流量表的基本概念

現金流量表，是以收付實現制為基礎編製的，反應公司在一定會計期間現金和現金等價物流入和流出的財務報告，是一張動態報表。

（二）現金的概念

1. 庫存現金

庫存現金是指公司持有可隨時用於支付的現金限額，存放在公司財會部門由出納人員經管的現金，包括人民幣現金和外幣現金。它與會計核算中「現金」科目所包括的內容一致。

2. 銀行存款

銀行存款是指公司在銀行或其他金融機構隨時可以用於支付的存款，它與會計核算中「銀行存款」科目所包括的內容基本一致。它們的區別在於：存在銀行或其他金融機構的款項中不能隨時用於支付的存款，例如不能隨時支取的定期存款及質押、凍結的活期存款，不應作為現金流量表中的現金，但提前通知銀行或其他金融機構便可

支取的定期存款，則包含在現金流量表中的現金概念裡。

3. 其他貨幣資金

其他貨幣資金是指公司存在銀行有特定用途的資金或在途中尚未收到的資金，例如外埠存款、銀行匯票存款、銀行本票存款、信用證保證資金、在途貨幣資金等。

4. 現金等價物

現金等價物是指公司持有的期限短、流動性強、易於轉換為已知金額現金、價值變動風險很小的投資，通常包括購買的在三個月或更短時間內到期或即可轉換為現金的投資，如公司於 2018 年 12 月 1 日購入 2016 年 1 月 1 日發行的期限為三年的國債，購買時還有一個月到期，這項短期投資應被視為現金等價物。現金等價物雖然不是現金，但其支付能力與現金的差別不大，可被視為現金。

連結 4-1　　　　　　　　區分現金概念

現金是對其他資產計量的一般尺度，會計上對現金有狹義和廣義之分。狹義現金僅指庫存現金，廣義現金包括庫存現金、銀行存款和其他貨幣資金以及現金等價物。

現金 1：庫存現金，這是中國公司在會計核算中使用的概念；

現金 2：庫存現金和銀行存款（包括支票帳戶和儲蓄帳戶的存款）、流通支票及銀行匯票，這是美國會計中採用的概念；

現金 3：現金 2 加上 3 個月內變現的有價證券，這是編製現金流量表時和涉及現金管理時採用的概念。

二、現金流量表的結構及項目

現金流量表由表頭、主表和補充資料等組成，其中表頭與一般財務報表相同。現金流量表主表分類別列示公司的現金流量，反應某一段時間內公司現金和現金等價物的流入和流出數量，包括經營活動的現金流量、投資活動的現金流量、籌資活動的現金流量，並且每一類項目還應分別對具體的現金流入和現金流出項目進行反應。對於有外幣現金流量及境外子公司的現金流量折算為人民幣的企業，現金流量表正表中還應單設「匯率變動對現金的影響」項目。

此外，公司在現金流量表中還應以補充資料的形式披露以下會計信息：

補充資料第一部分，採用間接法計算經營活動產生的現金流量淨額。

補充資料第二部分，反應的是不涉及現金收支的重大投資和籌資活動。

補充資料第三部分，反應現金及現金等價物淨變動情況。

一般企業現金流量表的格式如表 4-1 和表 4-2 所示。

表 4-1　現金流量表

編製單位：　　　　　　　　　2018 年　　　　　　　　　　單位：元

項　　目	行次	金額
一、經營活動產生的現金流量		
銷售商品、提供勞務收到的現金	1	
收到的稅費返還	3	
收到的其他與經營活動有關的現金	8	

表4-1(續)

項　　目	行次	金額
現金流入小計	9	
購買商品、接受勞務支付的現金	10	
支付給職工以及為職工支付的現金	12	
支付的各項稅費	13	
支付的其他與經營活動有關的現金	18	
現金流出小計	20	
經營活動產生的現金流量淨額	21	
二、投資活動產生的現金流量		
收回投資所收到的現金	22	
取得投資收益所收到的現金	23	
處置固定資產、無形資產和其他長期資產所收回的現金淨額	25	
收到的其他與投資活動有關的現金	28	
現金流入小計	29	
購建固定資產、無形資產和其他長期資產所支付的現金	30	
投資所支付的現金	31	
支付的其他與投資活動有關的現金	35	
現金流出小計	36	
投資活動產生的現金流量淨額	37	
三、籌資活動產生的現金流量		
吸收投資所收到的現金	38	
借款所收到的現金	40	
收到的其他與籌資活動有關的現金	43	
現金流入小計	44	
償還債務所支付的現金	45	
分配股利、利潤或償付利息所支付的現金	46	
支付的其他與籌資活動有關的現金	52	
現金流出小計	53	
籌資活動產生的現金流量淨額	54	
四、匯率變動對現金的影響	55	
五、現金及現金等價物淨增加額	56	

表 4-2　現金流量表補充資料

項目	行次	金額
1. 將淨利潤調節為經營活動現金流量		
淨利潤	57	
加：計提的資產減值準備	58	
固定資產折舊	59	

表4-2(續)

項目	行次	金額
無形資產攤銷	60	
長期待攤費用攤銷	61	
待攤費用減少（減：增加）	64	
預提費用增加（減：減少）	65	
處置固定資產、無形資產和其他長期資產的損失（減：收益）	66	
固定資產報廢損失	67	
財務費用	68	
投資損失（減：收益）	69	
遞延稅款貸項（減：借項）	70	
存貨的減少（減：增加）	71	
經營性應收項目的減少（減：增加）	72	
經營性應付項目的增加（減：減少）	73	
其他	74	
經營活動產生的現金流量淨額	75	
2. 不涉及現金收支的投資和籌資活動		
債務轉為資本	76	
一年內到期的可轉換公司債券	77	
融資租入固定資產	78	
3. 現金及現金等價物淨增加情況		
現金的期末餘額	79	
減：現金的期初餘額	80	
加：現金等價物的期末餘額	81	
減：現金等價物的期初餘額	82	
現金及現金等價物淨增加額	83	

連結4-2　　　　現金流量表主表與補充資料之間的平衡關係

（1）主表「經營活動產生的現金流量淨額」與補充資料二「將淨利潤調節為經營活動的現金流量」中的「經營活動產生的現金流量淨額」相等；

（2）主表「現金及現金等價物淨增加額」與補充資料三「現金及現金等價物淨增加情況」中的「現金及現金等價物淨增加額」相等。通過對這兩個平衡關係的對比，可初步確認表內信息的準確性與可靠性。

三、現金流量表填列方法和編製方法

（一）現金流量表填列方法

（1）經營活動產生的現金流量；

（2）投資活動產生的現金流量；

（3）籌資活動產生的現金流量；

（4）匯率變動對現金及現金等價物的影響；
（5）現金流量表補充資料。
（二）現金流量表編製方法
1. 直接法和間接法

編製現金流量表時，列報經營活動現金流量的方法有兩種，一是直接法，二是間接法。現金流量表主表中該項目是採用直接法來計算填列的，補充資料中該項目是採用間接法來計算填列的。在直接法下，一般是以利潤表中的營業收入為起算點，調節與經營活動有關的項目的增減變動，然後計算出經營活動產生的現金流量。採用直接法編報的現金流量表，便於分析公司經營活動產生的現金流量的來源和用途，預測公司現金流量的未來前景。

編製現金流量表的時候，採用直接法列報經營活動現金流量，項目可以利用資產負債表和損益表的相關帳務處理記錄通過公式計算出來，或者編製收付實現制的分錄來統計形成。但是對於財務信息化的單位而言，一般可考慮通過輔助核算項目來實現——對於每個現金流量項目的會計科目，發生一筆收支業務時，就確定該業務是屬於哪個現金流量收支項目。然後，會計期間結帳之後，按期間的現金流量科目相關的明細帳及其上的現金流量收支項目即可統計出直接法下的現金流量表。

間接法是將直接法下的經營現金流量單獨提取出來，以公司當期的淨利潤為起點根據不同的調整項目倒推出當期的經營活動現金淨流量，並剔除投資活動和籌資活動對現金流量的影響。採用間接法編報現金流量表，便於將淨利潤與經營活動產生的現金流量淨額進行比較，瞭解淨利潤與經營活動產生的現金流量存在差異的原因，從現金流量的角度分析淨利潤的質量。所以，中國公司會計準則規定公司應當採用直接法編報現金流量表，同時要求在附註中提供以淨利潤為基礎調節到經營活動現金流量的信息。

對於間接法，將淨利潤調增為經營活動現金流量時，本質是剔除影響利潤不影響現金收支的因素，主要包括：

（1）影響損益但不影響現金收支的業務：當期計提的減值損失（扣除轉回的）計入了當期損益，減少當期淨利，故作為調增項目。

（2）影響損益但是不屬於經營環節的業務：如固定資產報廢/處置淨損益、公允價值變動損益、投資收益、不屬於經營環節的財務費用，這部分要做逆向調整。

（3）與損益無關但影響經營現金變動的業務：通常指的是經營性應收、應付以及存貨、遞延所得稅資產和負債的變動。這些項目變動表面上與損益無關，但實際是相關的。以存貨為例，不考慮減值的期末存貨額減去期初存貨額的差額，增加的作為淨利潤調減項，而減少的作為淨利潤調增項。

經營性資產的減少意味著資產的變現即經營現金流量的增加，作為淨利潤調增項；反之，購入資產，意味著現金流出，作為調減項。

經營性負債的增多意味著借款的增加即經營現金流量的增加，作為淨利潤調增項；反之，借款的償還，表明現金流出，作為調減項。

2. 工作底稿法、T形帳戶法和業務分析填列法

（1）工作底稿法：採用工作底稿法編製現金流量表，就是以工作底稿為手段，以利潤表和資產負債表數據為基礎，結合有關的帳簿資料（主要是有關的明細資料和備

查帳簿），對利潤表項目和資產負債表項目逐一進行分析，並編製調整分錄，進而編製出現金流量表。

採用工作底稿法編製現金流量表的基本程序是：

第一步，將資產負債表的期初數和期末數錄入工作底稿的期初數欄和期末數欄。

第二步，對損益表項目和資產負債表項目本期發生額進行分析並編製調整分錄。

第三步，將調整分錄錄入工作底稿中的相應部分。

第四步，對工作底稿法進行試算平衡，並編製正式現金流量表。

（2）T形帳戶法：採用T形帳戶法編製現金流量表是以間接法為基礎，根據資產負債表年末數與年初數差額平衡，利潤及利潤分配表的未分配利潤與資產負債表的未分配利潤的差額對應平衡的原理，逐項過入和調整為現金流量表各項目開設的T形帳戶，最終依據T形帳戶餘額編製準則所規定的按直接法編製的現金流量表。

（3）業務分析填列法。

業務分析填列法是直接根據資產負債表、利潤表和有關會計科目明細帳的記錄，分析計算出現金流量表各項目的金額，並據以編製現金流量表的一種方法。

第一部分：經營活動產生的現金流量。

經營活動現金流入包含的內容：

第一項：銷售商品、提供勞務收到的現金。

計算：

銷售商品、提供勞務收到的現金＝營業收入＋本期發生的增值稅銷項稅額＋應收帳款（期初餘額－期末餘額）＋應收票據（期初餘額－期末餘額）＋預收款項項目（期末餘額－期初餘額）±其他特殊調整業務。

注意：上述計算式子中的應收款項都應是未扣除壞帳準備的帳面餘額。

第二項：收到的稅費返還。

它反應公司收到的返還的各種稅費，如收到的減免增值稅退稅、出口退稅、減免消費稅退稅、減免所得稅退稅和收到的教育費附加返還等。該項按實際收到的金額填列。

第三項：收到的其他與經營活動有關的現金。

經營活動現金流出包括的內容：

第一項：購買商品、接受勞務支付的現金。

第二項：支付給職工以及為職工支付的現金。

它是指從事生產經營活動的職工的薪酬，如生產工人的工資；不包括：①支付給在建工程人員的薪酬，這屬於投資活動；②不包括支付給離退休人員的各種費用，這部分計入「支付的其他與經營活動有關的現金」項目。

第三項：支付的各項稅費。

特別注意：

①不包括支付的計入固定資產價值的耕地占用稅等；支付的耕地占用稅應作為投資活動的流出量來反應。

②不包括各種稅費的返還。

第四項：支付的其他與經營活動有關的現金。

第二部分投資活動產生的現金流量、第三部分籌資活動產生的現金流量可以通過資產負債表和發生額及餘額表分析填列，在此不再詳述。

四、現金流量表分析

（一）現金流量表分析的目的

現金流量表是財務報表的三張基本報表之一，反應的是公司一定期間現金流入和流出的情況，揭示了公司獲取和運用現金的能力。現金流量表也是連接資產負債表和損益表的紐帶，將現金流量表內的信息與資產負債表和損益表的信息相結合，能夠挖掘出更多、更重要的關於公司財務和經營狀況的信息，從而使人們對公司的生產經營活動做出更全面、客觀和準確的評價。

現金流量表分析的目的受到分析主體和分析的服務對象的制約，不同的主體目的不同，不同的服務對象所關心的問題也存在差異。

（1）為投資者、債權人評估公司未來的現金流量提供依據。投資者、債權人從事投資與信貸的主要目的是增加未來的現金資源。「利潤是直接目標，經濟效益是核心目標。」因此在進行相關決策時，債權人必須充分考慮利息的收取和本金的償還，而投資者必須考慮股利的獲得及股票市價變動利益甚至原始投資的保障。這些因素均取決於公司本身現金流量的金額和時間。只有公司能產生有利的現金流量，才有能力還本付息、支付股利。

（2）便於投資者、債權人評估公司償還債務、支付股利以及對外籌資的能力。評估公司是否具有這些能力，最直接的方法是分析現金流量。現金流量表披露的經營活動淨現金流入的信息能客觀地衡量這些指標。經營活動的淨現金流入量從本質上代表了公司自我創造現金的能力，儘管公司可以通過對外籌資的途徑取得現金，但公司債務本息的償還有賴於經營活動的淨現金流入量。因此，如果經營活動的淨現金流入量在現金流量的來源中佔有較高比例，則公司的財務基礎就較為穩定，償債能力和對外籌資能力也就越強。

（3）便於會計報表用戶分析本期淨利潤與經營活動現金流量之間存在差異的原因，排除權責發生制下人為因素對會計信息的影響。

（4）便於會計報表用戶評估報告期內與現金無關的投資及籌資活動。現金流量表除了披露經營活動、投資活動和籌資活動的現金流量，還可以披露與現金收付無關，但是對公司有重要影響的投資及籌資活動，這對於報表用戶制定合理的投資與信貸決策，評估公司未來現金流量，同樣具有重要意義。

（二）現金流量表分析的局限性

公司編製現金流量表的目的是為報表使用者提供某一會計期間公司賺取和支出現金的信息，其「平衡公式」可表述為：當期現金淨增加額＝經營活動現金淨流量＋投資活動現金淨流量＋籌資活動現金淨流量。直觀地看，現金流量表就是對資產負債表中「貨幣資金」的期初、期末餘額變動原因的詳細解釋，但是現金流量表受其編製來源、編製方法等因素的影響，使用中具有局限性，主要表現在：

（1）現金流量表的編製基礎是收付實現制，即只記錄當期現金收支情況，而不考慮這些現金流動是否歸屬於當期損益，甚至不考慮是否歸公司所有。因此，公司當期經營的業績與「經營活動現金淨流量」並沒有必然聯繫；而權責發生制下，公司的利潤表可以正確反應公司當期賒銷、賒購等應該確認的收入、結轉的成本，從而確認其當期實際賺了多少錢——雖然可能有一部分錢沒有收回來，但取得了在將來某個時候

收回現金的權利。基於上述原因，不能簡單地將「經營活動現金淨流量」等同於「公司的經營業績」，要結合利潤表進行分析。

（2）現金流量表只是一種「時點」報表，一種反應某一時點的關於公司貨幣資金項目的信息表，而特定時點的「貨幣資金」餘額是很容易被操縱的。

（3）現金流量表的編製方法存在問題。目前中國要求上市公司採用直接法編製現金流量表，但無法實現規模化的會計電算化，加上商業代理公司直接用本公司收到的現金採購商品，現金直接交易較多，用直接法編製現金流量表難度很大。如果採用間接法，通過對「淨利潤」數據的調整來編製「經營活動現金淨流量」，不能真正核算出公司本期經營活動中貨幣資金的變動額，只是對利潤表項目和資產負債表項目的簡單調整，就不能真實反應現金流量的變化趨勢。

（三）現金流量表分析的內容

公司編製的現金流量表是以一系列財務數據來反應公司的財務狀況和經營成果的，對報表使用者來說，這些數據資料是原始的、初步的，還不能直接為其決策服務。現金流量表分析是對現金流量表上有關數據進行比較、分析和研究，從而使報表使用者瞭解公司的現金變動情況及原因，對公司未來的財務狀況，做出有效的預測和決策。

現金流量表將現金流量分為經營活動現金流量、投資活動現金流量和籌資活動現金流量三大部分，基本上涵蓋了企業發生的所有業務活動。這三個部分相互關聯又具有各自的特點，分析時既要關注單個現金流的表象及反應出的單個問題，又要重視個體與個體的相關性及個體對總體的影響。

現金流量表分析的內容主要包括以下方面：

（1）現金流量表總體分析（一般分析）。

①現金流量表趨勢分析：分析公司現金淨流量變動情況及趨勢。

②現金流量表結構分析法——運用垂直分析法：分析公司產生現金流量的能力。

（2）現金流量表具體項目分析。

它是對影響公司現金流量的項目和變化幅度較大的項目進行分析。

（3）現金流量表質量分析。

這種分析主要從各種活動引起的現金流量的變化，及各種活動引起的現金流量占企業現金流量總額的比重等方面進行分析。

第二節　現金流量表總體分析

一、現金流量趨勢分析

（一）現金流量趨勢分析的意義

對現金流量表進行分析，一個重要的意義就是預測公司未來現金流量的情況。但是僅僅觀察公司某一時期的現金流量表並不能準確判斷公司財務狀況和經營成果變動的原因，不能有效預測公司未來的現金流量狀況，只有對連續數期的現金流量表進行比較分析，才能瞭解哪些項目發生了變化，並從中掌握其變動趨勢，從整體上把握公司的發展方向，進而做出正確的決策。

現金流量表趨勢分析，是通過觀察連續幾個報告期的現金流量表，對報表中的全部或部分重要項目進行對比，比較分析各期指標的增減變化，並在此基礎上判斷公司現金流入、流出的長期變動趨勢，並根據此趨勢預測公司未來現金流入、流出可能達到的水準，進而對公司未來發展趨勢做出判斷。對現金流量表趨勢分析通常採用三種方法：定比分析法、環比分析法和平均增長率法。本書重點介紹平均增長率法。

（二）現金流量平均增長率法

採用現金流量平均增長率法，可以避免定比和環比分析中經營活動現金流量增長變動受經營活動短期波動因素的影響。這種方法通過計算連續三年的現金流量平均增長率，來反應在公司較長時期內的現金流量變化情況，從現金流量的長期增長趨勢和穩定程度來判斷公司現金流量趨勢，可使報表使用者瞭解現金流量表有關項目變動的基本趨勢及其變動原因。在分析各因素引起的現金流量時，判斷引起變動的主要項目是什麼，並判斷這種變動的利弊，需要分清哪些是預算或計劃中已安排的，哪些是因偶發性原因而引起的，並對實際與預算（計劃）的差異進行分析，進而對公司未來發展趨勢做出預測。

以 A 公司為例進行分析，A 公司近三年現金流量表如表 4-3 所示，通過計算 A 公司現金流入流出、產生的現金流量淨額和主要項目現金流量三年平均增長率分析公司現金流量三年的平均變動趨勢。

表 4-3　A 公司現金流量趨勢分析

報表項目	本年金額/萬元	上年金額/萬元	前年金額/萬元	本年比前年 變動值/萬元	平均增長率/%
一、經營活動產生的現金流量					
銷售商品、提供勞務收到的現金	2,210,817.11	1,581,442.38	1,344,902.32	865,914.79	28.21
收到的稅費返還	8,351.72	6,889.26	9,048.97	-697.25	-3.93
收到的其他與經營活動有關的現金	87,069.57	7,228.60	39,415.68	47,653.89	48.63
經營活動現金流入小計	2,306,238.40	1,595,560.24	1,393,366.97	912,871.43	28.65
購買商品、接受勞務支付的現金	1,512,385.84	1,471,787.95	1,164,288.25	348,097.59	13.97
支付給職工以及為職工支付的現金	87,164.18	75,550.79	67,808.73	19,355.45	13.38
支付的各項稅費	96,216.02	42,100.64	34,902.46	61,313.56	66.03
支付的其他與經營活動有關的現金	74,936.04	147,667.59	54,905.58	20,030.46	16.83
經營活動現金流出小計	1,770,702.08	1,737,106.97	1,321,905.02	448,797.06	15.74
經營活動產生的現金流量淨額	535,536.32	-141,546.73	71,461.94	464,074.38	173.75
二、投資活動產生的現金流量					
收回投資所收到的現金	277,807.12	190,000.00	519,752.00	-241,944.88	-26.89
取得投資收益所收到的現金	4,353.84	2,647.42	3,527.12	826.72	11.10
處置固定資產、無形資產和其他長期資產所收回的現金淨額	4,511.90	3,243.22	2,937.96	1,573.94	23.92
處置子公司及其他營業單位收到的現金淨額	—	—	—		
收到的其他與投資活動有關的現金	1,957.80				
投資活動現金流入小計	288,630.67	195,890.64	526,217.07	-237,586.40	-25.94
購建固定資產、無形資產和其他長期資產所支付的現金	54,656.73	71,367.06	35,539.46	19,117.27	24.01
投資所支付的現金	204,039.00	214,135.69	519,613.94	-315,574.94	-37.34

表4-3(續)

報表項目	本年金額/萬元	上年金額/萬元	前年金額/萬元	本年比前年 變動值/萬元	平均增長率/%
取得子公司及其他營業單位支付的現金淨額	—	23,600.76	—		
支付的其他與投資活動有關的現金	—	—	—		
投資活動現金流出小計	258,695.73	309,103.51	555,153.40	-296,457.67	-31.74
投資活動產生的現金流量淨額	29,934.94	-113,212.88	-28,936.33	58,871.27	
三、籌資活動產生的現金流量					
吸收投資收到的現金	—	—	—		
其中：子公司吸收少數股東投資收到的現金	—	—	—		
取得借款收到的現金	1,289,379.06	1,449,030.10	1,251,541.36	37,837.70	1.50
發行債券收到的現金	—	—	—		
收到其他與籌資活動有關的現金	—	—	—		
籌資活動現金流入小計	1,289,379.06	1,449,030.10	1,251,541.36	37,837.70	1.50
償還債務支付的現金	1,482,562.25	1,276,140.10	1,200,180.83	282,381.42	11.14
分配股利、利潤或償付利息所支付的現金	63,202.86	32,042.84	24,901.96	38,300.90	59.31
其中：子公司支付給少數股東的股利、利潤	87.83	—	—		
支付其他與籌資活動有關的現金	—	1,086.00	7.02		
籌資活動現金流出小計	1,545,765.11	1,309,268.94	1,225,089.81	320,675.30	12.33
籌資活動產生的現金流量淨額	-256,386.05	139,761.16	26,451.55	-282,837.60	
四、匯率變動對現金及現金等價物的影響	-4,565.60	4,259.06	3,598.40	-8,164.00	
五、現金及現金等價物淨增加額	304,519.60	-110,739.39	72,575.57	231,944.03	104.84

1. 經營活動現金流量平均增長分析

（1）公司經營活動中銷售商品、提供勞務收到的現金年平均增長率為28.21%，與經營活動現金流入年平均增長率28.65%對比，兩者同時保持高速增長，一方面說明公司經營活動的現金流入是穩定且健康的，另一方面也說明銷售商品、提供勞務收到的現金是公司經營活動現金流入的決定因素。

（2）公司經營活動中購買商品、接受勞務支付的現金平均增長與經營活動現金流出平均增長基本保持一致，前者略低於後者，表明公司三年來經營活動現金流量高速增長。同時結合公司利潤表可看出，公司經營活動中對購買商品、接受勞務等付現成本費用的控制力度較強，這也是引起經營活動產生的現金流量淨額增長率遠遠高於經營活動現金流入的關鍵因素。

（3）公司經營活動產生的現金流量淨額三年平均增長率為173.75%，遠遠超過經營活動現金流入流出的平均增長率。結合前面的分析，這一方面表明三年來經營活動現金流量增長勢頭強勁；另一方面也表明公司在保持經營活動現金流入高速增長的同時，加強了對付現成本費用的控制，使經營活動現金流入增長率高於現金流出增長率13個百分點，從而使經營活動產生的現金流量淨額有較大幅度的增長。

綜上所述，A公司經營活動現金流量是現金流量的主導，走勢良好，現金流量狀況健康穩定，該公司處於成熟期。該公司主營業務食糖業務收入近三年來顯著提升，得益於國內市場食糖價格的不斷上漲，公司較好把握了食糖市場銷量逐年增長的行情，同時創新多種銷售模式，良好的經營活動現金流入增強了公司的盈利能力。未來國際、國內市場糖價走勢及市場需求量變化將直接影響該公司的經營前景。

2. 投資活動現金流量平均增長分析

（1）處置固定資產、無形資產和其他長期資產所收回的現金淨額年平均增長率為23.92%，結合資產負債表固定資產、在建工程等長期資產變動來看，因公司加速內、外部資源整合，上年A公司啟動「瘦身計劃」，擬三年內完成「僵屍公司」的重組整合或退出市場的主體工作，逐步剝離非主業部分，公司旗下番茄、果業、農牧業等多項業務虧損，相關虧損資產都在處置範圍之內，三年來資產處置收入呈上升趨勢。另外整體虧損的番茄醬業務已成立子公司，後期或剝離。

（2）該公司收回投資所收到的現金的年平均增長率為-26.89%，表明自2015年開始理財資金滾動發生額同比減少。綜合來看，投資活動現金流入量年平均增長率為-25.94%。

（3）購建固定資產、無形資產和其他長期資產所支付的現金年平均增長率為24.01%。2015年A公司新建煉糖項目支出同比增加。本年，A公司投資兩億元成立了全資子公司，並將所有番茄業務注入該公司，將原有的6家虧損或停產的番茄業務公司掛牌轉讓。

（4）投資所支付的現金年平均增長率為-37.34%，減少主要是理財資金滾動發生額同比減少。總體來看，投資活動現金流出平均增長率為-31.74%。投資活動產生的現金流量淨額由負值轉為正值並逐漸增加，可見公司致力於打造食糖全產業鏈，著力於加速內、外部資源整合。

3. 籌資活動現金流量平均增長分析

取得借款收到的現金平均增長與籌資活動現金流入平均增長保持一致，償還債務支付的現金年平均增長率為11.14%，增加主要是由於公司歸還借款逐年增加，同時分配股利、利潤或償付利息所支付的現金年平均增長率為59.31%。結合資產負債表分析，這說明公司通過經營活動產生的利潤所分配給股東的現金股利在增加，也可認定經營活動淨現金流在增加。

4. 現金流量趨勢分析應注意的問題

現金流量趨勢分析，不能單純就某個項目的變動進行孤立分析，要結合表中項目與項目之間、表與表之間有關項目的相互聯繫進行分析，只有這樣才能全面準確地對公司現金流量的變化趨勢進行分析評價。分析中應注意以下幾點：

（1）經營活動現金流量趨勢分析，要將現金的流入、流出的變動同利潤表中營業收支變動結合起來；經營活動現金流量淨額的變動同經營活動現金流入流出的變動結合起來。

（2）將投資活動現金流量趨勢分析與資產負債表中固定資產、在建工程等長期資產的變動結合起來；投資活動現金流出趨勢分析與籌資活動現金流入趨勢分析相結合。

（3）將籌資活動現金流出趨勢分析與經營活動現金流量淨額趨勢分析相結合。

（4）現金流量的趨勢分析主要針對三至五年的資料進行分析，如果資料選擇的年限過長，不僅加大工作量，而且與當期的相關性減弱。

二、現金流量結構分析

（一）現金流量結構分析的意義

現金流量結構是公司各種現金流入量、流出量及現金淨流量占現金流入、流出及

淨流量總額的比例或百分比。現金流量結構分析法是指報表使用者為了達到分析公司經營狀況和預測公司未來經營現金流量的目的，選擇現金流量表中特定項目作為主體，以分析總體構成的一種方法。通過結構分析，報表使用者可以具體瞭解現金主要來自哪裡、主要用於何處，以及淨現金流量是如何構成的，並可進一步分析個體（項目），從而有利於報表使用者對現金流量做出更準確的評價。基本公式為：

比重＝某一類項目金額/總體金額

(二) 現金流入結構分析

現金流入結構分析是對經營活動現金流入、投資活動現金流入、籌資活動現金流入等在全部現金流入中所占的比重進行分析。通過現金流入結構分析，報表使用者可以瞭解公司的現金來源，把握增加現金流入的途徑，明確各現金流入項目在結構中的比重，分析存在的問題，為增加現金流入提供決策依據。

公司不可能長期依靠投資活動現金流入和籌資活動現金流入維持和發展，厚實的內部累積才是公司發展的基礎。良好的經營活動現金流入才能增強公司的盈利能力，滿足長短期負債的償還需要，使公司保持良好的財務狀況。

因此，經營活動的淨現金流入占總現金來源的比重越高，則表明公司的財務基礎越穩定，公司持續經營及獲利能力的穩定程度越高，收益質量越好，抗風險能力也越強。反之，則說明公司現金的獲得要依靠投資和籌資活動，財務基礎薄弱，持續穩定獲利的能力低，收益質量差。

以 A 公司為例進行現金流入結構分析。由表 4-4 可以看出，A 公司三年來現金流入量中經營活動的現金流入所占比重最大，三年平均占比超過 50%，籌資活動現金流入所占比重次之，投資活動現金流入所占比重較低。銷售商品、提供勞務收到的現金流入占比分別為 42.41%、48.8%、56.92%，呈逐年上升的趨勢，主要受益於國內外食糖價格上漲，公司把握市場行情，依靠食糖產業鏈優勢，使食糖銷售總量及價格均有所增長；投資活動現金流入占比三年來呈下降趨勢，分別為 16.59%、6.04%、7.38%，其中前一年占比比其他兩年高的部分主要來自收回投資所流入的現金；籌資活動的現金流入全部都來源於取得的借款，並呈現出下降的趨勢。總體來看，本年經營活動的現金流入量較前年上升 10.14%，主導地位增強，該公司現金收入的增加主要依靠經營活動，其次來源於籌資活動中的借款，表明經營狀況較好，財務風險較低，籌資活動現金流入超過總量的三分之一，但屬於改善負債結構所必需的，現金流入結構較為合理。

表 4-4　A 公司現金流入結構垂直分析　　　　　　　　　　　單位:%

項目	本年結構百分比	上年結構百分比	前年結構百分比	三年平均結構比
一、經營活動產生的現金流入				
銷售商品、提供勞務收到的現金	56.92	48.80	42.41	49.90
收到的稅費返還	0.22	0.21	0.29	0.24
收到的其他與經營活動有關的現金	2.24	0.22	1.24	1.30
二、投資活動產生的現金流入				
收回投資所收到的現金	7.15	5.86	16.39	9.59
取得投資收益所收到的現金	0.11	0.08	0.11	0.10

表4-4(續)

項目	本年結構百分比	上年結構百分比	前年結構百分比	三年平均結構比
處置固定資產、無形資產和其他長期資產所收回的現金淨額	0.12	0.10	0.09	0.10
收到的其他與投資活動有關的現金				
收到的其他與投資活動有關的現金	0.05			0.02
三、籌資活動產生的現金流入				
吸收投資收到的現金				
其中：子公司吸收少數股東投資收到的現金				
取得借款收到的現金	33.20	44.72	39.47	38.75
發行債券收到的現金				
收到其他與籌資活動有關的現金				
現金收入合計	100.00	100.00	100.00	100.00

(三) 現金流出結構分析

現金流出結構分析是對公司經營活動現金流出、投資活動現金流出和籌資活動現金流出在全部現金流出中所占比重進行分析。

通過現金流出結構分析，報表使用者可以瞭解公司的現金流向何方，明確各現金流出項目在結構中的比重，分析存在的問題，為控制現金流出提供決策依據。經營活動現金流出所占現金總流出的比重越高，表明公司生產經營越成熟，獲利的能力會越強；反之，則說明公司生產經營處於起步成長或衰退階段，獲利的能力弱。

以A公司為例進行現金流出結構分析。由表4-5可以看出，A公司三年來現金總流出中經營活動現金流出占比最高，三年平均比例為41.35%；籌資活動現金流出占比次之，投資活動現金流出占比最低，與現金流入結構的狀況有類似之處，屬於正常的結構。籌資活動現金流出約占現金總流出的40%，且絕大部分為償還債務支付的現金，表明該公司償債能力較強，結合現金流入結構分析，籌資活動現金流出比重高於籌資活動現金流入比重，表明公司有較強償還前期債務的能力，公司經營狀況和財務狀況良好。

表4-5　A公司現金流出結構垂直分析　　　　　　　　　　單位：%

項目	本年結構百分比	上年結構百分比	前年結構百分比	三年平均結構比
一、經營活動產生的現金流出				
購買商品、接受勞務支付的現金	42.30	43.86	37.53	41.35
支付給職工以及為職工支付的現金	2.44	2.25	2.19	2.30
支付的各項稅費	2.69	1.25	1.13	1.73
支付的其他與經營活動有關的現金	2.10	4.40	1.77	2.77
二、投資活動產生的現金流出				
購建固定資產、無形資產和其他長期資產所支付的現金	1.53	2.13	1.15	1.61

表4-5(續)

項目	本年結構百分比	上年結構百分比	前年結構百分比	三年平均結構比
投資所支付的現金	5.71	6.38	16.75	9.35
取得子公司及其他營業單位支付的現金淨額		0.70		0.24
支付的其他與投資活動有關的現金				
三、籌資活動產生的現金流出				
償還債務支付的現金	41.47	38.03	38.69	39.46
分配股利、利潤或償付利息所支付的現金	1.77	0.95	0.80	1.20
其中：子公司支付給少數股東的股利、利潤				
支付其他與籌資活動有關的現金		0.03		0.01
現金流出合計	100.00	100.00	100.00	100.00

連結4-3　　　　投資和籌資活動的現金支出的不穩定性

在公司正常的經營活動中，現金流出具有穩定性，各期變化幅度通常不會太大，如出現較大變動，則需要進一步尋找原因。但投資和籌資活動的現金支出則可能起伏不定，因此，分析公司的現金流出結構很難採用一個統一標準，而只能通過分析不同的現金流出結構來瞭解公司的發展戰略。

（四）現金流量淨額結構分析

現金流量淨額結構分析是對經營活動、投資活動、籌資活動以及匯率變動影響的現金流量淨額占全部現金淨流量的比重進行分析。通過現金流量淨額結構分析，報表使用者可以瞭解公司的現金流量淨額是如何形成與分佈的，進而對經營活動、投資活動、籌資活動的現金流入與其現金流出進行比較，找出影響現金流量淨額的因素，考慮改進公司現金流量狀況。

一個正常經營的公司，現金流量淨增加額應主要來源於經營活動，因為只有經營活動導致的現金淨增加才是公司利潤的真正來源。某一特定情況下，公司籌資活動或許會成為現金增加的主要來源，但這種情況不可能長期持續。同理，公司也不可能依靠變賣長期資產等投資活動導致的現金增加來滿足現金需求。表4-6為A公司近三年現金流量淨額結構。

表4-6　A公司現金流量淨額結構分析　　　　　　　　單位：%

項目	本年結構百分比	上年結構百分比	前年結構百分比	三年平均結構比
經營活動產生的現金流量淨額	175.86	127.82	98.47	174.75
投資活動產生的現金流量淨額	9.83	102.23	-39.87	-42.13
籌資活動產生的現金流量淨額	-84.19	-126.21	36.45	-33.85
匯率變動對現金及現金等價物的影響	-1.50	-3.85	4.96	1.24
現金流量合計	100.00	100.00	100.00	100.00

從表4-6中可以看出，A公司近三年經營活動現金流量淨額分別約為全部現金流量淨額的0.98倍、1.28倍、1.76倍。現金流量淨額逐漸增大，表明現金淨增加額主要是由於經營活動產生的，而且可以彌補投資活動和籌資活動現金流入的不足，也就是說投資活動所需現金和償還到期債務的現金是由經營活動提供的。這反應出企業經營情況良好，收現能力強，壞帳風險小，營銷能力也不錯。

上述分析還可以從現金的流入流出比中得到進一步證實。從表4-3中可以計算本年：

經營活動流入流出比 = 2,306,238.40÷1,770,702.08 = 1.3
投資活動流入流出比 = 288,630.67÷258,695.73 = 1.12
籌資活動流入流出比 = 1,289,379.06÷1,545,765.11 = 0.83

經營活動流入流出比為1.3，表明本年度內公司經營活動每1元現金流出可換回1.3元的現金流入，表明公司獲取現金的能力較強；投資活動流入流出比為1.12，表明本年度內公司投資活動每1元現金流出能換回1.12元的現金流入，投資活動獲利能力強；籌資活動流入流出比為0.83，表明本年度內公司籌資活動每1元現金流出只能換回0.83元的現金流入，即償還債務等所需現金要依賴於經營活動。

相較於上年，本年經營活動產生的現金流量淨額增加主要是公司食糖銷售回款增加大於採購付款所致。投資活動產生的現金流量淨額增加主要是公司購買資產及理財資金同比減少所致。籌資活動產生的現金流量淨額減少主要是本期償還債務所致。上年相較於前年，經營活動產生的現金流量淨額減少主要是本期食糖採購支出增加及公司託管永鑫華糖集團公司資金投入所致。投資活動產生的現金流量淨額減少主要是本期收購江州糖業資產及營口太古51%股權所致。籌資活動產生的現金流量淨額增加主要是本期借款同比增加所致。

（五）現金流量結構分析與經營週期理論

現金流量結構分析要結合企業所處的經營週期，企業處於不同的經營週期，其現金流量結構會有所不同，需要根據企業所處的經營週期確定分析的重點。

（1）對處於開發期的企業，經營活動現金流量可能為負，應重點分析企業的籌資活動，分析其資本金是否足值到位，流動性如何，企業是否過度負債，有無繼續籌措足夠經營資金的可能；同時判斷其投資活動是否適合經營需要，有無出現資金挪用或費用化現象。對於開發過程中對外籌措的資金，應通過現金流量預測分析將還款期限定於經營活動可產生淨流入的時期。

（2）對處於成長期的企業，經營活動現金流量應該為正，要重點分析其經營活動現金流入、流出結構，分析其貨款回籠速度、賒銷是否得當，瞭解成本、費用控制情況，預測企業發展空間。同時，要關注這一階段企業有無過分擴張導致債務增加。

（3）對處於成熟期的企業，投資活動和籌資活動趨於正常化或適當萎縮，要重點分析其經營活動現金流入是否有保障，經營活動現金流入增長與營業收入增長是否匹配；同時關注企業是否過分支付股利和盲目對外投資，有無資金外流情況。

（4）對處於衰退期的企業，經營活動現金流量開始萎縮，要重點分析其投資活動在收回投資過程中是否獲利，有無冒險性的擴張活動，同時要分析企業是否及時縮減負債，減少利息負擔。

第三節　現金流量表具體項目分析

一、經營活動產生的現金流量分析

(一) 經營活動現金流入項目分析

1. 銷售商品、提供勞務收到的現金

此項目占經營活動的現金流入的絕大部分。經營活動所得現金的多少直接決定了公司取得現金流量的能力的大小。這部分數額較多是正常的，反之，則要嚴加關注。在經營活動現金流入中，銷售商品、提供勞務所收到的現金占比重越高，表明公司經營活動越有成效，經營基礎越好，獲利能力也會越強。

將該項目與利潤表中的營業收入總額相對比，可以判斷公司銷售收現率的情況。對於收現率的分析必須結合公司的營銷政策進行，不能貿然下結論。

A公司本年銷售商品、提供勞務收到的現金占經營活動現金收入總量的95.86%，說明公司主營業務活動流入的現金明顯高於其他經營活動流入的現金，營銷狀況良好。公司經營活動現金流入量結構比較合理，經營活動現金流量的穩定程度高，質量也較好。

2. 收到的稅費返還

該項目反應公司收到返還的增值稅、所得稅、消費稅、關稅和教育費附加等各種稅費。此項目通常數額不大，甚至很多公司該項目數為零。只有外貿出口型公司、國家財政扶持領域的公司或地方政府支持的上市公司才有可能涉及該項目。對該項目的分析應當與公司的營業收入相結合，因為大多數稅費返還都與公司的營業收入相關。應當注意該項目是否與營業收入相配比，有些公司虛構收入，但現金流量表中卻又沒有收到必要的稅費返還，對此應引起關注。

A公司本年收到的稅費返還金額為8,351.72萬元，占經營活動現金流入量的比重為0.36%，屬正常範圍。

3. 收到的其他與經營活動有關的現金

該項目反應公司收到的罰款收入、租金等其他與經營活動有關的現金流入金額，此項目具有不穩定性，數額不應過大。

A公司本年收到的其他與經營活動有關的現金流入為87,069.57萬元，所占比重為3.78%。

(二) 經營活動現金流出項目分析

1. 購買商品、接受勞務支付的現金

該項目占經營活動的現金流出的絕大部分。該部分數額較多是正常的，但要與公司的生產經營規模（資產總額或流動資產）相適應。將其與利潤表中的主營業務成本相比較，可以判斷公司購買商品付現率的情況。同時考慮本項目與銷售商品、提供勞務收到的現金配比，一般而言，本項目小於後者是正常的。在經營活動現金流出中，購買商品、接受勞務所支付的現金占比越高，越能表明企業經營活動開展正常，經營基礎越好，獲利的可能性越高。

A公司本年該項目占經營活動現金流出量的85.41%，主要用於購進大量食糖，銷售商品、提供勞務收到的現金與該項目現金配比為1.46，表明企業經營活動開展正常，銷售回款良好，創現能力強，獲利的可能性較高。

2. 支付給職工以及為職工支付的現金

首先，可以將其與公司歷史水準比較。某些公司單從工資費用看，人工費用在成本中並沒有占特別大的比重，但實際上，支付給職工以及為職工支付的現金的數額增長相當快，遠遠超過工資費用的增長幅度。

其次，將其與行業水準配比，以此衡量公司在人力資源管理方面的水準。

最後，可將其與職工人數配比，分析人均工資水準是否正常。特別注意公司為了操縱利潤故意壓低人工費用的造假行為。

以A、B兩家公司為例進行分析，如表4-7所示，表面上看A公司支付給職工以及為職工支付的現金數額近三年呈逐年增長的趨勢。與處於同行業、同期的B公司相比，A公司支付給職工以及為職工支付的現金比率為3.94%，低於B公司水準，說明相較於B公司，A公司職工的收益較低。

表4-7 本年A公司與B公司支付給職工以及為職工支付的現金情況

項目	A公司	B公司
支付給職工以及為職工支付的現金/萬元	87,164.18	38,495.86
銷售商品、提供勞務收到的現金/萬元	2,210,817.11	353,363.75
支付給職工以及為職工支付的現金占銷售商品提供勞務現金比率/%	3.94	10.89

3. 支付的各項稅費

公司支付的各項稅費應當與其生產經營規模相適應。將支付的各項稅費項目與利潤表的營業稅金及附加和所得稅項目進行比較，我們可以對公司報告年度的相關稅費支付狀況做出判斷。

A公司本年支付的各項稅費為96,216.02萬元，占經營活動現金流出總量的5.43%，且從前年開始支付的各項稅費逐年增加，主要是由於企業生產經營規模逐年擴大。

二、投資活動產生的現金流量分析

(一) 投資活動現金流入項目分析

1. 收回投資所收到的現金

本項目一般沒有數額，或金額較小。如果金額較大，屬於公司重大資產轉移行為，此時應與會計報表附註披露的相關信息聯繫起來，衡量投資的帳面價值與收回現金之間的差額，考察其合理性。

本年A公司收回投資所收到的現金為277,807.12萬元，占投資活動現金流入總量的96.3%，與前兩年相比呈下降趨勢，原因是理財資金滾動發生額同比減少。

2. 取得投資收益所收到的現金

該項目反應公司除現金等價物以外的對其他公司的長期股權投資等分回的現金股利和利息等。該項目的金額可用以判斷公司是否進入投資回收期，通過分析可以瞭解

投資回報率的高低。

第一，將取得投資收益所收到的現金與利潤表的投資收益配比。公司能夠通過投資收益及時收到現金，反應了公司對外投資的質量。一般而言，前者占後者的比重越大越好。

第二，確認投資收益的時間差。公司因股權性投資而分得的股利或利潤，並不能在當年收到，一般是在下一年度才能收到。所以，分得股利或利潤所收到的現金，通常包括收到前期分得的現金股利或利潤。因此，在很多時候，本年現金流量表上取得投資收益所收到的現金往往需要和上年利潤表中確認的投資收益配比，才能保證二者的口徑一致，真實反應投資收益的收現水準。

3. 處置固定資產、無形資產和其他長期資產所收回的現金淨額

該項目是對淨額的反應。現金流量表中的大部分項目是按現金流入和現金流出分別反應的，但該項目例外，它反應的是上項資產處置的淨額，即長期資產處置過程中發生的現金流入與現金流出之間的差額。

該項目一般金額不大。如果金額較大，屬於公司重大資產轉移行為。此時應與會計報表附註披露的相關信息聯繫，考察其合理性。如果該項目與「購建固定資產、無形資產和其他長期資產所支付的現金」數額均較大，可能意味著公司產業、產品結構將有所調整；否則，如果該項目與籌資活動中的「償還債務支付的現金」項目數額均較大，可能表明公司已經陷入深度的債務危機中，靠出售長期資產來維持經營，未來的生產能力將受到嚴重影響。

本年 A 公司處置固定資產、無形資產和其他長期資產所收回的現金淨額占投資活動現金流入總量的 1.6%，屬於正常範圍。

4. 處置子公司及其他營業單位收到的現金淨額

該項目一般金額為零，如果有發生額，意味著公司當期處置了部分子公司或其他營業單位，這種重大資產轉移行為往往表明公司的戰略結構將發生改變。這也可能是由於公司深陷債務危機，只能靠變賣子公司的現金收入償債。因此，對該項目的分析一定要結合公司的重大事項公告和會計報表附註中的有關說明進行。

(二) 投資活動現金流出項目分析

1. 購建固定資產、無形資產和其他長期資產所支付的現金

一般而言，正常經營的公司此項目應當具有一定數額，其數額的合理性應結合行業、公司生產經營規模和公司經營生命週期，以及公司融資活動現金的流入來分析。如果該項目的金額小於處置固定資產、無形資產和其他長期資產所收回的現金淨額，則表明公司可能正在縮小生產經營規模或正在退出該行業，遇到此種情況，應進一步分析是公司自身的原因，還是行業因素的影響造成的，以便對公司的未來進行預測。

現金流出的範圍包括購建固定資產、無形資產和其他長期資產所支付的現金項目，不包括為購建固定資產而發生的借款利息部分，以及融資租入固定資產支付的租賃費，二者在籌資活動產生的現金流量中反應。

本年 A 公司購建固定資產、無形資產和其他長期資產所支付的現金占投資活動現金流出總量的 21.1%，為 54,656.73 萬元，高於處置固定資產、無形資產和其他長期資產所收回的現金淨額。

2. 投資所支付的現金

投資所支付的現金反應公司取得除現金等價物以外的對其他公司的權益工具、債務工具和合營中的權益投資所支付的現金，以及支付的佣金、手續費等附加費用，但取得子公司及其他營業單位支付的現金淨額除外（該項目單獨反應）。

該項目表明公司參與資本市場運作、實施股權投資能力的強弱。對該項目的分析應側重於其是否與公司的戰略目標相一致。

本年 A 公司投資所支付的現金占投資活動現金流出總量的 78.9%，與該公司整合產業鏈的目標是一致的。

3. 取得子公司及其他營業單位支付的現金淨額

該項目反應公司購買子公司及其他營業單位購買出價中以現金支付的部分，減去子公司及其他營業單位持有的現金和現金等價物後的淨額。

該項目反應公司擴張力度的強弱。該項目數額較大表明在公司擴張中占用了大量現金，要注意考慮現金支付對公司未來的影響：是公司現金充裕還是被迫接受這樣的交易條款？這一現金支付行為會不會導致未來的資金緊張？

三、籌資活動產生的現金流量分析

（一）籌資活動現金流入項目分析

1. 吸收投資收到的現金

該項目反應公司以發行股票、債券等方式籌集資金實際收到的款項，減去直接支付的佣金、手續費、宣傳費、諮詢費、印刷費等發行費用後的淨額。

該項目表明公司通過資本市場籌資的能力的強弱。分析該項目時需要考慮現金流入的性質、現金流入的範圍。

2. 取得借款收到的現金

該項目是公司從金融機構借入的資金，其數額的大小，在一定程度上代表了公司的商業信用，能夠反應公司通過銀行籌資的能力的強弱。

第一，將項目與短期借款、長期借款相配比，要結合資產負債表，進一步分析增加的借款是短期的還是長期的。

第二，將該項目與購建固定資產、無形資產和其他長期資產所支付的現金等項目配比，以此對公司借款合同的執行情況做出分析和判斷。

A 公司籌資活動現金流入全部為取得借款收到的現金，本年取得借款總額達 1,289,379.06 萬元，表明 A 公司通過銀行籌資的能力較強，同時，結合資產負債表可看出，短期借款明顯高於長期借款。

（二）籌資活動現金流出項目分析

1. 償還債務支付的現金

該項目只包括償還債務支付的本金部分。將償還債務所支付的現金與舉債所收到的現金配比，二者配比的結果（是現金淨流入還是現金淨流出），能夠反應公司的資金週轉是否已經進入良性循環階段。

本年 A 公司償還債務支付的現金占籌資活動現金流出總量的 96%，籌資活動的主要現金流出為償還債務所支付的現金，償還債務所支付的現金與舉債所收到的現金配比為 1∶0.87，表現為現金淨流出。

2. 分配股利、利潤或償付利息所支付的現金

該項目代表了公司的現時支付能力，分析時主要考慮現金流出的時點：一是本項目既包括現金支付本期應付的股利或利潤，也包括現金支付前期應付的股利或利潤和預分的利潤；二是本項目既包括公司的短期和長期借款的利息，又包括支付短期和長期債券的利息，如國債利息，而不論利息支出是資本化還是費用化。

A公司分配股利、利潤或償付利息所支付的現金占籌資活動現金流出總量的百分比由2%增加到4%，主要源於A公司分配現金股利增加。

四、匯率變動對現金及現金等價物的影響分析

公司發生外幣業務，外幣現金流量折算為記帳本位幣時，所採用的是現金流量發生日的即期匯率或近似匯率；而資產負債表日或結算日，公司外幣現金及現金等價物淨增加額是按資產負債表日或結算日的匯率折算的，這兩者之間的差額即為匯率變動對現金的影響。隨著世界經濟一體化進程的加快，公司涉及外幣業務將越來越多。如果匯率變動對現金的影響額較大，需要借助於會計報表附註的相關內容來分析其原因及合理性。

五、現金流量表補充資料的解讀與分析

現金流量表除反應與公司現金有關的投資和籌資活動，還通過補充資料提供不涉及現金的投資和籌資活動方面的信息，使報表使用者能夠全面瞭解和分析企業的投資、籌資活動。

（一）將淨利潤調節為經營活動的現金淨流量

在將淨利潤調節為經營活動的現金淨流量時需要調整的內容包括四大類項目：一是實際沒有支付現金的費用，二是實際沒有收到現金的收益，三是不屬於經營活動的損益，四是經營性應收應付項目的增減變動。

補充資料調整的項目主要包括：

1. 計提的資產減值準備

計提的資產減值準備會增加當期的資產減值損失，資產減值損失列入利潤表中，減少了當期利潤，但並沒有發生實際的現金流出。因此，為了將淨利潤調節為經營活動現金淨流量，應將當期計提的資產減值準備加回到淨利潤中。

2. 固定資產折舊

公司計提固定資產折舊時，有些直接列入「管理費用」「營業費用」等期間費用；有些則先計入「製造費用」，在公司產品完工和銷售以後，依次被轉入「生產成本」「庫存商品」和「主營業務成本」等帳戶，最終通過銷售成本的方式體現出來。不管是哪種方式，公司的折舊費都會被列入當期利潤表，減少當期利潤。但計提固定資產折舊本身並沒有發生現金流出，所以應在將淨利潤調節為經營活動現金淨流量時加回。

3. 無形資產攤銷和長期待攤費用攤銷

無形資產攤銷和長期待攤費用攤銷時，記入了「管理費用」等費用帳戶，從而減少了利潤。但攤銷無形資產和長期待攤費用並沒有發生現金流出，因此也屬於非付現費用，在調整時應將其在本期的攤銷額加回到淨利潤中。

4. 處置固定資產、無形資產和其他長期資產的損失

處置固定資產、無形資產和其他長期資產不屬於經營活動，而是屬於投資活動，但在計算淨利潤時已作為損失扣除，所以在以淨利潤為基礎計算經營活動現金流量時應加回。當然，如果公司發生處置固定資產、無形資產和其他長期資產的收益，則在調整時應從淨利潤中扣除。

5. 固定資產報廢損失

固定資產盤虧淨損失同樣不屬於經營活動產生的損益，所以在以淨利潤為基礎計算經營活動現金流量時應當加回。

6. 公允價值變動損失

該項目反應公司持有的交易性金融資產、交易性金融負債、採用公允價值模式計量的投資性房地產等公允價值變動形成的淨損失。該部分損失在計算淨利潤時已作為損失扣除，但實際上並未發生現金支付，故在調整經營活動現金流量時應將其加回到淨利潤中。

7. 財務費用

公司發生的財務費用可以分別歸屬於經營活動、投資活動和籌資活動。屬於投資活動、籌資活動的部分，在計算淨利潤時已扣除，但這部分發生的現金流出不屬於經營活動現金流量的範疇，所以，在將淨利潤調節為經營活動現金淨流量時，需要予以扣除（實際上在計算時是應當加回）。

8. 投資損益

投資損益是公司本期對外投資實際發生的投資收益與投資損失的差額，即投資淨損益。投資損益是由投資活動引起的，不屬於經營活動，所以在調節淨利潤時應將其進行調整。具體來說，投資淨損失本不應從淨利潤中扣除，故應將其加回；投資淨收益本不應加入利潤中，故應將其扣除。

9. 遞延所得稅資產和遞延所得稅負債的變動

這兩個項目分別反應公司資產負債表「遞延所得稅資產」和「遞延所得稅負債」項目的期初餘額與期末餘額的差額。具體來說，遞延所得稅資產的減少額和遞延所得稅負債的增加額已列入利潤表中作為所得稅費用的組成內容，但實際上當期並未減少現金，故應予以加回；相反，遞延所得稅資產的增加額和遞延所得稅負債的減少額則應減去。

10. 存貨

如果某一期間期末存貨比期初存貨增加了，說明當期購入的存貨除耗用外，還餘留了一部分，即除了為當期銷售成本包含的存貨發生現金支出，還為增加的存貨發生了現金支出，也就是說，實際發生的現金支出比當期銷售成本要高，故應在調節淨利潤時減去。反之，若某一期間期末存貨比期初存貨減少了，說明本期生產過程耗用的存貨有一部分是期初的存貨，耗用這部分存貨並沒有發生現金支出，所以應加回到淨利潤中。

11. 經營性應收項目

經營性應收項目主要是指應收帳款、應收票據、預付帳款、長期應收款和其他應收款等經營性應收項目中與經營活動有關的部分，也包括應收的增值稅銷項稅額等。如果某一期間經營性應收項目的期末餘額比期初減少了，說明本期從客戶處收到的現

金大於利潤表中所確認的收入，有一部分期初應收款項在本期收到。所以應在調整經營活動現金時將經營性應收項目的減少數加回到淨利潤中。

12. 經營性應付項目

經營性應付項目包括應付帳款、應付票據、預收帳款、應付職工薪酬、應交稅費和其他應付款等經營性應付項目中與經營活動有關的部分，以及應付的增值稅進項稅額等。如果某一期間經營性應收項目的期末餘額比期初減少了，說明有一部分前期的欠款在本期支付，公司實際付出的現金大於利潤表中所確認的銷售成本，所以應在調整經營活動現金流量時將經營性應付項目的減少數從淨利潤中減去；反之，如果經營性應付項目的期末餘額大於期初餘額，說明本期實際的現金流出小於利潤表中所確認的銷售成本，所以應在調整經營活動現金流量時將經營性應付項目的增加數加回到淨利潤中去。

連結 4-4　　　　將淨利潤調節為經營活動的現金淨流量時的注意事項

（1）有關項目的數額要與其會計政策相對應。

（2）注意一些項目與資產負債表、利潤表中相應項目之間的對應關係，如「計提的資產減值準備」的數額是否與利潤表中的「資產減值損失」一致。

（二）不涉及現金收支的重大投資和籌資活動

這一部分反應公司一定會計期間內影響資產和負債，但不形成該期現金收支的所有投資和籌資活動的信息。這些投資或籌資活動是公司的重大理財活動，對以後各期的現金流量會產生重大影響，因此，應單列項目在補充資料中反應。

不涉及現金收支的重大理財活動（投資和籌資活動），雖不引起現金流量的變化，但可能在一定程度上反應公司目前所面臨的現金流轉困難或未來的現金需求。

1. 債務轉為資本

該項目反應公司本期轉為資本的債務金額。債務轉為資本，一方面，意味著本期不需再為償債支付現金；另一方面，會對公司未來的資本結構和生產經營產生影響。

2. 一年內到期的可轉換公司債券

如果可轉換公司債券轉為資本，則不需發生償債支付；若可轉換公司債券轉換失敗，則會發生大量的償債支出。

3. 融資租入固定資產

該項目反應公司本期融資租入固定資產的最低租賃付款額扣除應分期計入利息費用的未確認融資費用後的淨額。該項目一方面意味著公司的籌資渠道較多，另一方面也意味著在未來的若干年內每年要發生固定的現金流出。

第四節　現金流量質量分析

一、現金流量質量分析的目的

現金流量的質量是指公司的現金能夠按照公司的預期目標進行流轉的質量。具有良好質量的現金流量應當具有如下特徵：第一，公司現金流量的狀態體現了公司發展

戰略的要求；第二，在穩定發展階段，公司經營活動的現金流量應當與公司經營活動所對應的利潤有一定的對應關係，並能夠為公司的擴張提供支持。

通過對現金流量表進行分析，報表使用者能夠判斷公司現金流量的質量。公司的經營活動可視為一個現金流程，現金一方面不斷流入公司，另一方面又不斷流出公司，現金流量狀況直接反應著公司作為組織有機體的健康狀況。現金流量質量分析是評價現金流量對公司經營狀況的客觀反應程度，對改善公司財務與經營狀況、增強持續經營能力提供相應的信息。

二、經營活動產生的現金流量質量分析——從絕對量分析

一般來說，當公司經營活動的淨現金流量為正數時，表明公司所生產的產品適銷對路、市場佔有率高、銷售回款能力較強，同時公司的付現成本、費用控制在較適宜的水準上；反之，若公司經營活動的淨現金流量為負數，一般說明公司所生產的產品銷路不暢、回款能力較差，或者成本、費用控制水準較差，付現數額較大。但我們也要辯證地看待經營活動現金流量為負數的情況。

即使經營活動產生的現金流量大於零，也還需要做進一步的分析。

1. 經營活動產生的現金流量大於零，但不足以補償當期的非現金消耗性成本

這意味著公司通過正常的商品購、產、銷所帶來的現金流入量，能夠支付因經營活動而引起的貨幣流出，但沒有餘力補償一部分當期的非現金消耗性成本（如固定資產折舊等）。如果這種狀態持續下去，從長期來看，公司經營活動產生的現金流量，不可能維持公司經營活動的貨幣「簡單再生產」。因此，如果公司在正常的生產經營期間持續出現這種狀態，對公司經營活動現金流量的質量仍然不能給予較高評價。

2. 經營活動產生的淨現金流量大於零，並恰好可以補償當期的非現金消耗性成本

這意味著公司通過正常的商品購、產、銷所帶來的現金流入量，能夠支付因經營活動而引起的貨幣流出，而且有餘力補償全部當期的非現金消耗性成本（如固定資產折舊等）。在這種狀態下，公司在經營活動中的現金流量方面的壓力已經解除。公司經營活動產生的現金流量從長期來看，剛好能夠維持公司經營活動的貨幣「簡單再生產」，不能為公司擴大投資等發展提供貨幣支持。公司的經營活動要為公司擴大投資等發展提供貨幣支持，只能依賴於經營活動產生的現金流量的規模繼續擴大。

3. 經營活動產生的現金流量大於零，並在補償當期的非現金消耗性成本後仍有剩餘

這意味著公司通過正常的商品購、產、銷所帶來的現金流入量，不但能夠支付因經營活動而引起的貨幣流出，補償全部當期的非現金消耗性成本，而且還有餘力為公司的投資等活動提供現金流量的支持。因此在這種狀態下，公司經營活動產生的現金流量已經處於良好的運轉狀態。如果這種狀態持續下去，則公司經營活動產生的現金流量將對公司經營活動的穩定與發展、公司投資規模的擴大起到重要的促進作用。在這種狀態下，公司經營活動的利潤才具有含金量，對公司經營活動的穩定與發展、公司投資規模的擴大才能起到重要的促進作用。

綜上所述，公司經營活動產生的現金流量，僅僅大於零是不夠的。我們要想讓公司經營活動產生的現金流量為公司做出較大貢獻，必須在補償當期的非現金消耗性成本後使其仍有剩餘。

4. 經營活動產生的現金流量淨額小於零

經營活動產生的現金流量淨額小於零，意味著公司通過正常的供、產、銷所帶來的現金流入量，不足以支付因上述經營活動而引起的現金流出。公司正常經營活動所需的現金支付，則需要通過以下幾種方式來解決：①消耗公司現存的貨幣累積；②擠占本來可以用於投資活動的現金，推遲投資活動的進行；③利用經營活動累積的現金進行補充；④在不能擠占本來可以用於投資活動的現金的條件下，進行額外貸款融資，以支持經營活動的現金需要；⑤在沒有貸款融資渠道的條件下，只能用拖延債務支付或加大經營負債規模來解決。

如果這種情況出現在公司經營初期，我們可以認為是公司在發展過程中不可避免的正常狀態。因為在公司生產經營活動的初期，各個環節都處於「磨合」狀態，設備、人力資源的利用率相對較低，材料消耗量相對較高，經營成本較高，從而導致公司現金流出較多。同時為了開拓市場，公司有可能投入較大資金，採用各種手段將自己的產品推向市場，從而有可能使公司在這一時期的經營活動現金流量表現為「入不敷出」的狀態。但是如果公司在正常生產經營期間仍然出現這種狀態，說明公司通過經營活動創造現金淨流量的能力下降，應當認為公司經營活動現金流量的質量差。

5. 經營活動產生的現金流量淨額等於零

這意味著公司通過正常的供、產、銷所帶來的現金流入量，恰恰能夠支付因上述經營活動而引起的現金流出，公司的經營活動現金流量處於「收支平衡」的狀態。在這種情況下，公司正常經營活動雖然不需要額外補充流動資金，但公司的經營活動也不能為公司的投資活動以及融資活動貢獻現金。

必須指出的是，按照公司會計準則，公司經營成本中有相當一部分屬於按照權責發生制原則的要求而確認的攤銷成本（如無形資產、長期待攤費用攤銷、固定資產折舊等）和應計成本（如預提設備大修理費用等），即非付現成本。在經營活動產生的現金流量等於零時，公司經營活動產生的現金流量不可能為這部分非付現成本的資源消耗提供貨幣補償。

如果這種狀態長期持續下去，公司的「簡單再生產」就不可能維持。因此如果公司在正常生產經營期間持續出現這種狀態，就說明公司經營活動現金流量的質量不高。

三、投資活動產生的現金流量質量分析——從絕對量分析

（一）投資活動產生的現金流量淨額小於零

這意味著公司在購建固定資產、無形資產和其他長期資產、權益性投資以及債權性投資等方面所流出的現金之和，大於公司因收回投資，分得股利或利潤，取得債券利息收入，處置固定資產、無形資產和其他長期資產而流入的現金淨額之和。通常情況下，公司投資活動的現金流量處於「入不敷出」的狀態，投資活動所需資金的「缺口」可以通過以下幾種方式解決：①消耗公司現存的現金累積；②利用經營活動累積的現金進行補充；③在不能擠占經營活動的現金的條件下，通過貸款融資渠道對外融資；④在沒有貸款融資渠道的條件下，適度拖延債務支付時間或加大投資活動的負債規模。

在公司的投資活動符合公司的長期規劃和短期計劃的條件下，投資活動產生的現金流量淨額小於零，表明公司擴大再生產的能力較強，也可能表明公司進行產業及產

品結構調整的能力或參與資本市場運作實施股權及債權投資的能力較強，是投資活動現金流量的正常狀態。公司投資活動的現金流出大於流入的部分，將由經營活動的現金流入量來補償。例如，公司的固定資產、無形資產購建支出，將由未來使用有關固定資產和無形資產的會計期間的經營活動現金流量來補償。

（二）投資活動產生的現金流量淨額大於或等於零

這意味著公司在投資活動方面的現金流入量大於或等於流出量。這種情況的發生，如果是公司在本會計期間的投資回收的規模大於投資支出的規模，就表明公司資本運作收效顯著，投資回報及變現能力較強；如果是公司處理手中的長期資產以求變現，則表明公司產業、產品結構將有所調整，或者未來的生產能力將受到嚴重影響，已經陷入深度的債務危機之中。因此，必須對公司投資活動的現金流量原因進行具體分析。

公司投資活動的現金流出量，有的需要由經營活動的現金流入量來補償。例如，公司的固定資產、無形資產購建支出，將由未來使用有關固定資產和無形資產的會計期間的經營活動現金流入量來補償。因此，即使在一定時期內公司投資活動產生的現金淨流量小於零，也不能對投資活動產生的現金流量的質量簡單做出否定的評價。面對投資活動產生的現金淨流量小於零的公司，首先應當考慮的是：公司的投資活動是否符合公司的長期規劃和短期計劃，是否滿足公司經營活動發展和公司擴張的內在需要。

四、籌資活動產生的現金流量質量分析——從絕對量分析

籌資活動現金流量反應了公司的融資能力和融資政策，可以通過以下表現形式進行質量分析。

（一）籌資活動產生的現金流量淨額大於零

這意味著公司在吸收權益性投資、發行債券以及借款等方面所收到的現金之和大於公司在償還債務、支付籌資費用、分配股利或利潤、償付利息以及減少註冊資本等方面所支付的現金之和。在公司起步到成熟的整個發展過程中，籌資活動產生的現金流量淨額往往大於零，通常表明公司通過銀行及資本市場籌資的能力較強。例如公司處於發展的起步階段，投資需要大量的資金，而此時企業經營活動的現金流量淨額又往往小於零，公司對現金的需求主要通過籌資現金流入來解決。因此分析公司籌資活動產生的現金流量大於零是否正常，關鍵要看公司的籌資活動是否已經納入公司的發展規劃，是公司管理層的主動行為，還是公司因投資活動和經營活動的現金流出失控不得已而為之的被動行為。

（二）籌資活動產生的現金流量淨額小於零

這意味著公司籌資活動收到的現金之和小於公司籌資活動支付的現金之和。這種情況的出現，如果是公司在本會計期間集中發生償還債務、支付籌資費用、分配股利或利潤、償付利息等業務，則表明公司經營活動與投資活動在現金流量方面運轉較好，自身資金週轉已經進入良性循環階段，經濟效益得到增強，從而使公司支付債務本息和股利的能力加強。如果公司籌資活動產生的現金流量淨額小於零，是由於公司在投資和公司擴張方面沒有更多作為造成的，或者是喪失融資信譽造成的，則表明籌資活動產生的現金流量質量較差。

五、現金及現金等價物淨增加額的質量分析——從絕對量分析

(一) 現金及現金等價物淨增加額為正數

公司的現金及現金等價物淨增加額為正，如果主要是由經營活動產生的現金流量淨額引起的，通常表明公司經營狀況好、收現能力強、壞帳風險小；如果主要是投資活動產生的，是由處置固定資產、無形資產和其他長期資產引起的，則表明公司生產經營能力衰退，或者是公司為了走出不良境地而調整資產結構，須結合資產負債表和損益表做深入分析；如果主要是由籌資活動引起的，則意味著公司未來將支付更多的本息或股利，未來需要創造更多的現金流量淨增加額，才能滿足償付的需要，否則公司就可能承受較大的財務風險。

(二) 現金及現金等價物淨增加額為負數

公司的現金及現金等價物淨增加額為負數，通常是一個不良信息。但如果公司經營活動產生的現金流量淨額是正數，且數額較大，而公司整體上現金流量淨減少主要是固定資產、無形資產或其他長期資產投資引起的，或主要是對外投資引起的，則可能是公司為了進行設備更新或擴大生產能力或投資開拓更廣闊的市場，此時現金流量淨減少並不意味著公司經營能力不佳，而是意味著公司未來可能有更大的現金流入。同樣情況下，如果公司現金流量淨減少主要是由償還債務及利息引起的，這就意味著公司未來用於償債的現金將減少，公司財務風險變小，只要公司生產經營保持正常運轉，公司就不會走向衰退。

根據表4-3對A公司本年現金流量質量進行分析。從表4-3可以看出，A公司本年經營活動現金流量淨額為535,536.32萬元，與上年度比有所增加，同時與銷售收入增長保持同步，表明公司經營活動獲取現金的能力較強。同時，將A公司本年經營活動產生的現金流量淨額（535,536.32萬元）與當年淨利潤（75,400萬元，來源：利潤表）進行比較還可以看出，經營活動產生的現金流量淨額是當年淨利潤的7.1倍，一方面表明公司淨利潤質量高，另一方面也再次顯示經營活動現金流量質量很好。

從表4-3還可以看出，A公司投資活動現金流量淨額為29,934.94萬元，表明公司投資活動現金流入遠遠大於公司投資活動現金流出，結合本年A公司資產負債表進行分析，投資活動現金流入大於流出是由於本年投資回收活動的規模大於投資支出的規模，主要是購置固定資產和無形資產減少，這符合公司的戰略規劃，表明公司正在整合產業鏈，同時也是收回投資所收到的現金同比增加所致，表明公司資本運作收效顯著、投資回報及變現能力較強，投資活動現金流量不存在質量問題。

籌資活動產生的現金流量淨額為-256,386.05萬元，表明公司籌資活動現金流出遠遠大於公司籌資活動現金流入，與上年度方向相反，主要由於公司在本會計期間償還債務、分配股利同比增加，表明公司自身資金週轉已經進入良性循環階段，公司債務負擔已經減輕，經濟效益趨於增強，因此，本年A公司籌資活動現金流量狀況是正常的，不存在質量問題。

最後，從表4-3還可以看出，A公司本年的現金及現金等價物淨增加額為304,519.61萬元，均以經營活動產生的現金流量淨額為主，表明公司經營狀況良好，收現能力強，壞帳風險較低。綜上所述，A公司本年度現金流量質量整體性較好，呈良性循環發展。

六、現金流量質量指標分析——從相對量分析

(一) 現金流量充足性分析

從相對量的角度分析現金流量的充足性，主要是為了瞭解經營活動產生的現金流量是否能夠滿足企業擴大再生產的資金需求，以及經營活動產生的現金流量對企業投資活動的支持力度和對籌資活動的風險規避水準。現金流量充足性分析常用指標：現金流量資本支出比率。

$$現金流量資本支出比率 = 經營活動產生的現金淨流量 / 資本性支出額$$

其中，資本性支出額是指公司購建固定資產、無形資產或其他長期資產所發生的現金支出。

該指標評價公司運用經營現金流量維持或擴大經營規模的能力。該指標越大，說明公司內涵式擴大再生產的水準越高，利用自身盈餘創造未來現金流量的能力越強，經營現金流量越好。當該比率小於1時，表明公司資本性投資所需現金無法完全由其經營活動提供，部分或大部分資金要靠外部籌資補充，公司財務風險較大，經營及獲利的持續性與穩定性較低，經營現金流量的質量較差；當該比率大於1時，則說明經營現金流量的充足性較好，對公司籌資活動的風險保障水準較高，不僅能滿足公司的資本支出需要，而且還可用於公司債務的償還、利潤的分配以及股利的發放。表4-8為A公司與B公司的現金流量資本支出比率。

表4-8 A公司與B公司現金流量充足性對比分析

項目	本年	上年	前年	平均
A公司現金流量資本支出比率	9.80	-1.98	2.01	3.28
B公司現金流量資本支出比率	-2.84	1.20	0.20	-0.48

由表4-8可知，A公司三年來現金流量資本支出比率平均為3.28，高於B公司的平均水準-0.48，說明A公司利用盈餘創造未來現金流量的能力較強，明顯優於B公司，經營現金流量質量較好。相反B公司進行資本性投資所需資金無法由企業經營活動產生的現金流提供，部分資金需要靠投資活動和籌資活動來支持，企業財務風險巨大。

(二) 現金流量穩定性分析

現金流量的穩定性可以通過計算經營活動現金占比、經營現金流入量結構比率、經營現金流出量結構比率進行分析。

1. 經營活動現金占比

$$經營活動現金占比 = 經營活動現金流入 / 現金流入總量$$

該指標反應了企業經營活動中現金的主要來源。一般來說，經營活動現金流入占現金總流入比重高的企業，其經營狀況較好，財務風險較低，現金流入結構較為合理。反之，如果該比率較低，則說明經營活動產生的現金流量較少，自身的造血功能較弱。表4-9為A公司與B公司的經營活動現金占比。

表4-9　A公司與B公司現金流量穩定性對比分析　　　　　　　　　　　　單位:%

項目	本年	上年	前年	平均
A公司經營活動現金占比	59.37	49.24	43.94	50.85
B公司經營活動現金占比	39.57	51.23	53.42	48.07

由表4-9可知，A公司正常經營活動所需的約一半資金是通過生產經營活動產生的，且平均水準高於B公司2.78%。這說明A公司經營獲現能力較同行業的B公司強，且通過經營活動創造現金流入的能力逐年增強，B公司通過經營活動創造現金流入的能力卻在逐年減弱，本年B公司相比A公司在現金流量結構上已經呈現明顯的劣勢。

2. 經營現金流入量結構比率

經營現金流入量結構比率＝銷售商品提供勞務收到的現金/經營活動產生的現金流入量

該指標不僅說明了企業的主要經營業務對企業發展的貢獻，還說明了企業催收帳款和銷售管理的能力。該比率越高，表明企業主營業務收入回收的效率越高，公司的經營現金流入結構越合理，經營現金流量的穩定性越強。如果該比率較低，則說明企業的經營現金流量是靠非主營業務支撐的，企業的經營現金流量的穩定性較差。表4-10為A公司和B公司的經營現金流入量結構比率。

表4-10　A公司與B公司現金流入量穩定性對比分析　　　　　　　　　　　單位:%

項目	本年	上年	前年	平均
A公司經營現金流入量結構比率	96	99	97	97
B公司經營現金流入量結構比率	97	93	95	95

由表4-10可知，A公司連續三年與同行業、同期的B公司比較，A公司經營現金流入量結構比率平均值高於B公司2個百分點，表明A公司經營現金流量的結構更為合理，穩定性也較強。

3. 經營現金流出量結構比率

經營現金流出量結構比率＝購買商品接受勞務支付的現金/經營活動產生的現金流出量

該比率反應了企業經營活動中資金的使用狀況。該比率也應具有一定的穩定性，通過該比率，報表使用者可以判斷公司經營支出結構是否合理，以及當期是否存在重大異常交易。報表使用者也可用該比率對企業的經營現金流量進行合理的預測，若該比率持續較低，則反應企業的經營現金流量不具有穩定性。表4-11為A公司和B公司的經營現金流出量結構比率。

表4-11　A公司與B公司現金流出量穩定性對比分析　　　　　　　　　　　單位:%

項目	本年	上年	前年	平均
A公司經營現金流出量結構比率	85	85	88	86
B公司經營現金流出量結構比率	83	82	82	82

由表4-11可知，A公司三年間，相較於同行業、同期的B公司而言，經營現金流出量結構比率均高於B公司，且平均值高於B公司4個百分點，說明A公司經營支出結構較B公司更為合理，同時其經營現金流量具有較強的穩定性。

(三) 財務彈性分析

企業經營者和投資者等利益相關者都十分關注企業的支付能力。只有當企業當期

經營活動和投資活動取得的現金流入能夠支付本期應償還的債務和日常經營活動必要開支時，才有可能存在多餘的資金用於投資再生產和分派紅利。如果經營活動和投資活動取得的現金收入還不足以維持日常開支時，那麼就無法用於投資活動和分派股利。如果這種現象持續下去就意味著企業面臨嚴峻的支付風險。一般用現金支付保障倍數來衡量財務彈性，表明企業用年度正常經營活動所產生的現金淨流量來支付股利、利潤或償付利息的能力。

現金支付保障倍數＝經營活動淨現金流量／分配股利、利潤或償付利息所支付的現金

該指標越高，則意味著企業的現金股利、支付利潤及利息占經營活動結餘現金流量的比重越小，表明企業支付股利、利潤及利息的現金越充足，企業支付現金股利、利潤及利息的能力也就越強。表 4-12 為 A 公司和 B 公司的財務彈性對比分析。

表 4-12　A 公司與 B 公司財務彈性對比分析

項目	本年	上年	前年	平均
A 公司經營活動產生的現金流量淨額／萬元	535,536.32	-141,546.73	71,461.94	
A 公司分配股利、利潤或償付利息所支付的現金／萬元	63,202.86	32,042.84	24,901.96	
B 公司經營活動產生的現金流量淨額／萬元	-86,117	37,576	17,145	
B 公司分配股利、利潤或償付利息所支付的現金／萬元	21,427	18,859	14,997	
A 公司現金支付保障倍數	8.47	-4.42	2.87	2.31
B 公司現金支付保障倍數	-4.02	1.99	1.14	-0.29

由於 A 公司上年經營活動淨現金流量為負值，因此上年的現金支付保障倍數為負值，但本年和前年均為正值，大致趨勢是增長的，這表明該公司經營活動現金淨流入足以維持正常營運，支付現金股利、利潤及利息的能力較強。同行業 B 公司現金支付保障倍數三年大致呈減少的趨勢，本年下降的幅度較大，主要是由該公司本年經營活動淨現金流的大幅下降造成的，說明本年經營活動產生的現金淨流入不足以維持企業正常營運，沒有足夠的資金用於擴大再生產和利潤分配。

(四) 現金流量成長性分析

分析現金流量的成長性主要從經營現金流量成長比率入手。

經營現金流量成長比率＝本期經營活動產生的現金淨流量／基期經營活動產生的現金淨流量

該指標主要反應企業各期經營活動現金流量變化趨勢及其具體的增減變動情況。一般來說，該比率越大，說明企業的成長性越好，經營活動現金流量的質量越高。

經營活動現金流量成長比率為 1，說明企業內部資金較前期沒有明顯增長，經營活動現金流量的成長能力不強。

經營活動現金流量成長比率大於 1，表明企業經營活動現金流量呈上升趨勢，這顯然有利於企業的進一步成長和擴大經營規模，也預示著企業發展前景良好。但不同的現金流量增長方式對企業具有不同的意義，相應地，經營活動現金流量的質量也存在較大的差異。

(1) 負債主導型，即經營活動現金流量的增長主要得益於當期經營性應付項目的

增加。雖然企業通過延緩應付款項的支付，提高了經營活動現金淨流量，但損害了企業信譽，也加大了以後的償債壓力。在這種現金流量增長方式下，經營活動現金流量的質量顯然較差，其成長也是一種假象。

（2）資產轉換型，即經營活動現金流量的增長主要依賴於當期經營性應收項目和存貨的減少。降低本期應收款項，或者壓縮本期期末存貨規模，都會減少企業資金占用，從而提高企業經營效率和盈利質量。因此該方式下的經營活動現金流量質量仍然不高，其成長意義也並不大。

（3）業績推動型，即經營活動現金流量的增長主要源於企業盈利能力的增強。其主要表現為本期主營業務收入大幅增加；其次是本期盈利質量的提高，主要表現為本期現銷收入比例顯著上升。這樣的經營活動現金流量增長方式是企業業績大幅提高和推動的結果，所以其經營活動現金流量質量較為理想，是企業經營活動現金流量的真正成長。

經營活動現金流量成長比率小於 1，說明企業經營活動現金流量在逐步萎縮。在這種情況下，可以進一步深入分析出現這種狀況是由於經營虧損還是由於企業經營性應收項目的增長。表 4-13 為 A 公司與 B 公司現金流量成長性對比分析。

表 4-13　A 公司與 B 公司現金流量成長性對比分析

項目	本年	上年	前年	平均
A 公司經營現金流量成長率	-3.78	-1.98	-0.33	-2.03
B 公司經營現金流量成長率	-2.29	2.19	-0.19	-0.10

由表 4-13 可知，A 公司經營現金流量成長率連續三年低於 B 公司經營現金流量成長率，且小於 1，表明 A 公司現金流量成長性不強。進一步分析可知，本年相較於上年，A 公司應收帳款增加了 6,899 萬元，沒有出現經營虧損現象。

本章小結

現金流量表作為公司財務手段中的重要內容，對其詳細分析意義重大。在現金流量表中不僅可以充分瞭解企業盈利水準，而且在全面瞭解公司財務彈性的同時，有利於對公司的經濟活動做出正確的評價。為了切實地發揮現金流量表的實際效用，我們必須深入地針對現金流量表的各個環節單元進行詳細的瞭解，將現金流量表運用到每個環節當中，對現金流量表進行總量分析、具體項目分析、質量分析，為公司經營管理者、公司投資者和公司債權人的決策提供良好的數據理論保障。從價值評估的角度分析現金流量表，會使現金流量表分析的深度和廣度都得到拓展。從深度上說，分析現金流量表不僅要用到傳統分析方法，還需要和價值評估的理論、方法相結合，例如企業生命週期理論。從廣度上說，不僅要分析現金流量表，還要結合其他的財務報表，例如資產負債表和利潤表，進行綜合的分析。

本章重要術語

現金　現金流量　現金流量淨額　經營活動現金流量　現金流量結構
現金流量質量　現金流量充足性　現金流量穩定性　現金流量成長性
財務彈性

習題・案例・實訓

一、單選題

1. 下列各項中，屬於經營活動產生的現金流量的是（　　）。
   A. 銷售商品收到的現金　　　　B. 發行債券收到的現金
   C. 發生籌資費用所支付的現金　D. 分得股利所收到的現金

2. （　　）在「支付給職工以及為職工支付的現金」項目中反應。
   A. 支付給企業銷售人員的工資
   B. 支付的在建工程人員的工資
   C. 企業支付的統籌退休金
   D. 企業支付給未參加統籌的退休人員的費用

3. 應收票據貼現屬於（　　）。
   A. 經營活動產生的現金流量　　B. 投資活動產生的現金流量
   C. 籌資活動產生的現金流量　　D. 不涉及現金收支的籌資活動

4. 企業償還的長期借款利息，在編製現金流量表時，應作為（　　）項目填列。
   A. 償還債務所支付的現金
   B. 分配股利、利潤或償付利息所支付的現金
   C. 補充資料
   D. 償還借款所支付的現金

5. 編製現金流量表時，本期退回的增值稅應在（　　）項目中反應。
   A.「支付的各項稅費」
   B.「收到的稅費返還」
   C.「支付的其他與經營活動有關的現金」
   D.「收到的其他與經營活動有關的現金」

6. 企業購買股票時，實際支付的價款中包含的已宣告但尚未領取的現金股利，應在（　　）項目反應。
   A.「投資所支付的現金」
   B.「收到的其他與投資活動有關的現金」
   C.「支付的其他與投資活動有關的現金」
   D.「收回投資所收到的現金」

7. 企業收回購買股票實際支付的價款中包含的已宣告但尚未領取的現金股利時，應在（　　）項目反應。

A.「投資所支付的現金」
B.「收到的其他與投資活動有關的現金」
C.「支付的其他與投資活動有關的現金」
D.「收回投資所收到的現金」

8. 企業發行股票籌集資金所發生的審計費用，要編製現金流量表時，應在（　　）項目反應。
   A.「吸收投資所收到的現金」
   B.「支付的其他與籌資活動有關的現金」
   C.「償還債務所支付的現金」
   D.「分配股利、利潤或償付利息所支付的現金」

9. 融資租入固定資產發生的租賃費應在（　　）中反應。
   A. 經營活動產生的現金流量　　B. 投資活動產生的現金流量
   C. 籌資活動產生的現金流量　　D. 補充資料

10. 下列各項中，會影響現金流量淨額變動的是（　　）。
    A. 用原材料對外投資　　　　B. 從銀行提取現金
    C. 用現金支付購買材料款　　D. 用固定資產清償債務

11. 下列項目會減少企業現金流量的是（　　）。
    A. 購買固定資產　　　　　　B. 長期待攤費用攤銷
    C. 固定資產折舊　　　　　　D. 固定資產盤虧

12. 現金流量表中的現金流量正確的分類方法是（　　）。
    A. 經營活動、投資活動和籌資活動
    B. 現金流入、現金流出和非現金活動
    C. 直接現金流量和間接現金流量
    D. 經營活動、投資活動及收款活動

13. 現金流量表是以（　　）為基礎編製的。
    A. 現金　　　　B. 營運資金　　C. 流動資金　　D. 全部資金

14. 企業計提的折舊（　　）。
    A. 在投資活動的現金流量中反應
    B. 在籌資活動的現金流量中反應
    C. 在經營活動的現金流量中反應
    D. 因不影響現金流量淨額，所以不在上述三種活動的現金流量中反應

15. 在編製現金流量表時，所謂的「直接法」和「間接法」是針對（　　）而言的。
    A. 投資活動的現金流量　　　B. 經營活動的現金流量
    C. 籌資活動的現金流量　　　D. 上述三種活動的現金流量

二、多選題

1. （　　）不會影響現金流量淨額的變動。
   A. 將現金存入銀行　　　　　B. 用現金對外投資
   C. 用存貨清償債務　　　　　D. 用原材料對外投資

2. 下列各項中，影響經營活動現金流量的項目有（　　）。
   A. 發行長期債券收到的現金　　　B. 償還應付購貨款
   C. 支付生產工人工資　　　　　　D. 支付所得稅
3. 下列各項中，影響投資活動現金流量的項目有（　　）。
   A. 以存款購買設備　　　　　　　B. 購買三個月到期的短期債券
   C. 購買股票　　　　　　　　　　D. 取得債券利息和現金股利
4. 下列各項中，影響籌資活動現金流量的項目有（　　）。
   A. 支付借款利息　　　　　　　　B. 融資租入固定資產支付的租賃費
   C. 支付各項稅費　　　　　　　　D. 發行債券收到的現金
5. 下列各項中，屬於經營活動產生的現金流量的是（　　）。
   A. 支付的所得稅款
   B. 購買機器設備所支付的增值稅款
   C. 購買土地使用權支付的耕地占用稅
   D. 支付的印花稅
6. 「投資所支付的現金」項目反應（　　）。
   A. 企業取得長期股權投資所支付的現金
   B. 企業取得長期股權投資所支付的佣金
   C. 企業取得長期股權投資所支付的手續費
   D. 企業取得長期債權投資所支付的現金
7. 「不涉及現金收支的投資活動和籌資活動」需列示（　　）。
   A. 「債務轉為資本」　　　　　　B. 「一年內到期的可轉換公司債券」
   C. 「融資租入固定資產」　　　　D. 「從銀行提取現金」
8. 企業「支付的其他與籌資活動有關的現金」項目反應（　　）。
   A. 現金捐贈支出　　　　　　　　B. 融資租入固定資產支付的租賃費
   C. 計提的資產減值準備　　　　　D. 固定資產計提折舊
9. 現金流量表中的現金包括（　　）。
   A. 庫存現金　　　　　　　　　　B. 銀行存款
   C. 其他貨幣資金　　　　　　　　D. 現金等價物
10. 「收到的其他與經營活動有關的現金」項目反應（　　）。
    A. 罰款收入
    B. 流動資產損失中由個人賠償的現金收入
    C. 企業代購代銷業務收到的現金
    D. 企業銷售材料收到的現金

三、判斷題

1. 中國《企業會計準則——現金流量表》在要求企業按間接法編製現金流量表的同時，還要求企業在現金流量表附註的補充資料中按直接法將淨利潤調節為經營活動的現金流量。　　　　　　　　　　　　　　　　　　　　　　　（　　）
2. 作為現金流量表編製基礎的現金是指現金及現金等價物。　　　（　　）

3. 企業一定期間的現金流量可分為經營活動的現金流量、投資活動的現金流量和籌資活動的現金流量。（　）

4. 企業本期應交的增值稅在利潤表中的「主營業務稅金及附加」項目反應。（　）

5. 企業銷售商品，預收的帳款不在「銷售商品、提供勞務收到的現金」項目中反應。（　）

6. 融資租入固定資產支付的租賃費，在經營活動產生的現金流量中反應。（　）

7. 「債務轉為資本」項目應在現金流量表的補充資料中填列。（　）

8. 企業收到退還的所得稅稅金應在「收到的其他與經營活動有關的現金」項目中反應。（　）

9. 企業前期銷售本期退回的商品支付的現金應在「支付的其他與經營活動有關的現金」項目中反應。（　）

10. 企業分得的股票股利可在「取得投資收益所收到的現金」項目中反應。（　）

四、簡答題

1. 現金流量表與資產負債表、利潤表有何關係？
2. 經營現金流量與淨利潤綜合分析的作用何在？
3. 如何評價經營活動現金淨流量的變化？
4. 借助現金流量指標如何透視盈利質量？
5. 現金流量表結構分析的意義何在？
6. 現金流量表趨勢分析的意義何在？

五、計算分析題

1. 計算與分析

A公司簡易現金流量表如表4-14所示。

表4-14　現金流量表

編製單位：A公司　　　　　　　　2003年度　　　　　　　　單位：萬元

項　　目	金額
一、經營活動產生的現金流量淨額	66,307
二、投資活動產生的現金流量淨額	-108,115
三、籌資活動產生的現金流量淨額	-101,690
四、現金及現金等價物淨變動	
補充資料：	
1. 將淨利潤調節為經營活動的現金流量	
淨利潤	B
加：計提的資產減值準備	1,001
固定資產折舊	15,639
無形資產攤銷	116

表4-14(續)

項目	金額
待攤費用的減少（減：增加）	-91
預提費用的增加（減：減少）	-136
處置固定資產、無形資產和其他資產的損失	0
固定資產報廢損失	0
財務費用	2,047
投資損失（減：收益）	-4,700
存貨的減少（減：增加）	17,085
經營性應收項目的減少（減：增加）	-2,437
經營性應付項目的增加（減：減少）	-34,419
其他	0
經營活動產生的現金流量淨額	A
2. 現金淨增加情況：	
現金的期末餘額	27,558
減：現金的期初餘額	D
現金淨增加額	C

分析要求：

(1) 填出表中 A、B、C、D 四項。

(2) A 公司當期經營活動現金淨流量與淨利潤出現差異的原因。

2. 某公司發生如下經濟業務：

(1) 公司分得現金股利 10 萬元；

(2) 用銀行存款購入不需要安裝的設備一臺，全部價款為 35 萬元；

(3) 出售設備一臺，原值為 100 萬元，折舊 45 萬元，出售收入為 80 萬元，清理費用 5 萬元，設備已清理完畢，款項已存入銀行；

(4) 計提短期借款利息 5 萬元，計入預提費用。

該企業投資活動現金流量淨額為多少？

六、案例分析題

某汽車生產商是中國第一汽車集團有限公司控股的經濟型轎車製造企業，是一家集整車、發動機、變速器生產、銷售以及科研開發於一體的上市公司，主要生產「夏利」、「威姿」、「威樂」、「威志」系列轎車，「天內」牌系列汽車發動機、「天齒」牌變速器也是企業的拳頭產品。其現金流量表如表 4-15 所示。

表 4-15　某汽車生產商現金流量表　　　　　　　　　　單位：萬元

項目	20×7 年	20×6 年	20×5 年
銷售商品、提供勞務收到的現金	99,149	147,819	319,810
收到的稅費返還	—	1,108	1
收到的其他與經營活動有關的現金	4,777	5,698	5,944
經營活動現金流入小計	103,926	154,625	325,756

表4-15(續)

項目	20×7年	20×6年	20×5年
購買商品、接受勞務支付的現金	171,199	218,128	357,257
支付給職工以及為職工支付的現金	80,716	88,769	108,336
支付的各項稅費	6,688	10,737	14,799
支付的其他與經營活動有關的現金	13,729	55,022	25,661
經營活動現金流出小計	272,333	372,656	506,053
經營活動產生的現金流量淨額	−168,407	−218,031	−180,298
收回投資所收到的現金	2,333	256,050	—
取得投資收益所收到的現金	19,076	47,551	41,625
處置固定資產、無形資產和其他長期資產所收回的現金淨額	571	635	297,308
收到的其他與投資活動有關的現金	253	—	—
投資活動現金流入小計	22,232	304,236	338,933
購建固定資產、無形資產和其他長期資產所支付的現金	30,089	8,695	20,839
投資所支付的現金	27,644	—	—
支付的其他與投資活動有關的現金	74	1,221	5,137
投資活動現金流出小計	57,808	9,917	25,976
投資活動產生的現金流量淨額	−35,576	294,319	312,957
取得借款收到的現金	224,722	113,840	349,900
籌資活動現金流入小計	224,722	113,840	349,900
償還債務支付的現金	25,362	219,100	362,360
分配股利、利潤或償付利息所支付的現金	6,734	7,045	13,777
支付其他與籌資活動有關的現金	9,361	7,029	—
籌資活動現金流出小計	41,457	233,174	376,137
籌資活動產生的現金流量淨額	183,265	−119,334	−26,237

案例思考：

1. 企業現金流量表分析包括哪些內容？
2. 企業現金流量表分析所用的基本方法是什麼？
3. 企業現金流量質量應從哪些方面去分析？

七、實訓任務

根據本章學習內容和實訓要求，完成實訓任務5。

(一) 實訓目的

1. 熟悉現金流量表結構內容。
2. 運用現金流量表分析的原理與方法，掌握現金流量表分析內容及分析方法。
3. 掌握現金流量表總體分析、質量分析的原則與分析內容、思路及方法，瞭解現金流量表具體項目分析的原則與分析方法。
4. 運用現金流量表總體分析的原則、思路及方法，對目標分析企業的現金流入量、現金流出量及現金淨流量進行總體分析、質量分析。

（二）實訓任務 5：目標分析企業的現金流量表分析

根據現金流量表分析原理、思路、內容及方法，基於實訓任務 1、實訓任務 2 目標分析企業及被比較企業的現金流量表分析結果，進一步分析以下內容：

(1) 對目標分析企業現金流入量進行分析，包括現金流入量的變動及構成對比分析，並得出相應結論。

(2) 對目標分析企業現金流出量進行分析，包括現金流出量的變動及構成對比分析，並得出相應結論。

(3) 對目標分析企業現金淨流量進行分析，包括現金淨流量的變動及構成對比分析，並得出相應結論。

(4) 對目標分析企業現金流量的質量進行分析。

連結 4-5　　　　　參考答案

一、單選題

1. A　2. A　3. A　4. B　5. B　6. C　7. B　8. B　9. C　10. C
11. A　12. A　13. A　14. D　15. B

二、多選題

1. ACD　2. BCD　3. ACD　4. ABD　5. AD　6. ABCD　7. ABC
8. AB　9. ABCD　10. AB

三、判斷題

1. ×　2. √　3. √　4. ×　5. ×　6. ×　7. √　8. ×　9. ×　10. ×

四、簡答題

1. 資產負債表無法說明企業的資產、負債和所有者權益為什麼發生了變化。利潤表無法提供經營、投資、籌資活動引起的現金流入、流出的信息。現金流量表可用於評價企業經營業績、衡量財務資源和財務風險以及預測未來前景等，能彌補資產負債表和利潤表的不足。

2. (1) 以實際發生為基礎既避免了權責發生制的不足又可以與資產負債表、利潤表的相關項目相互聯繫、檢驗。(2) 作為盈利能力的參照指標具有較強的穩健性。(3) 現金存量與其他資產存在方式相比更容易檢查和驗證。(4) 更能體現公司的綜合盈利水準和償債能力，透視出盈利質量。

3. 經營活動產生的現金流量小於零、大於零但不足以補償當期的非付現成本、大於零並在補償當期的非付現成本後仍有剩餘。另外可結合企業經營生命週期評價經營活動現金淨流量的變化是否正常。

4. 利潤是按權責發生制計算的，反應當期的財務成果不代表真正實現的收益，盈利企業仍然有可能發生財務危機，高質量的盈利必須有相應的現金流入做保證。

5. 計算企業各項現金流入量佔現金總流入量的比重以及各項現金流出量佔現金總流出量的比重，可揭示企業經營、投資和籌資活動的特點及對現金淨流量的影響方向和程度。

6. 通過觀察現金流量連續幾年的變動趨勢，報表使用者可全面評價現金流量狀況，

避免因某期偶發事件對現金流量做出片面結論。

五、計算分析題

1. （1）A：66,307　　B：72,198　　C：-143,498　　D：171,056

（2）分析：經營活動的現金淨流量＝本期淨利潤＋不減少現金的經營性費用＋不減少現金的非經營性費用＋非現金流動資產的減少＋流動負債的增加。原因：由公式可判斷 A 公司在本期出現了不減少現金的經營性費用及非經營性費用、非現金流動資產變動、流動負債變動。

2. 分得股利或利潤所收到的現金＝10（萬元）
處置固定資產而收到的現金淨額＝80-5＝75（萬元）
購建固定資產所支付的現金＝35（萬元）
投資活動現金流量淨額＝75＋10-35＝40（萬元）

六、案例分析題

1. 分析內容包括：
（1）總體分析：①現金流量表趨勢分析；②現金流量表結構分析。
（2）具體項目分析：對影響公司現金流量和變化幅度較大的項目進行分析。
（3）質量分析。

2. 分析方法包括：
（1）趨勢分析：定比、環比分析法和平均增長率法；
（2）結構分析：現金流入、現金流出及現金流量淨額結構分析；
（3）質量分析：從現金流量充足性、穩定性、財務彈性及成長性進行分析。

3. 從現金流量充足性、穩定性、財務彈性及成長性進行分析。

表 4-16　某汽車生產商現金流量分析

指標	年份			平均
	20×7	20×6	20×5	
現金流量資本支出比率	-5.60	-25.08	-8.65	-13.11
經營活動現金占比/%	29.62	27.00	32.11	29.58
經營現金流入量結構比率/%	95.40	95.60	98.17	96.39
經營現金流出量結構比率/%	62.86	58.53	70.60	64.00
現金支付保障倍數	-25.01	-30.95	-13.09	-23.01
經營現金流量成長比率	0.77	1.21	1.22	1.07

從表 4-16 可知該企業現金流量質量較差，經營及獲利的持續性與穩定性較低，經營現金流量的充足程度不高，經營活動現金流量不夠穩定，經營活動現金流量成長性差，財務風險較大。

第五章 所有者權益變動表原理及再認識

在《企業會計準則第30號——財務報表列報》中，要求所有者權益變動表也作為必須編製及披露的主要財務報表之一，反應企業在會計期內的所有者權益具體組成項目的增減變動情況。所有者權益變動表中的淨利潤來源於利潤表，直接計入所有者權益的利得和損失、所有者投入和減少的資本、利潤分配、所有者權益內部結轉各項目列示的信息，最終將詳細描述資產負債表中所有者權益項目金額的變動內涵。編製所有者權益變動表是公司受託責任觀和綜合收益觀的重要體現，所有者權益變動表的分析是資產負債表和利潤表分析的重要補充。

■學習目標

1. 瞭解所有者權益變動表的性質、作用及結構。
2. 理解所有者權益變動表中的各項目內涵及編製方法。
3. 瞭解所有者權益變動表和資產負債表、利潤表數據的內在邏輯關係。
4. 要求結合會計知識進一步熟悉利潤分配的具體原則和要求。
5. 瞭解所有者權益變動表的結構分析及趨勢分析方法。

■導入案例

所有者權益增長的來源是「輸血型」還是「盈利型」?

雲南白藥集團主營業務清晰,營運狀況良好,主要分為藥品、保健品、中藥資源和醫藥物流四大板塊,各個板塊既獨立擔綱,又相互支撐,形成從選育、種植、研發、製造到健康產品及服務的全產業鏈市場價值體系,形成「三產」融會貫通、多板塊互利發展的經濟生態圈。

2018 年,雲南白藥連續第 13 年獲得信息披露考評優秀評價,被評為第 11 屆中國價值評選主板上市公司價值百強前 10 強,連續 25 年向股東和投資者回報紅利,累計實現利稅 385.39 億元;入選福布斯全球企業 2,000 強、亞洲最佳上市公司 50 強、財富中國 500 強。表 5-1 為雲南白藥的所有者權益情況。

表 5-1 雲南白藥的所有者權益(2014—2018 年)

項目	2014 年	2015 年	2016 年	2017 年	2018 年
歸屬於母公司所有者權益/億元	111.85	134.33	157.26	180.38	197.82
增長率/%		20.1	17.1	14.7	9.7
留存收益/億元	88.97	111.41	134.37	157.48	174.93
增長率/%		25.2	20.6	17.2	11.1
(留存收益/歸屬於母公司所有者權益)/%	79.5	82.9	85.4	87.3	88.4

從表 5-1 中可以看出,雲南白藥所有者權益從 2014 年的 111.85 億元逐年增加到 2018 年的 197.82 億元,增長了 76.9%。結合雲南白藥的股價表現,採用復權後的價格,股價上漲了 24.6%。

思考:雲南白藥的所有者權益增加是「輸血型」還是「盈利型」?為什麼?

第一節 所有者權益變動表概念及作用再認識

一、所有者權益變動表的概念

所有者權益是投資者享有的企業淨資產,是投資者投入的資本和企業經營過程中累積的資本總和。所有者權益變動表是全面反應一定時期所有者(或股東)權益的各組成部分的增減變動情況的報表。它不僅包括所有者權益總量的增減變動,還包括所有者權益增減變動的重要結構性信息。

二、所有者權益變動表的作用再認識

所有者權益變動表作為企業主要報表之一,具有以下幾個方面的作用:

(一) 是連接資產負債表和利潤表的橋樑

由於歷史成本、收入實現、謹慎性原則的限制,越來越多的已確認未實現的利得

和損失不能在利潤表中列示，只能直接列示在資產負債表中的所有者權益中，這種做法破壞了資產負債表與利潤表之間的鉤稽關係。如果要恢復這種鉤稽關係，就必須對利潤表遵循的會計原則進行改革，這就是說要重新構建會計理論框架，目前來說這是不能實現的。為了解決這個難題，所有者權益變動表擔負起了成為資產負債表與利潤表之間的橋樑的重任，通過所有者權益變動表搭建二者之間的鉤稽關係，使財務報告體系中各要素之間繼續保持緊密的聯繫。所以說所有者權益變動表是解決會計理論發展滯後於會計環境發展的問題的必要工具。

（二）詳細報告企業淨資產組成

隨著中國經濟的發展，資本市場不斷完善和發展，繞過利潤表在所有者權益表中列示的利得和損失將會越來越多。企業所有者對本身利益的重視必將要求他們需要詳細瞭解自己在企業中的真實權益狀況。所有者權益變動表有助於投資者準確找到所有者權益增減變動的根源，有助於投資者準確判斷企業資產增值的真實情況，有助於投資者準確定位企業整體的財務狀況和經營成果。

（三）進一步報告綜合收益

綜合收益，是指在某一會計期間與本企業之外的其他組織進行交易或發生的其他事項引起的全部所有者權益變動。綜合收益的構成包括兩部分：①利潤表中報告的收入、收益、費用以及損失；②不屬於淨利潤但影響所有者權益增減變動的收益和損失。例如，以公允價值計量且其變動計入其他綜合收益的金融資產的未實現收益和損失就是不屬於淨利潤但影響所有者權益的收益和損失。在所有者權益變動表中，淨利潤和直接計入所有者權益的利得和損失均需單獨記錄，這既可以體現企業的綜合收益情況，又反應了企業綜合收益的具體構成，這樣提供的會計信息才更加完整、相關、有用。

第二節　所有者權益變動表分析原理

一、所有者權益變動表的內容構成

所有者權益變動表包括實收資本（或股本）、資本公積、其他綜合收益、盈餘公積、未分配利潤的期初餘額、本期增減變動項目與金額及其期末餘額等。所有者權益變動表至少應當單獨列示反應下列信息的項目：

（1）淨利潤；

（2）直接計入所有者權益的利得和損失項目及其總額；

（3）會計政策變更和差錯更正的累計影響金額；

（4）所有者投入資本和向所有者分配利潤等；

（5）按照規定提取的盈餘公積；

（6）實收資本或股本、資本公積、盈餘公積、未分配利潤的期初和期末餘額及其調節情況。

所有者權益變動表的格式見表5-2。

表 5-2　所有者權益變動表　　　　　　會企 04 表

編製單位：　　　　　　　　年度　　　　　　　　單位：元

項　目	本 年 金 額							上年金額
	實收資本（或股本）	資本公積	減:庫存股	盈餘公積	未分配利潤	所有者權益合計		
一、上年年末餘額								略
加：會計政策變更								
前期差錯更正								
二、本年年初餘額								
三、本年增減變動金額（減少用「-」號填列）								
(一) 淨利潤								
(二) 直接計入所有者權益的利得和損失								
1. 可供出售金融資產公允價值變動淨額								
2. 權益法下被投資單位其他所有者權益變動的影響								
3. 與計入所有者權益項目相關的所得稅影響								
4. 其他								
上述（一）和（二）小計								
(三) 所有者投入和減少資本								略
1. 所有者投入資本								
2. 股份支付計入所有者權益的金額								
3. 其他								
(四) 利潤分配								
1. 提取盈餘公積								
2. 對所有者（或股東）的分配								
3. 其他								
(五) 所有者權益內部結轉								
1. 資本公積轉增資本（或股本）								
2. 盈餘公積轉增資本（或股本）								
3. 盈餘公積彌補虧損								
4. 其他								
四、本年年末餘額								

二、所有者權益變動表的結構

所有者權益變動表由表頭、正表兩部分組成。

(一) 表頭

表頭主要填寫報表名稱、編製單位、編製日期、貨幣單位等。

(二) 正表

正表是所有者權益增減變動的具體表現。正表中清楚地記載了構成所有者權益的各組成部分當期的增減變動情況。所有者權益變動表是按以下形式編製的：

（1）所有者權益變動表是以矩陣的形式編製的。這樣編製，一方面按照引起所有者權益變動的具體因素對一定時期所有者權益變動情況進行綜合反應，全面列示導致所有者權益變動的交易或事項，改變了以往僅僅按照所有者權益的各組成部分反應所有者權益的變動情況；另一方面按照所有者權益各組成部分及其總額反應實際交易或事項對所有者權益的具體影響。

（2）列示所有者權益變動表的比較信息。根據財務報表列表準則的規定，企業需要提供所有者權益變動表的比較信息，因此，所有者權益變動表還就各項目再分為「本年金額」和「上年金額」兩欄分別填列。

第三節　所有者權益分析

一、所有者權益具體項目分析

所有者權益的來源包括所有者投入的資本、留存收益以及直接計入所有者權益的利得和損失等。其中直接計入所有者權益的利得和損失，指的是不能計入當期收益，但會導致所有者權益發生增減變動，而又與所有者投入資本或者向所有者分配利潤無關的利得和損失（如以公允價值計量且其變動計入其他綜合收益的金融資產的公允價值變動損益應計入其他綜合收益）。

（一）實收資本（或股本）

實收資本是指投資者根據合同或協議的約定作為資本投入企業的各種資產形成的價值，是企業實際收到的投資者投入的資本，它表明了所有者對企業的基本產權關係。

（二）資本公積

資本公積是投資者投入企業且超過註冊資本部分的資本或者資產，以及直接計入所有者權益的利得和損失，其所有權歸屬於投資者。資本公積可以分成兩類，一類是資本（股本）溢價，一類是其他資本公積。

其他資本公積主要是指直接計入所有者權益的利得和損失，這部分利得和損失不應計入當期損益，是會導致所有者權益發生增減變動但與所有者投入資本或者向所有者分配利潤無關的利得或損失。

（三）盈餘公積

盈餘公積一般分為兩種：一是法定盈餘公積金，公司制企業的法定盈餘公積按淨利潤的10%提取（非公司制企業也可按照超過10%的比例提取），法定盈餘公累積計額達企業註冊資本的50%時可以不再提取；二是任意盈餘公積金，任意盈餘公積主要是公司制企業按照股東大會的決議提取的。盈餘公積是所有者權益的一個組成部分，是企業生產經營所需資金的一個來源，從形態上看，該項形成的資金可能是一定的貨幣資金，也可能是企業的實物資產。

盈餘公積的主要用途如下：①彌補虧損；②轉增資本（或股本）；③擴大企業生產經營。

（四）其他綜合收益

其他綜合收益是指企業根據其他會計準則的規定未在當期損益中確認的各項利得和損失。其他綜合收益在資產負債表中作為所有者權益的構成部分，採用總額列報的方式進行列報，列示的總額是扣除所得稅影響後的金額，附註應詳細披露關於其他綜合收益的各項目的信息，包括其他綜合收益各項目及其所得稅的影響、原計入其他綜合收益當期轉入損益的金額、各項目的期初和期末餘額及其調節情況。其他綜合收益包括以後會計期間不能重分類進損益和以後會計期間在滿足規定條件時重分類進損益兩類。

分析該項目時，尤其要關注的是以後會計期間在滿足規定條件時將重分類進損益的其他綜合收益項目中轉進某期損益時，企業管理當局是否有調節該期利潤的嫌疑。

（五）未分配利潤

未分配利潤可以用於以後年度分配，未做分配前，屬於所有者權益的組成部分。它佔有的所有者權益的比例越高，說明企業盈利能力越強。

未分配利潤有可能會出現負數，負數表示企業發生虧損，需用以後年度的利潤或者盈餘公積來彌補。《中華人民共和國公司法》規定，在公司彌補虧損和提取法定盈餘公積之前向股東分配利潤的，股東必須將違反規定的利潤退還給公司。這也就是說企業在向股東分別利潤時，必須有正的未分配利潤，企業虧損時不允許向股東分配利潤。

（六）少數股東權益

少數股東權益簡稱少數股權。在母公司擁有子公司股份不足100%，即只擁有子公司淨資產的部分產權時，子公司股東權益的一部分屬於母公司所有，即多數股權，其餘一部分屬外界其他股東所有，由於後者在子公司全部股權中不足半數，對子公司沒有控制能力，故被稱為少數股權。它反應的是在合併資產負債表中除母公司以外的其他投資者在子公司的權益，表示其他投資者在子公司所有者權益中所擁有的份額。

少數股權主要由兩個部分組成：一是由投資者投入的資本，包括實收資本（或股本）和資本公積；二是企業在生產經營過程中通過累積形成的留存收益，包括盈餘公積和未分配利潤。

二、結構分析

所有者權益變動表結構分析是指所有者權益的各構成項目金額占所有者權益總額的比重及其變動情況的分析。它能反應企業所有者權益各構成項目的分佈情況及其合理性程度，預測其未來的發展趨勢，揭示目前企業的資本實力和風險承擔能力，反應企業的內部累積能力和對外融資能力，從而間接反應企業目前的經營狀況和未來經濟發展潛力。

影響所有者權益結構的因素主要有以下幾種：

（一）利潤分配政策

在企業經營業績一定的情況下，所有者權益結構直接受制於企業的利潤分配政策。若企業採用高利潤分配政策，就會把大部分利潤分配給所有者，當期留存收益的數額必然減少，當期所有者權益結構的變動就不太明顯；企業採取低利潤分配或暫緩分配政策，留存收益比重必然會因此提高。

(二) 所有者權益規模

所有者權益結構變動既可能是由所有者總量變動引起的，也可能是由所有者權益內部各項目本身變動引起的。實務中具體有以下三種情況：一是總量變動，結構變動；二是總量不變，結構變動；三是總量變動，結構不變。

(三) 企業控制權

企業原來的控制權掌握在原所有者手中，如果企業通過吸收新的投資者追加資本投資來擴大企業資本規模，不但會引起所有者權益構成結構的變化，而且會分散原所有者對企業的控制權。如果老股東不想分散、稀釋其對企業的控制權，在企業需要資金時就只能採取負債籌資的方式，這樣既不會引起企業所有者權益結構發生變動，也不會分散老股東對企業的控制權。

(四) 權益資本成本

所有者承擔的風險高於債權人承擔的風險，因此所有者要求的回報也要高於債權人。從成本的角度考察，權益資本成本往往高於債務資本成本，企業要降低資本成本，應盡量多利用留存收益。如果在所有者權益中加大留存收益比重，企業綜合資金資本成本就會相對降低。

(五) 外部環境因素

企業在選擇籌資渠道和籌資方式時，往往不會完全依企業自己的主觀意志而定，還受到經濟環境、金融政策、資金市場狀況、資本保全法規要求等因素的制約。這些因素影響企業的籌資渠道和方式，也必然影響到所有者權益結構。

例 5-1 A 公司所有者權益結構變動情況如表 5-3 所示。

表 5-3　A 公司所有者權益結構變動情況分析表

項目	本年金額/元	去年金額/元	結構/% 本年	結構/% 去年
實收資本（股本）	2,051,876,155.00	2,051,876,155.00	25.58	26.28
資本公積	4,730,951,576.19	4,731,235,134.60	58.99	60.60
盈餘公積	208,767,308.22	177,707,077.97	2.60	2.28
未分配利潤	1,059,048,963.47	851,322,556.61	13.20	10.90
所有者權益合計	8,020,280,057.56	7,807,283,659.18	100.00	100.00

從表 5-3 中可以看出，A 公司所有者權益中，股本和資本公積所占比重分別由 26.28% 下降到 25.58%，以及由 60.60% 下降到 58.99%；而未分配利潤所占比重由 10.90% 上升到 13.20%。

投入資本所占比重下降，主要原因是公司沒有進行股本擴張。未分配利潤所占比重上升，顯然是由公司贏利形成的，可以滿足公司維持和擴大再生產的資金需要，另外也預示著公司未來有充足的利潤分配潛力。

本章小結

所有者權益變動表是反應所有者權益的各組成部分當期的增減變動情況的報表。所有者權益變動表揭示了構成所有者權益的各組成部分的增減變動情況，有助於投資者準確地理解所有者權益增減變動的根源，表明了企業淨資產增值的屬性和含金量，可以使報表使用者對企業整體的財務狀況和經營成果有一個準確的定位判斷。中國現行的所有者權益變動表對實收資本、資本公積、盈餘公積、未分配利潤等資產負債表權益項目的增減變動進行了詳細列示。所有者權益變動表結構分析應考慮的因素有利潤分配政策、所有者權益規模、企業控制權、權益資本成本和外部環境因素等。所有者權益還可以結合時間序列上的數據統計分析方法進行權益各項目變動規律的趨勢分析。

本章重要術語

所有者權益變動表　淨資產　實收資本　資本公積　盈餘公積
未分配利潤　利潤分配　會計政策變更　利潤分配政策　淨利潤

習題·案例·實訓

一、單選題

1. 下列屬於投資者投入的資本的是（　　）。
   A. 留存收益　　B. 所有者權益　　D. 淨流量　　C. 盈餘公積

2. 所有者權益是指企業資產扣除負債後由股東享有的「剩餘權益」，也稱為（　　）。
   A. 淨資產　　B. 淨流量　　C. 淨收益　　D. 淨負債

3. 盈餘公積的項目不包括（　　）。
   A. 法定盈餘公積　　　　　B. 任意盈餘公積
   C. 法定公益金　　　　　　D. 一般盈餘公積

4. 下列選項中，正確反應資產負債表中所有者權益報表項目的排列順序的是（　　）。
   A. 實收資本、盈餘公積、資本公積、未分配利潤
   B. 實收資本、資本公積、盈餘公積、未分配利潤
   C. 未分配利潤、盈餘公積、資本公積、實收資本
   D. 盈餘公積、資本公積、實收資本、未分配利潤

5. 所有者權益變動表是反應企業在一定期間內有關（　　）的各組成項目增減變動情況的報表。
   A. 資產　　B. 負債　　C. 所有者權益　　D. 未分配利潤

6. 所有者權益主要分為兩部分：一部分是投資者投入的資本，另一部分是生產過程中資本累積形成的（　　）。
　　A. 資本公積　　　B. 營業利潤　　　C. 留存收益　　　D. 利潤總額
7. 下列不影響當期所有者權益變動額的項目是（　　）。
　　A. 利潤分配　　　　　　　　　　B. 所有者投入和減少的資本
　　C. 淨利潤　　　　　　　　　　　D. 所有者權益內部結轉
8. A公司本年淨利潤為1,000萬元，分配股利時股票市價為10元/股，發行在外的普通股股數為1,000萬股，股利分配政策為10送2股，則稀釋後每股收益為（　　）。
　　A. 8.33　　　　　B. 1　　　　　　C. 0.83　　　　　D. 10
9. 下面不需要考慮籌資費用的是（　　）。
　　A. 長期借款　　　B. 債券融資　　　C. 股權融資　　　D. 留存收益
10. 在所有者權益變動表中，直接計入所有者權益的利得和損失內容包括（　　）。
　　A. 會計增長變更對當期利潤的影響
　　B. 以公允價值計量且其變動計入其他綜合收益的金融資產
　　C. 前期差錯更正對所有者權益的影響
　　D. 成本法下被投資方所有者權益的變動

二、多選題
1. 直接計入所有者權益的利得和損失，主要包括（　　）。
　　A. 以公允價值計量且其變動計入其他綜合收益的金融資產
　　B. 權益法下被投資單位其他所有者權益變動的影響
　　C. 所有者權益內部結轉
　　D. 進行利潤分配
2. 所有者權益變動表包括（　　）、未分配利潤的期初餘額、本期增減變動項目與金額及其期末餘額等。
　　A. 實收資本（股本）　　　　　B. 資本公積
　　C. 優先股　　　　　　　　　　D. 盈餘公積
3. 所有者權益內部結轉包括（　　）。
　　A. 資本公積轉增資本　　　　　B. 盈餘公積轉增資本
　　C. 盈餘公積彌補虧損　　　　　D. 利潤分配
4. 下列項目中，能同時引起負債和所有者權益發生變動的有（　　）。
　　A. 企業宣告分配利潤　　　　　B. 賒銷形成的應收帳款
　　C. 企業發放股票股利　　　　　D. 以盈餘公積派發現金股利
5. 所有者權益按其來源的不同分為（　　）。
　　A. 所有者投入的資本　　　　　B. 直接計入所有者權益的利得
　　C. 直接計入所有者權益的損失　D. 留存收益
6. 前期差錯通常包括（　　）。
　　A. 計算錯誤　　　　　　　　　B. 曲解事實產生的影響
　　C. 應用會計政策錯誤　　　　　D. 疏忽產生的影響

三、判斷題

1. 所有者權益變動表中，所有者權益淨變動額等於資產負債表中的期末所有者權益。（　）
2. 所有者權益的來源包括所有者投入的資本、直接計入所有者權益的利得和損失、留存收益等。（　）
3. 若發生未實現的損益，公司的價值就會增減，盈餘公積也會隨之增減，但未實現的損益不在年度利潤表中披露，而是直接計入所有者權益。（　）
4. 企業用盈餘公積轉增資本不會改變所有者權益規模。（　）
5. 所有者權益變動表中反應了債權人擁有的權益，可據以判斷資本保值、增值的情況以及對負債的保障程度。（　）
6. 所有者權益變動表內的項目可以根據資產負債表和利潤表的有關數據直接填列。（　）
7. 庫存股是指公司收回已發行的且尚未註銷的不可以再次出售的股票。（　）
8. 所有者權益變動表中，所有者權益淨變動額等於資產負債表中的期末所有者權益。（　）
9. 對於創業期的公司賺的利潤，應採用先用於企業發展再用於股東分配的財務理念。（　）
10. 若出現未實現的損益，公司的資產價值就會增減，公積也會隨之增減，但未實現的損益不在年度利潤表中披露，而是直接計入所有者權益。（　）

四、計算分析題

1. A公司2017年實現淨利2,870萬元，股利分配530萬元，增發新股1,500萬股，M公司是A公司的子公司，A公司占股45%，M公司2017年盈利為212萬元，試計算A公司所有者權益變動額。
2. 闡述所有者權益變動表與資產負債表的鉤稽關係。

連結5-1　　　　　　第五章　部分練習題答案

一、單選題

1. B　2. A　3. C　4. B　5. C　6. D　7. D　8. C　9. D　10. B

二、多選題

1. AB　2. ABD　3. ABC　4. AD　5. ABCD　6. ABCD

三、判斷題

1. ×　2. √　3. √　4. √　5. ×　6. ×　7. ×　8. ×　9. √　10. √

四、計算分析題

1. 解：根據淨利潤與所有者權益變動額的關係公式，有：

A公司所有者權益變動額 = 2,870－530＋1,500＋2,122,870－530＋1,500＋212×45% = 3,935.4（萬元）

2. 資產負債表報告的是某一時點的價值存量，利潤表、現金流量表與所有者權益變動表反應的是兩個時點之間的存量變化——流量。利潤表反應了所有者權益變化的一部分，現金流量表則反應了現金的變化過程，所有者權益變動表反應的是資產負債表中所有者權益具體項目的變化過程。四張會計報表從存量與流量視角，用會計語言反應了企業會計期間的總體財務狀況和經營業績。

第六章
財務報表比率分析

財務報表比率分析不僅可以幫助投資者有效判斷企業的競爭力強不強、盈利能力強不強、資產收益高不高、是否值得投資，還可以幫助企業股東和管理者及時發現經營管理過程中的問題，以改善企業財務結構，提高企業經營效率、償債能力及盈利能力，促進企業持續穩定地發展。

■學習目標

1. 瞭解財務報表比率指標體系。
2. 掌握償債能力指標分析體系，理解影響償債能力指標的因素。
3. 掌握盈利能力指標分析體系，理解影響盈利能力指標的因素。
4. 掌握營運能力指標分析體系，理解影響營運能力指標的因素。
5. 掌握發展能力指標分析體系。

■導入案例

花樣年控股榮獲2019中國房地產上市公司綜合實力百強：增長穩健、土儲豐厚

2019年5月23日，由中國房地產業協會、上海易居房地產研究院中國房地產測評中心聯合開展的「2019中國房地產上市公司測評成果發布會暨首屆中國物業服務企業上市公司測評成果發布」在中國香港隆重召開。花樣年控股集團有限公司（01777.HK，以下簡稱「花樣年」）憑藉較強的綜合實力，獲「2019中國房地產上市公司綜合實力100強（第66位）」榮譽。在同期首次舉辦的首屆物業服務企業上市公司測評成果發布中，花樣年旗下彩生活服務集團（01778.HK，以下簡稱「彩生活」）獲「2019中國物業服務企業上市公司10強（第4位）」榮譽。

> 「中國房地產上市公司測評研究」，是由中國房地產業協會、上海易居房地產研究院中國房地產測評中心共同主持的，已連續開展 11 年，其測評成果已成為全面評判中國房地產上市公司綜合實力及行業地位的重要指標。
> 　　中國房地產上市公司測評從營運規模、抗風險能力、盈利能力、發展潛力、經營效率、創新能力、社會責任、資本市場表現八大方面，採用收入規模、開發規模、利潤規模、資產規模、短期償債能力、長期償債能力、相對盈利能力、絕對盈利能力、銷售增長能力、利潤增長能力、資本增長能力、資源儲備、生產資料營運能力、人力資源營運能力、經營創新、產品創新、納稅責任、社會保障責任、慈善捐贈、企業在資本市場運行情況 20 個二級指標，採用房地產業務收入、租賃收入、房地產銷售面積、持有型物業持有面積、資產總額、利潤總額、現金流動負債比、市盈率（PE）、市淨率（PB）、每股收益（EPS）等 42 個三級指標來全面衡量房地產上市公司的綜合實力。經過客觀、公正、專業和科學的測評研究，最終形成了 2019 年中國房地產上市公司 100 強榜單。
> 　　（資料來源：花樣年控股榮獲 2019 中國房地產上市公司綜合實力百強：增長穩健、土儲豐厚［EB/OL］.（2019-05-24）［2019-08-21］. https://finance.qq.com/a/20190524/007953.htm.）

第一節　財務報表比率指標體系

　　財務報表比率分析是對企業一定時期內的財務報表各項目的數據進行比較，通過計算相應比率指標，進一步評價和分析企業在報告年度內的財務狀況和經營成果的一種方法。財務報表比率分析可以消除規模影響，對企業的財務狀況和經營情況做縱向和橫向對比分析，從而幫助投資者、債權人、企業管理層以及政府機構等各類信息使用者從不同角度分析企業的償債能力、資本結構、經營效率、盈利能力、發展能力情況等，進而做出合理的決策。

　　財務比率指標的類型主要包括構成比率、效率比率和相關比率三類。

一、構成比率

　　構成比率是指某項指標的各組成部分在整體中所占的比重。它用以反應部分與整體之間的關係，即將財務報表中的某一重要項目（一般為資產負債表中的資產總額或權益總額）的數據作為分母，然後將報表中其餘相關項目分別與這一項目相除，算出的相關比率揭示各項目的數據在公司財務中的意義。計算的基本公式為：

$$構成比率 = \frac{某個組成部分數值}{總體數值} \times 100\%$$

　　構成比率分析多用於資產負債表和利潤表的分析。在分析資產負債表時，通常以資產總額、負債總額和所有者權益總額作為分母。比如，流動資產占總資產的百分比、長期借款占負債總額的百分比等。在分析利潤表時，通常以營業收入作為基數，比如銷售淨利率、營業利潤率指標等。

例 6-1 根據本年 A 公司資產負債表，分析本年該公司資產構成情況。計算如表 6-1 所示。

表 6-1　本年 A 公司資產構成比率　　　　　　　　　單位:%

項目	本年百分比
貨幣資金/流動資產	36.52
應收帳款/流動資產	8.09
其他應收款/流動資產	8.26
存貨/流動資產	39.66
其他流動資產/流動資產	3.34
流動資產合計/總資產	62.62
固定資產淨額/非流動資產	66.52
無形資產/非流動資產	15.66
長期股權投資/非流動資產	8.03
商譽/非流動資產	5.61
非流動資產合計/總資產	37.38

從表 6-1 中可以看成，本年 A 公司的總資產中流動資產占 62.62%，表明公司以流動資產為主。從流動資產的構成看，存貨占比最高為 39.66%，其次是貨幣資金占比，為 36.52%，應收帳款和其他應收款占比分別為 8.09% 和 8.26%，表明流動資產質量有待提高，存貨和應收款項占比偏高。

二、效率比率

效率比率是指某項財務活動中所費與所得的比率，反應投入與產出的關係。效率比率主要用來分析企業的經營效率和資產使用效率，據此評價企業資產的獲利能力。

在分析企業資產的獲利能力時，通常可以使用成本利潤率、銷售利潤率和資本金利潤率等獲利能力指標，即將利潤指標（一般選取淨利潤的數據）與銷售成本、銷售收入、資本金等項目進行對比，這些數據方便使用者從不同視角分析比較企業的獲利能力的高低及其增減變化情況帶來的影響。

反應企業資產的利用效率的指標是淨資產收益率和總資產報酬率。計算公式如下：

$$淨資產收益率 = \frac{淨利潤}{所有者權益}$$

$$總資產報酬率 = \frac{淨利潤}{總資產}$$

三、相關比率

相關比率是指在企業的經營活動中性質不同但相互聯繫的兩個指標的比率。分析相關比率可以使報表使用者更加客觀地從企業經濟活動的角度認識企業的生產經營狀況，同時可以有效分析企業具有相互關聯的業務之間運行的具體情況。

相關比率是財務報表數據分析中非常重要的一類指標，分析的範圍也比較廣泛。比如，用以判斷企業短期償債能力的指標為流動比率，用以判斷企業長期償債能力的

指標為資產負債率。其計算公式為：

$$流動比率 = \frac{流動資產}{流動負債}$$

$$資產負債率 = \frac{負債總額}{資產總額}$$

需要注意的是，流動比率並沒有一個明確的評價標準，單個企業的流動比率也不能說明什麼問題，只有在同行業中進行比率指標的對比分析，才能得出一個比較有意義的結論。

財務報表比率分析既可以進行橫向分析（在同一時點分析某一行業的不同企業），也可以進行縱向分析（對某一企業分析其不同年度的財務情況和經營成果）。每一個比率指標因使用的項目不同，反應的企業財務及經營狀況的問題也會不同，各類使用者需要根據自己分析企業的財務目的選取合適的側重點以及相關比率指標進行分析。

這裡需注意的是，單個比率分析一般只針對企業某個特定方面進行分析，比率的高低，也僅僅反應企業被評價項目的某一水準，不能全面地反應企業的經營狀況和財務狀況。對企業經營及財務狀況進行整體分析時，需要使用更多的財務比率，同時借助科學的方法進行分析。

第二節　償債能力財務比率分析

一、償債能力的概念

償債能力是指企業償還各種到期債務的能力。償債能力分析是企業財務分析的重要組成部分，有利於企業債權人、經營者、投資者等不同利益相關者瞭解企業的財務狀況和財務風險，進而做出合理的決策。

二、償債能力分析的內容

負債按照其償還期限的長短可以分為短期負債和長期負債。短期負債也叫流動負債，是指將在1年（含1年）或者一個營業週期內償還的債務，包括短期借款、應付票據、應付（預收）帳款等。長期負債也叫非流動負債，是指償還期限超過1年的債務，包括長期借款、公司債券、長期應付款等。因此企業的償債能力分析也可以分為短期償債能力分析和長期償債能力分析。

（一）短期償債能力分析

短期償債能力是指企業在短期內（小於或等於1年）償還債務的能力，一般是用流動資產來支付，所以對短期償債能力的分析主要是分析企業流動資產對流動負債的保障情況，通常也稱為流動性分析。短期償債能力的強弱對於企業的正常經營、發展乃至生存都是至關重要的，它是經營者、投資人、債權人、供應商和客戶都非常關注的一個財務指標。

（二）長期償債能力分析

長期償債能力是指企業償還長期債務（通常大於1年）的能力，或者是企業長期

債務到期時，企業盈利或資產對長期負債的保障能力。因此分析企業長期償債能力除了要關注企業的資產和負債的規模以外，更要關注企業資產配置的獲利能力。

三、短期償債能力指標的計算分析

衡量短期償債能力的指標主要包括營運資金、流動比率、速動比率、現金比率和現金流動負債比。

（一）營運資金

營運資金是指流動資產超過流動負債的部分，也稱淨營運資本。其計算公式為：

$$營運資金 = 流動資產 - 流動負債$$

當營運資金大於 0 時，表明企業的流動資產可以足額償還流動負債；當營運資金小於或等於 0 時，表明企業沒有足夠的流動資產償還流動負債。該指標越高，說明企業足額償還流動負債的能力越強，企業面臨的短期償債風險就越小，債權人的安全性就越高。但是營運資金過高，說明企業有部分閒置資產沒有發揮它的效用，從而影響了企業的獲利能力。

營運資金是一個絕對數指標。它的優點是可以直觀反應流動資產償還流動負債後的剩餘金額，缺點是不能用來比較分析不同規模、不同企業之間短期償債能力的大小。

例 6-2 A 公司與 B 公司營運資金對比分析見表 6-2。

表 6-2 營運資金計算表　　　　單位：億元

項目	前年	去年	本年
流動資產	92.4	124.77	107
流動負債	85.16	106.44	85.6
營運資金	7.24	18.33	21.4
營運資金（B 公司）	-2.59	-2.9	1.15

從前年到本年，A 公司的營運資金從 7.24 億元上升到 21.4 億元，上升幅度較大，這說明 A 公司的短期償債能力在不斷增強。與 B 公司對比可以看出，B 公司前年與去年營運資金均為負值，說明 B 公司流動資產不能保障流動負債的償還，本年 B 公司營運資金有了大幅提升，說明 B 公司短期償債能力有所上升，但與行業龍頭 A 公司相比還相差甚遠。

（二）流動比率

流動比率是流動資產與流動負債的比率，表示的是企業每一元流動負債可以有幾元流動資產來保障。它是衡量企業短期償債能力最常用的指標，計算公式如下：

$$流動比率 = \frac{流動資產}{流動負債}$$

由於企業的流動資產在償還流動負債後還應有一定剩餘，以保障企業日常經營活動中的其他開支需求，維持企業的繼續經營，同時流動資產中的存貨、應收帳款等項目變現能力較弱，所以在過去很長一段時間裡，國際上一般認為最低流動比率為 2 比較合理。但隨著經濟的發展，企業經營模式的改進，流動比率有下降的趨勢。對於具體某個企業來說，應結合同行業標準進行評價。

例 6-3　A 公司流動比率計算分析如表 6-3 所示。

表 6-3　A 公司流動比率計算表

項目	前年	去年	本年
流動資產/億元	92.4	124.77	107
流動負債/億元	85.16	106.44	85.6
流動比率	1.09	1.17	1.25
流動比率（B 公司）	0.92	0.93	1.03

根據表 6-3 中的計算可以看出，A 公司前年到本年，流動比率從 1.09 上升至 1.25，但均低於國際公認標準 2。這說明 A 公司流動資產對流動負債的保障能力還有待提高，短期償債能力有待提高。為了更準確判斷該企業短期償債能力的強弱，還應結合行業的平均水準進行分析。

與 A 公司相比，B 公司的流動比率更低，前年和去年均小於 1，本年略高於 1。這說明 B 公司流動資產對流動負債的保障能力太低，短期償債能力是該企業短期內需要改善的地方。

（三）速動比率

速動比率又稱酸性測試比率，是指速動資產與流動負債的比率，該比率用來衡量企業速動資產償付流動負債的能力。其計算公式為：

$$速動比率 = \frac{速動資產}{流動負債}$$

其中，速動資產的計算公式為：

$$速動資產 = 流動資產 - 存貨 - 預付帳款$$

在這裡需要注意，速動資產一般由貨幣資金、交易性金融資產、應收票據、應收帳款等構成，或者可以看成是流動資產減去變現能力較差且不穩定的存貨、預付帳款之後的餘額。

較高的流動比率並不意味企業有足夠的現金能用來償債，因為流動資產中有很大一部分是變現能力較差、價值不穩定的存貨和預付帳款。雖然有些企業流動比率很高，但是短期資產的流動性卻較差，則企業的短期償債能力就不是很理想。用速動比率來衡量企業短期償債能力，消除了存貨、預付帳款等變現能力較弱的流動資產項目的影響，可以彌補流動比率指標的缺陷，能夠更準確地反應企業的短期償債能力。

一般認為，速動比率為 1 時比較合適。和流動比率一樣，不同行業的速動比率差別比較大，在分析時還要結合其他因素進行評價。例如，以現金零售為主的商店，其應收帳款較少，所以速動比率小於 1 就比較合理；但是對於以賒銷為主的商貿型企業，其應收帳款較多，速動比率大於 1 才比較合理。

例 6-4　A 公司速動比率計算分析如表 6-4 所示。

表 6-4　A 公司速動比率計算表

項目	前年	去年	本年
速動資產/億元	48.09	53	63.1
流動負債/億元	85.16	106.44	85.6
速動比率	0.56	0.50	0.74
速動比率（B 公司）	0.71	0.74	0.64

從表6-4中可以看出，A公司前年與去年速動比率比較接近，分別為0.56和0.50，去年速動比率下降是該企業流動負債增長幅度較大所致，本年該企業流動負債下降，其速動比率也上升至0.74。2017年食品製造業行業平均值為0.88（數據來源於《2017年企業績效評價標準值》，下同），說明該公司速動資產對流動負債保障能力偏低，短期償債能力還有待提高。

B公司前年與去年的速動比率均高於A公司，本年速動比率下降，這主要是本年B公司存貨大幅上升所致。存貨大幅上升可能是因為產品滯銷，也可能是因為產品市場佔有率有所提高，具體原因還需結合其他資料進一步分析。但是本年B公司的速動比率低於行業平均值，說明該公司速動資產對流動負債保障能力偏低，短期償債能力較弱。

連結6-1　　　　　　　流動比率與速動比率分析陷阱

傳統的財務分析通常以流動比率和速動比率來衡量企業的短期償債能力。然而這兩個指標能否真實地說明企業的償債能力？會不會誤導財務信息需求者的判斷？

有些企業的流動資產變現能力存在很大問題，以流動資產和速動資產計算出的流動比率和速動比率有時會在很大程度上誤導投資者和債權人，導致投資失誤和不能回收到期債務等情況的出現。

陷阱一：存貨變現時間的長短和能力

正常情況下，流動負債是用企業的現金而不是用流動資產來償還的。但在流動比率分析公式中，分子是流動資產，使用流動資產變現更接近於現實，畢竟企業不是直接用流動資產償付流動負債的，而是用流動資產變現。考慮到這個影響因素，流動比率公式的分子就應該由原來的流動資產變為非存貨流動資產變現與存貨變現之和。

在流動資產中，存貨佔據了相當一部分比例，因此流動比率的高低必然受存貨數量多少的影響。當流動負債為一定量時，在其他流動資產變化較小的情況下，存貨數量越多，流動比率就越高，而流動比率高並不能絕對說明公司償還短期債務的能力強。

公司管理者在分析流動比率時，可以按照存貨變現時間的長短，將存貨劃分為短期存貨、中期存貨及長期存貨。變現時間在一年以下的為短期存貨，變現時間在一年以上、三年以下的為中期存貨，變現時間在三年以上的為長期存貨，長期存貨應屬於公司不良資產。在計算流動比率時要將不良資產從流動資產中剔除。要用具備一定增值能力，並能夠為公司發展做出貢獻的經營資產作為流動資產，這樣計算出的流動比率才具有一定的說服力。

陷阱二：商品存貨週轉速度與變現質量

流動資產的變現能力，不僅與銷售毛利率和存貨比重有關，還與週轉率有關。週轉速度越快，流動資產的變現能力就越強。在日常財務分析中，決策者往往只注重考核公司的存貨週轉率，而忽略了商品存貨週轉速度與變現質量。

存貨週轉率是營業成本與平均存貨的比值。比值大，說明存貨週轉速度快，可以為公司貢獻更多的收入和利潤，而存貨週轉速度的快慢與公司賒銷政策緊密相關。當公司本期賒銷商品數量增多時，會導致營業成本加大，存貨週轉速度與全部採用現銷時相比就會加快，這說明存貨週轉率指標中的營業成本對存貨週轉速度的快慢起著非

常重要的作用，由此在分析公司流動比率時不僅要結合存貨週轉速度，而且還要分析商品存貨的變現質量。

商品存貨的週轉速度與變現質量是一個公司能否在競爭中立足的重要標誌，質量的高低不僅表現在與同行業相比商品存貨週轉速度的快慢上，而且還表現在能否足額收回貨幣資金的數量上。

理論上對商品存貨週轉速度與變現質量指標沒有合理的界定範圍，公司只有與同行業相比或與本企業歷史水準相比才能得出合適範圍。如果公司的流動比率指標與同行業平均水準相比屬正常範圍，同時商品存貨週轉速度快、變現質量高，就能夠說明公司經營性資產質量高，商品存貨發生損失的可能性較小，償還短期債務有足夠的高質量經營性資產作為保證。只要企業流動資產週轉率快於企業流動負債週轉率，即便流動比率小於1也不至於產生問題。

陷阱三：人為調節和經濟衰退的影響

流動比率的分析不僅受到行業、季節、市場風險、價格、國家政策等因素的影響，也受到人為調節和經濟衰退的影響。

人為調節是用現金償還或者提前償還短期借款，使流動資產和流動負債同時等額減少；經濟衰退的出現會導致流動資產和流動負債大致相等地減少，尤其是在金融危機中。因此債權人在對債務人企業進行償債能力分析時，更應該注意這種數據跳躍的現象。

因此，在運用流動比率、速動比率指標時，必須進行深入、細緻的財務分析和綜合評價，既要分析行業特點、企業規模，又要分析流動資產及流動負債的具體內容結構。只有這樣，財務報表使用者及債權人才能對企業的短期償債能力做出客觀、準確的評價。

(四) 現金比率

現金比率是指企業現金類資產與流動負債的比值，其計算公式如下：

$$現金比率 = \frac{貨幣資金 + 交易性金融資產}{流動負債}$$

現金類資產包括貨幣資金、交易性金融資產等，是企業流動資產中流動性最強的資產，可以直接用來償債。因此現金比率表明企業隨時償付債務的能力，反應企業即時的流動性，比流動比率和速動比率更能準確地衡量企業的短期償債能力。現金比率高說明企業即時償付能力強，但是過高的現金比率，會給企業帶來較高的機會成本，影響企業的盈利能力；現金比率低，則說明企業即時償付能力弱。一般認為，該比率在0.2左右比較合理，保持這個水準，企業的即時支付能力不會有太大的問題，但是財務報表分析者還需結合企業實際情況和行業水準進行具體分析。

需要注意的是，企業的現金資產中會有一些具有特殊用途的貨幣資金，比如限定用途、不能隨便動用的資金，銀行限制條款中規定的最低存款餘額以及銀行對某些客戶規定的補償性限制餘額等，這些貨幣資金不能用於償還企業的短期債務，在計算現金比率時應被剔除。

例6-5 A公司現金比率計算分析如表6-5所示。

表 6-5　A 公司現金比率計算表

項目	前年	去年	本年
現金類資產/億元	20.96	11.25	39.16
流動負債/億元	85.16	106.44	85.6
現金比率	0.24	0.11	0.46
現金比率（B 公司）	0.36	0.36	0.35

從表 6-5 中可以看出，A 公司前年現金比率為 0.24，去年下降至 0.11，本年上升至 0.46，除去年低於標準值 0.2 外，其餘兩年均高於 0.2，從現金比率角度來看，企業現金類資產對流動負債的保障能力較強，企業的即時支付能力較強。

B 公司前年與去年的現金比率均高於 A 公司，本年現金比率有小幅下降，但三年的數值均高於 0.2，說明 B 公司現金類資產對流動負債保障能力較強，企業的即時支付能力強。綜合評價例 6-2 至例 6-5 中的四個指標可以看出，B 公司除現金類資產對流動負債的保障能力較強外，企業流動資產等對流動負債的保障能力均偏弱。也就是說，該企業的即時支付能力較強，但整體的短期償債能力還需要增強。

使用營運資金、流動比率、速動比率和現金比率四個主要指標評估企業短期償債能力，分析評價時應綜合考察，不能孤立地使用某一指標進行評價，這樣才能對企業的短期償債能力做出全面、客觀和準確的評價。

（五）現金流動負債比率

現金流動負債比率又稱經營現金比率，是指企業在一定時期內經營活動產生的現金流量淨額與流動負債的比值，其計算公式為：

$$現金流動負債比率 = \frac{經營活動現金流量淨額}{流動負債}$$

前面講到的四個衡量企業短期償債能力的指標是從存量的角度對企業短期償債能力進行分析，而現金流動負債比率是從流量的角度對企業短期償債能力進行分析。

「經營活動現金流量淨額」一般使用現金流量表中的「經營活動產生的現金流量淨額」，其數額大小表示企業在特定的會計期間生產經營活動產生現金流的能力，它是企業償還短期負債的主要資金來源。現金流動負債比率反應了本期靠經營活動產生的現金淨流量償付流動負債的倍數。一般認為，該指標大於等於 1 時，說明企業有足夠的生產能力償還流動負債；如果小於 1，則表示企業無法靠自身經營所得償還其流動負債，需要外部籌資或者變賣資產才能彌補到期債務。需要注意的是，該指標的值並不是越大越好，該指標值大，說明企業流動資金利用不足，盈利能力欠佳。

例 6-6　A 公司現金流動負債比率計算分析如表 6-6 所示。

表 6-6　A 公司現金流動負債比率計算表

項目	前年	去年	本年
經營活動現金流量淨額/億元	7.15	-14.15	53.55
流動負債/億元	85.16	106.44	85.6
現金流動負債比率	0.08	-0.13	0.63
現金流動負債比率（B 公司）	0.05	0.09	-0.21

從表 6-6 中可以看出，A 公司前年與去年的現金流動負債比率均偏低，尤其是去年該指標為負數，與前年相關數據相比，主要是「支付的其他與經營活動有關的現金」出現了較大幅度的增加；本年該指標大幅上升，說明該企業短期償債能力有所上升。2017 年食品製造行業現金流動負債比率行業平均值為 0.145。綜合三年現金流動負債比率看，雖然 A 公司該指標值均小於 1，三年平均值卻遠高於行業平均值，說明該企業經營風險在可控範圍內，相對於行業來看還是比較理想的。

B 公司三年的現金流動負債比率均很低，尤其是本年該財務比率竟然為負值，說明 B 公司無法靠自身經營償還流動負債，經營風險高（尤其是本年）。

四、長期償債能力財務比率分析

企業短期償債能力分析主要側重考察企業的流動資產對流動負債的償付能力，因此要關注企業流動資產和流動負債的結構和規模。對於長期負債來說，企業借入長期負債是為了購買資產實現盈利和增值，這樣才有能力償還長期資產，因此分析企業長期償債能力時不僅要考察企業的資產和負債的結構和規模，還要考察企業的獲利能力。

衡量長期償債能力的指標主要有存量指標和流量指標。存量指標主要包括資產負債率、產權比率、權益乘數、長期資產適合率。流量指標主要包括利息保障倍數、現金負債總額比率等。

（一）資產負債率

資產負債率，又稱債務比率，是負債總額與資產總額的比率，其計算公式為：

$$資產負債率 = \frac{負債總額}{資產總額} \times 100\%$$

資產負債率是衡量企業償債能力的一個重要指標，既反應了企業資產對負債的保障能力，又反應了企業的資本結構（企業全部資金中有多少是投資人投入的，又有多少是通過借債而籌集的）。資產負債率越高，說明投資人投入的資金越少，借入的資金在全部資產中所占的比重越高，資產對負債的保障能力越低，企業不能按時償還負債的風險越高。

對債權人而言，資產負債率越低越好，這樣企業的資產可以充分保障債務的安全性。對於股東而言，要根據資產預期報酬率和借款利率來決定資產負債率的高低，若前者大於後者，股東希望資產負債率越高越好，因為既可以獲取利潤，還可以使用財務槓桿獲取預期報酬；若後者大於前者，股東希望資產負債率越小越好，因為借入的資金利息需要獲取的利潤來償還。企業經營者會根據企業的節稅收益和財務風險來權衡資產負債率的高低，當企業的獲利能力較強，經營前景樂觀時，較高的資產負債率不僅可以節稅，還可以獲得財務槓桿收益；當企業獲利能力下降，經營前景不佳時，較低的資產負債率可以降低企業財務風險。

一般情況下，資產負債率的適宜水準在 40%～60%，國際上公認的合理標準是 60%。對於經營風險高的企業，應該適當降低財務風險，這時候就需要維持一個較低水準的資產負債率；對於經營風險低的企業，為了提高股東收益率，可以保持一個較高水準的資產負債率。

例 6-7 A 公司資產負債率計算分析如表 6-7 所示。

表 6-7 A 公司資產負債率計算表

項目	前年	去年	本年
負債總額/億元	87.3	122	87.9
資產總額/億元	146.97	189.8	171
資產負債率	0.59	0.64	0.51
資產負債率（B 公司）	0.58	0.59	0.56

從表 6-7 中可以看出，本年 A 公司的資產負債率比前年和去年略有下降，去年資產負債率高於 0.6，較高的原因是企業借入了一筆長期負債。前年的資產負債率為 0.59，本年的資產負債率為 0.51，該公司的負債總額只占資產總額的一半，參考 2017 年行業均值 0.6，說明 A 公司的資產負債率是比較合理的，該公司具有良好的長期償債能力。

B 公司三年的資產負債率總體來看與 A 公司相差不大，本年該比率略有下降，該公司的負債總額只有資產總額的一半多一點，說明 B 公司的資產負債率基本合理，雖然該公司短期償債能力欠佳，但從長期來看，該公司資產可以保障負債的償還。

（二）產權比率

產權比率，是企業負債總額與所有者權益總額的比率。它表明了股權資金對債權資金的保障程度，是衡量企業財務結構是否穩健的重要標誌。其計算公式為：

$$產權比率 = \frac{負債總額}{所有者權益總額} = \frac{負債總額}{資產總額 - 負債總額} = \frac{資產負債率}{1 - 資產負債率}$$

產權比率更為直觀地揭示了所有者權益對於負債的保障能力以及企業財務的穩健程度，可以看成資產負債率的另一種表達形式。產權比率越低，表明企業的所有者權益對負債的保障能力越強，企業的長期償債能力越強，債權人承擔的風險越小。產權比率過低，企業就會喪失由負債帶來的財務槓桿收益，從而降低股東收益率；產權比率過高，企業的財務槓桿就會加大，從而增加企業財務風險。所以評價企業產權比率適宜與否時，要結合企業獲利能力和償債能力兩個方面綜合考量，也就是說要在保障企業償債能力的前提下，盡可能地提高企業的產權比率。

例 6-8 A 公司產權比率計算如表 6-8 所示。

表 6-8 A 公司產權比率計算表

項目	前年	去年	本年
負債總額/億元	87.3	122	87.9
所有者權益總額/億元	59.66	67.8	73.09
產權比率	1.46	1.80	1.20
產權比率（B 公司）	1.37	1.45	1.25

從表 6-8 中可以看出，本年 A 公司的產權比率比前年和去年均有所下降，去年產權比率高於前年和本年，結合前例分析，去年產權比率較高的原因是企業借入了一筆

長期負債。本年產權比率為1.2，說明A公司的負債總額是權益總額的1.2倍。該數值小於行業均值水準，說明A公司具有良好的長期償債能力，但同時也喪失了部分財務槓桿收益。

B公司三年的產權比率總體來看與A公司相差不大，本年該比率略高於A公司，前年和去年均低於A公司，說明B公司的產權比率基本合理。

(三) 權益乘數

權益乘數，又稱財務槓桿比率，反應了資產總額對所有者權益總額的保障倍數，是杜邦財務分析體系中的重要分析指標。其計算公式為：

$$權益乘數 = \frac{資產總額}{所有者權益總額} = \frac{所有者權益總額+負債總額}{所有者權益總額} = 1+產權比率$$

$$權益乘數 = \frac{資產總額}{所有者權益總額} = \frac{資產總額}{資產總額-負債總額} = \frac{1}{1-資產負債率}$$

通過計算公式可以看出，權益乘數和產權比率是資產負債率的另外兩種形式，這二者和資產負債率具有相同的性質，可以結合使用。權益乘數和產權比率是常用的衡量企業財務槓桿的指標。權益乘數越高，企業財務槓桿越高，財務風險就會越大。企業為了平衡財務風險，需要探求一個最佳的資本結構。

(四) 利息保障倍數

利息保障倍數，又稱已獲利息倍數，是指企業生產經營產生的息稅前利潤與利息費用的比率。它是衡量企業支付利息能力的重要流量指標，反應了企業獲利能力對負債產生的利息的保障能力，也是企業信用評級的重要指標。其計算公式為：

$$利息保障倍數 = \frac{息稅前利潤}{利息費用}$$

其中：息稅前利潤＝淨利潤＋所得稅費用＋利息費用

實際應用中，結合利潤表中項目，息稅前利潤還可簡化為：

$$息稅前利潤 = 利潤總額 + 財務費用$$

利息費用是指企業當期全部費用化的利息，既包括費用化計入財務費用的部分，還報告資本化計入資產的部分。在實務中，用「財務費用」替代「利息費用」是存在一定誤差的，其使用前提是無法準確獲得資本化的利息費用。

長期債務不需要每年還本，但卻需要每年付息。利息保障倍數反應了企業息稅前利潤相當於利息費用的多少倍，可以反應企業債務政策的風險大小。其數額越大，企業支付利息的能力越強，企業的償債能力也越強。如果企業支付利息都存在問題，那麼償還本金就更不可能了。

若利息保障倍數小於1，表明企業靠自身產生的經營收益不能抵付應付利息，企業的償債能力弱；利息保障倍數等於1，表明企業的經營收益正好可以償還應付利息，稅前利潤為0，企業的償債能力依然存在問題，因為經營收益受經營風險的影響會產生波動，而利息支付卻是固定的；利息保障倍數大於1，表明企業的經營收益在抵付應付利息後，經營者還有剩餘。利息保障倍數越大，企業償還應付利息的可能性就越高，償債能力越強。為確定企業償付利息的穩定性，應選擇連續的多個會計期間進行分析。利息保障倍數的標準界限根據企業所處行業的不同而有所差異，一般認為標準值為3～4倍。

例 6-9 A 公司利息保障倍數計算分析如表 6-9 所示。

表 6-9　A 公司利息保障倍數計算表

項目	前年	去年	本年
利潤總額/億元	1.7	6.676	10.03
財務費用/億元	1.29	1.178	4.25
息稅前利潤/億元	2.99	7.854	14.28
利息保障倍數	2.32	6.67	3.36
利息保障倍數（B 公司）	1.33	1.17	-0.11

從表 6-9 中可以看出，去年 A 公司利息保障倍數最高為 6.67，本年該公司利息保障倍數相比於前年上升了 1.04，相比於去年下降了 3.31，這是因為本年財務費用有大幅上升，但本年該指標正好處於標準值之間，說明 A 公司償付利息的能力較強。結合 2017 年行業均值 2.2 來看，A 公司償付利息能力強，償債能力表現優秀。

B 公司與 A 公司相比，利息保障倍數太低，尤其是本年，由於利潤為負，所以利息保障倍數也為負值，說明 B 公司償付利息的能力較差。

（五）現金負債總額比率

現金負債總額比率，又稱債務保障比率，是指年度經營活動產生的現金淨流量與債務總額的比率。其計算公式為：

$$現金負債總額比率 = \frac{經營活動現金淨流量}{負債總額} \times 100\%$$

該指標反應企業經營活動現金淨流量償付全部債務的能力。比率越高，說明企業償還負債的能力就越強。一般認為，該比率維持在 20% 左右比較好。

例 6-10 A 公司現金負債總額比率計算分析如表 6-10 所示。

表 6-10　A 公司現金負債總額比率計算表

項目	前年	去年	本年
經營活動現金淨流量/億元	7.15	-14.15	53.55
負債總額/億元	87.30	122	87.90
現金負債總額比率	8.19%	-11.60%	60.92%
現金負債總額比率（B 公司）	5.20%	9.46%	-20.95%

從表 6-10 中可以看出，本年 A 公司的現金負債總額比率最高達 60.92%，去年為負值，前年為 8.19%。這說明該公司本年經營能力大幅增長，償債能力強。當然分析該指標是否合理還要結合市場利率或者 A 公司的實際利率進一步考量。

B 公司與 A 公司相比，該財務比率指標差距較大，尤其是本年，由於經營活動現金淨流量為負值，使得該指標也為負值，說明 B 公司經營能力較差，償債能力也較弱。

第三節　盈利能力財務比率分析

一、盈利能力分析的目的

盈利能力通常是指企業在一定時期內賺取利潤、創造價值、實現資本增值的能力。盈利能力至關重要，它直接關係到企業的生死存亡，因此無論是企業的經營者、投資人、債權人，還是其他利益相關者，都十分重視企業的盈利能力。

二、盈利能力分析的內容

盈利能力分析就是通過相關指標分析企業獲取利潤的能力，包括企業在一定時期內通過生產經營活動獲取利潤的能力分析和企業在較長時期內穩定地獲取利潤的能力分析。其內容主要包括以下幾個方面：

（1）企業經營銷售獲利能力分析，包括營業毛利率、營業利潤率、營業淨利率、成本費用利潤率、銷售獲現比率等。

（2）資本與資產獲利能力分析，包括淨資產收益率、總資產報酬率等。

（3）上市公司盈利能力分析，包括每股收益、每股股利、股利支付率、市盈率、市淨率等。

三、盈利能力的影響因素

影響企業盈利能力的因素主要有以下幾方面：

（一）資產管理水準

資產管理不僅影響著企業的營運能力，還影響著企業的盈利能力。資產管理一般分為資產規模、資產結構以及資產使用效率三個方面，有效的資產管理就是要確定適度的資產規模、合理的資產結構，在此基礎上不斷提高資產使用效率。一般情況下資產管理水準越高，企業的營運能力就越強，企業的盈利能力也會越強。

（二）營銷能力

企業發展的基礎是企業產生利潤，而企業利潤的產生主要依靠營業收入尤其是主營業務收入。企業的營銷能力的高低直接影響了企業營業收入的多少。因此，要制定科學有效的營銷策略，這樣有助於企業形成良好的營業狀況，為企業贏利提供基本條件。

（三）企業的利潤構成

企業利潤主要由三部分構成，分別是營業利潤、投資收益和營業外收入。通常情況下營業利潤應該是利潤的主要來源。然而有些企業的利潤主要是靠營業外收入提供的，這種情況是不能長久存在的。因此，企業的利潤構成直接影響了企業長期的盈利能力。

（四）風險管理水準

收益與風險總是相伴相生的。企業在賺取利潤的同時應該管理和控制好風險。風險過低，經營過於保守，這會致使企業喪失很多賺錢的機會；風險太高，經營不安全，

企業可能面臨嚴重的危機，甚至危及其生存。這就需要企業在長久獲利、穩定前進的同時，合理控制風險水準。

四、經營銷售獲利能力指標分析

（一）營業毛利率

營業毛利率是指企業一定時期的營業毛利和營業收入之間的比率。其計算公式為：

$$營業毛利率 = \frac{營業毛利}{營業收入} \times 100\%$$

$$= \frac{營業收入 - 營業成本}{營業收入} \times 100\%$$

營業毛利是營業收入減去營業成本後的差額，即銷售收入扣除銷售成本後還餘多少可以補償期間費用並最終實現企業利潤。影響毛利的因素比較多，一般選取銷售單價、銷售數量、營業成本等主要因素對毛利進行定性分析，並明確相關部門的責任歸屬。

營業毛利率是反應企業獲取利潤能力的核心指標之一，其值越高，說明企業產品的獲利能力越強，在市場上的競爭能力也越強。該指標具有比較明顯的行業特徵，比如高科技行業毛利率普遍較高，資源類行業的毛利率具有比較明顯的週期性，同時也受到產業政策的影響。

（二）營業利潤率

營業利潤率是指營業利潤與營業收入之間的比率。其計算公式為：

$$營業利潤率 = \frac{營業利潤}{營業收入} \times 100\%$$

營業利潤率反應了企業通過經營獲取利潤的能力。營業利潤中既包括企業依靠經營類生產資產取得的利潤，也包括投資收益、公允價值變動收益等投資類資產取得的收益，因此營業利潤率是對企業日常盈利能力的全面衡量。

（三）營業淨利率

營業淨利率是指淨利潤與營業收入之間的比率。其計算公式為：

$$營業淨利率 = \frac{淨利潤}{營業收入} \times 100\%$$

營業淨利率是在分析企業盈利能力時使用最多的一項指標，它反應企業每1元營業收入最終獲得多少淨利潤，表明企業的銷售收入獲取稅後利潤的能力。營業淨利率越高，說明企業的獲利能力越強。

例6-11 根據A公司利潤表及其附表資料，結合營業利潤率的公式，計算該公司的營業利潤率，見表6-11。

表6-11 A公司營業利潤率計算表

項目	前年	去年	本年
營業收入/億元	116.68	135.57	191.57
營業成本/億元	103.18	115.87	160.60
營業利潤/億元	1.23	6.51	10.0

表6-11(續)

項目	前年	去年	本年
淨利潤/億元	0.68	5.10	7.50
營業毛利率/%	11.57	14.53	16.17
營業利潤率/%	1.05	4.80	5.22
營業淨利率/%	0.58	3.76	3.92
營業毛利率（B公司）/%	14.75	15.07	10.60
營業利潤率（B公司）/%	-1.50	-2.48	-7.98
營業淨利率（B公司）/%	1.69	0.53	-6.81

從表6-11中可以看出，A公司在前年、去年、本年這三年中，營業利潤率都在穩步上升，說明該公司產品的獲利能力較為穩定且呈上升趨勢。但是2017年食品製造業營業利潤率的行業平均值為13.7%，A公司產品的獲利能力弱，企業還需要調整戰略提高企業主營產品的獲利能力。

B公司與A公司相比，三項財務指標均不甚理想，三年營業利潤率均為負值，說明B公司的產品獲利能力太差。企業應該把經營重點放在改善產品獲利能力上，提高產品在市場中的競爭能力。

(四) 成本費用淨利率

成本費用淨利率指的是一定時期內企業淨利潤和成本費用總額之間的比率。該指標反應了企業所得與所費之間的關係，表明企業每花費1元的成本費用能創造多少元的淨利潤，它是衡量企業盈利能力的重要指標之一。其計算公式為：

$$成本費用淨利率 = \frac{淨利潤}{成本費用總額} \times 100\%$$

成本費用淨利率越高，說明企業成本費用控制得越好，獲取利潤支付的代價就越小，企業的盈利能力就越強。該指標有利於經營者探索降低成本費用的潛力，也有利於投資者從企業成本費用的角度考察企業的獲利能力。成本費用淨利率是反應企業成本效益的重要指標。

例6-12 根據A公司財務報表有關資料，分析該公司成本費用淨利率及其變動情況，見表6-12。

表6-12 A公司成本費用淨利率分析表

項目	前年	去年	本年
淨利潤/億元	0.68	5.1	7.5
成本費用總額/億元	45.638	99.029	129.31
成本費用淨利率/%	1.49	5.15	5.80
成本費用淨利率（B公司）/%	1.66	0.53	-6.13

從表6-12中可以看出，A公司的成本費用淨利率穩步上升，說明企業的成本費用政策制定得當，成本費用管理有效。結合2017年行業均值5.7%綜合考量，A公司的成本費用管理還需要進一步改進，以提高企業整體資產的獲利能力。

B公司的成本費用率表現極為不好，與A公司相差甚遠，更是遠低於行業均值，

三年表現出下降趨勢，說明該公司的成本費用沒有得到很好的控制，企業獲利需要支付較大的代價。

（五）銷售獲現比率

銷售獲現比率反應了企業通過銷售獲取現金的能力，是現金流量指標對商品經營盈利能力的補充。銷售獲現比率是銷售商品、提供勞務收到的現金與營業收入之比。

$$銷售獲現比率 = \frac{銷售商品、提供勞務收到的現金}{營業收入} \times 100\%$$

例 6-13 根據 A 公司財務報表有關資料，分析該公司銷售獲現比率及其變動情況，見表 6-13。

表 6-13　A 公司銷售獲現比率分析表

項目	前年	去年	本年
銷售商品、提供勞務收到的現金/億元	134.49	158.14	221.08
營業收入/億元	116.68	135.57	191.57
銷售獲現比率/%	115	117	115
銷售獲現比率（B 公司）/%	114	111	122

從表 6-13 可以看出，A 公司前年至本年銷售獲現比率沒有較大的變動，說明該公司通過銷售獲取現金的能力沒有發生較大變動，從其具體數值上來分析，該企業產品銷售形勢良好，主營業務創造現金的能力較強，信用政策制定合理，能及時收回貨款，收款工作得力。

B 公司的銷售獲現比率優於 A 公司，尤其是本年 B 公司的銷售獲現比率比前兩年有所提高。結合該企業其他獲利指標可以分析出，B 公司產品銷售政策制定合理，銷售過程中因信用政策制定合理，能及時收回貨款，收款工作得力，主營業務創造現金的能力很不錯。

五、資產盈利能力指標分析

經營銷售獲利能力分析均是以營業收入為基礎，就企業銷售能力進行獲利分析，主要對產出與產出之間的關係進行比較分析，沒有考慮企業投入與產出之間的關係，不能全面反應企業的獲利能力，因為高收入有可能是靠高投入獲得的。因此，還需從企業資產運用效率和資本投入報酬率的角度進一步分析企業的獲利能力，這樣才能公平地反應企業實際的獲利情況。

（一）總資產報酬率

總資產報酬率又叫總資產收益率，是指企業一定時期內息稅前利潤與平均總資產的比率。它是反應企業資產綜合利用效率的指標，也是衡量企業利用總資產獲得利潤能力的重要指標。其計算公式如下：

$$總資產報酬率 = \frac{息稅前利潤}{總資產平均餘額} \times 100\%$$

其中：息稅前利潤 = 利潤總額 + 利息支出

總資產平均餘額 = （資產總額期初餘額 + 資產總額期末餘額）÷ 2

總資產報酬率越高，說明企業總資產的使用效率越高、資產獲利能力越強，能夠

以較少的資金投入獲得較高的利潤回報。分析總資產報酬率時，應當找出同行業先進企業水準或本企業歷史最好水準進行比較，從而找出企業在經營過程中存在的差距和問題，調整企業經營策略，提高企業總資產使用效率。該指標也是決定企業資產結構的重要依據，如果其大於或等於借款利息率，企業可以進行負債融資，充分利用財務槓桿帶來的效益。

（二）總資產淨利率

總資產淨利率是指企業一定時期內淨利潤與平均總資產之間的比率，它反應企業每投入 1 元資產能獲得多少元的淨利潤。其計算公式如下：

$$總資產淨利率 = \frac{淨利潤}{總資產平均餘額} \times 100\%$$

$$= \frac{淨利潤}{營業收入} \times \frac{營業收入}{總資產平均餘額} \times 100\%$$

$$= 營業淨利率 \times 總資產週轉率 \times 100\%$$

總資產淨利率可以反應出企業治理水準的高低，通過分析該指標，可以促進企業提高單位資產的獲利水準，增強各利益相關者對企業資產使用的關注。該指標越高，資產使用越有效，成本費用的控制水準越好。總資產淨利率具有很強的綜合性，是影響所有者權益利潤率的最重要的指標。該指標受到營業淨利率和總資產週轉率的影響。

例 6-14 根據 A 公司財務報表數據，計算並分析該公司總資產報酬率和總資產淨利率變動情況，如表 6-14 所示。

表 6-14　A 公司利潤表中相關數據

項目	前年	去年	本年
財務費用/億元	1.29	1.18	4.25
利潤總額/億元	1.7	6.68	10
息稅前利潤/億元	2.99	7.86	14.25
總資產平均餘額/億元	145.4	168.39	180.4
淨利潤/億元	0.68	5.1	7.5
總資產報酬率/%	2.06	4.66	7.92
總資產淨利率/%	0.47	3.03	4.18
總資產報酬率（B 公司）/%	3.77	3.52	-0.33
總資產淨利率（B 公司）/%	1.04	0.31	-2.81

可以看出本年 A 公司財務費用上升幅度大，這可能是去年借入長期借款所致，而本年該公司息稅前利潤和淨利潤也有了明顯上升幅度，說明利用債權融資得到的資金很快形成了生產能力，給公司創造了利潤。從前年到本年 A 公司總資產報酬率和總資產淨利率呈現上升趨勢，說明該公司單位資產的獲利水準在不斷提高。結合 2017 年行業均值 4.3% 來看，A 公司經營策略制定得當，總資產使用效率高，資產獲利能力非常好。

前年 B 公司的總資產報酬率與總資產淨利率均優於 A 公司，但是從去年開始，這兩項財務指標大幅下降，與 A 公司的差距逐漸拉大，說明該公司經營策略制定失效，總資產使用效率低，資產的獲利水準在大幅下降。

(三) 淨資產收益率

淨資產收益率是指企業一定時期內淨利潤與平均淨資產之間的比率，反應了企業投資者投入資本的獲利能力，是投資者衡量投資報酬的主要財務指標。其計算公式為：

$$淨資產收益率 = \frac{淨利潤}{淨資產平均餘額} \times 100\%$$

淨資產收益率表明投資者每投入 1 元能收穫多少利潤，它是站在投資人的角度來考核企業的獲利能力和投資回報的重要指標，因此是投資人最關心的指標。淨資產收益率指標使用範圍廣，且不受行業限制，該指標越高，企業自有資本獲利能力越強，資本保值增值的能力也越高。

例 6-15 根據 A 公司財務報表數據，計算並分析該公司淨資產收益率。相關數據見表 6-15。

表 6-15 A 公司淨資產收益率計算表

項目	前年	去年	本年
淨利潤/億元	0.68	5.1	7.5
淨資產平均餘額/億元	59.7	63.7	70.4
淨資產收益率/%	1.15	8.01	10.70
淨資產收益率（B 公司）/%	3.72	1.16	-13.06

從表 6-15 中可以看出，A 公司淨資產收益率水準從前年的 1.15% 到本年的 10.70%，上升了 9.55%，上升趨勢明顯。結合 2017 年行業均值 5.9% 來看，該公司自有資本獲利能力在不斷增強，資本保值增值能力強。

與 A 公司相反，B 公司淨資產收益率從前年開始呈現大幅下降趨勢，並遠遠低於行業平均水準，說明該公司獲利能力在大幅下降，資本保值增值能力弱。

六、上市公司盈利能力分析

上市公司因其股權流動、股票價格量化等特點，具有一些特殊的盈利能力分析指標，因此需要對其盈利能力指標單獨進行分析。

(一) 每股收益

每股收益是指企業本年淨利潤減去優先股股息後的餘額與發行在外的普通股股數的比率。它反應了上市公司發行在外的普通股每股所能獲得的淨收益額。每股收益是衡量上市公司盈利能力和普通股股東獲利水準的一項重要指標，與普通股股東的利益密切相關。每股收益包括基本每股收益和稀釋每股收益。基本每股收益的計算公式是：

$$基本每股收益 = \frac{淨利潤 - 優先股股利}{發行在外的普通股股數}$$

式中，發行在外的普通股股數如果年度內發生增減變動，那麼應採用「加權平均發行在外股數」。其計算公式為：

加權平均發行在外股數 = $\sum$ [發行在外股票數額 × (發行在外的時間 ÷ 當期報告期時間)]

一般情況下，已發行時間、報告期時間和已回購時間一般按照天數計算；在不影響計算結果合理性的前提下，也可以簡化計算方法。

例 6-16 M 公司 2017 年年初發行在外的普通股為 2,000 萬股；3 月 31 日發行新股 1,100 萬股；11 月 1 日回購 300 萬股，以備獎勵公司高管用。該公司當年實現淨利潤 580 萬元。計算 2017 年度 M 公司的基本每股收益。

發行在外的普通股股數 = 2,000+1,100×9÷12−300×2÷12 = 2,775（萬股）

基本每股收益 = 580÷2,775 = 0.21（元）

如果企業發行了可轉換債券、認股權證、股票期權，那麼當這些證券的持有人行使了權力，將債券、期權轉換為普通股後，就會減少每股收益，因此稱之為具有稀釋性的潛在普通股。

稀釋每股收益指當公司存在稀釋性潛在普通股時，應當調整發行在外的普通股加權平均數，並據以計算稀釋每股收益。其計算公式如下：

$$稀釋每股收益 = \frac{淨利潤 - 優先股股利}{發行在外的基本普通股股數 + 已轉換稀釋性潛在普通股}$$

例 6-17 假設 M 公司 2×17 年 1 月 1 日發行 300 萬份認股權證，行權價格 8 元，2×17 年度淨利潤為 630 萬元，發行在外普通股加權平均數為 1,500 萬股，普通股平均市場價格為 10 元，則：

基本每股收益 = 630÷1,500 = 0.42（元）

已轉換稀釋性潛在普通股股數 = 300−300×8÷10 = 60（萬股）

稀釋的每股收益 = 630÷（1,500+60）= 0.40（元）

例 6-18 假設 M 公司 2×17 年 1 月 1 日發行利率為 5% 的可轉換債券，面值 2,000 萬元。合同規定，該可轉債每 100 元可轉換為面值為 1 元的普通股 105 股。2×17 年淨利潤 5,200 萬元，當年發行在外的普通股加權平均數為 6,000 萬股，所得稅稅率為 25%，則：

基本每股收益 = 5,200÷6,000 = 0.87（元）

淨利潤的增加 = 2,000×5%×（1−25%）= 75（萬元）

普通股股數的增加 = 2,000÷100×105 = 2,100（萬股）

每股稀釋的每股收益 =（5,200+75）÷（6,000+2,100）= 0.65（元）

在分析每股收益時需注意，每股收益越高，說明企業的盈利能力越強，但這並不表示企業會分紅，企業分紅還需要結合企業的股利分配政策和現金流量綜合考量。同時除了企業自身的盈利能力會提高每股收益，還要考慮國家宏觀政策，如果國家出抬了行業支持政策，一般情況下，該行業的整體盈利能力會大幅增長。

（二）每股股利

每股股利也稱普通股每股股利，反應每股普通股獲得現金股利的情況。其計算公式為：

$$每股股利 = \frac{普通股現金股利總額}{發行在外的普通股股數}$$

式中由於股利發放只派發給年末持有普通股的股東，因此計算分母時採用年末發行在外的普通股股數，而不考慮全年發行在外的加權平均股數。每股股利反應的是上市公司普通股股東獲得現金股利的情況，其值越高，普通股獲取的現金報酬就越多。這裡需要注意的是，上市公司股利分配情況不僅與企業的盈利水準和現金流量狀況相關，還取決於上市公司的股利分配政策。

（三）市盈率

市盈率是指普通股每股市場價格和當期普通股每股收益的比值，即每股市價相當於每股收益的倍數。該指標可以判斷上市公司股票的潛在價值。其計算公式如下：

$$市盈率 = 普通股每股市價 \div 每股收益$$

式中，「每股市價」一般是按全年普通股市價的平均價格計算，但是為了計算簡便，在很多時候也可採用報告前一日的股價來近似計算。市盈率越高，表明企業發展前景越好，市盈率高時投資者對其持樂觀態度，願意出較高的價格購買股票，承擔較大的投資風險。市盈率越低，說明該股票投資風險越小，投資價值越高，但也有可能是因為該公司發展前景不佳造成的。需要注意的是，市盈率指標不適用於不同行業的企業間的比較，通常新興行業市盈率可能會比傳統行業高，但這並不說明傳統行業盈利能力差，不具有投資價值。

連結 6-2　　　　　　　　　如何用「市盈率」尋找優秀公司

市盈率指標的使用，從來不是一件簡單的事。投資天才戴維斯根據市盈率變化規律發明了一條終身受益的投資法則，即低市盈率買入、高市盈率賣出以獲取每股收益和市盈率同時增長的倍乘效益。這種投資策略被稱為「戴維斯雙擊」，反之則為「戴維斯雙殺」。股神巴菲特則在市盈率基礎上以自由現金流折現估算企業內在價值。

美國投資大師彼得・林奇擅於使用 PEG 指標。PEG 指標（市盈率相對盈利增長比率）是用公司的市盈率除以公司未來 3 或 5 年的淨利潤複合增長率。PEG 把股票當前的價值和未來的成長聯繫了起來。如一只股票當前的市盈率為 35 倍——似乎高估了，但如果其未來 3 年的預期淨利潤複合增長率能達到 35%，那麼這只股票的 PEG 為 1——這表明該只股票的估值能夠充分反應其未來業績的成長性。如果 PEG 大於 2，則表示公司的利潤增長與市場估值預期不匹配，價值可能被嚴重高估。如果 PEG 小於 0.5，則說明公司的利潤增長遠超估值的預期，表明這只股票的價值可能被嚴重低估。

同時需要注意的是，用市盈率來對股票估值只適合於業績穩定增長的優秀企業，而這樣的企業在 A 股中不足 5%。實際上，真正值得投資者投資的股票可能僅僅幾只而已，這無疑需要下一番苦功。

（資料來源：張斌. 如何用「市盈率」尋找優秀公司 [EB/OL]. (2018-04-16) [2019-09-29]. https://baijiahao.baidu.com/s?id=1597896593233478364&wfr=spider&for=pc.）

（四）市淨率

市淨率是普通股每股市價與每股淨資產的比率，反應了普通股股價相當於每股淨資產的倍數。其計算公式為：

$$市淨率 = \frac{每股市價}{每股淨資產}$$

其中，$每股淨資產 = \frac{期末股東權益 - 優先股權益}{期末發行在外的普通股股數}$

市淨率指標主要用於投資分析。每股市價是股票的現值，是根據證券市場交易的結果來確定的價值；每股淨資產是股票的帳面價值，是根據股票的成本來計量的。一般假設認為資本市場是成熟的，那麼每股市價高於每股的帳面價值時，說明公司資產質量好，有發展潛力；反之則說明資產質量差，沒有發展前景。

(五) 股利支付率

股利支付率也稱股利發放率，是普通股每股股利和普通股每股收益的比率，反應普通股股東從每股收益中能分到多少股利。其計算公式為：

$$股利支付率 = \frac{普通股每股股利}{普通股每股收益}$$

股利發放率不僅直觀地反應了普通股股東獲得的投資收益，還綜合反應了公司支付股利的能力和股利分配政策。股利支付率和企業的發展階段、投資機會以及企業的股東結構有很大的關係。如果企業處於發展階段，投資機會很多，那麼企業就會採取一個較低的股利發放率；如果企業處於成熟期，投資機會較少，那麼企業就會採取一個較高的股利發放率。如果企業的股東對現金股利要求比較高，那麼企業的股利發放率可能會相對較高，反之則會比較低。因此，在利用該指標分析時需要結合企業的其他相關資料進行分析。

第四節　營運能力財務比率分析

一、營運能力的概念

營運能力主要是指企業營運資產的運行能力，也就是企業利用各項資產獲取利潤的能力，可以從效率與效益兩個方面來考察。企業營運資產的效率主要是指資產的週轉率或週轉速度；企業營運資產的效益主要是指企業的產出量與資產佔用量之間的比率。

分析企業營運能力，就是通過對反應企業資產營運效率與效益的指標進行計算與分析，評價企業資產的營運與管理能力，為企業提高經濟效益指明方向。

二、營運能力分析的內容

按照資產的流動性，企業營運能力分析的內容主要包括三個方面，即流動資產營運能力分析、固定資產營運能力分析和總資產營運能力分析。流動資產營運能力分析主要是分析企業在經營管理活動中運用流動資產的能力。流動資產營運能力指標主要有應收帳款週轉率、存貨週轉率、流動資產週轉率等。固定資產營運能力主要分析固定資產的使用情況和週轉速度。總資產營運能力分析主要是對總資產週轉速度的分析。總資產週轉速度可以用來分析企業全部資產的使用效率，是企業全部資產利用效果的綜合反應。

三、流動資產營運能力分析

(一) 應收帳款週轉率

應收帳款週轉率，又稱應收帳款週轉次數，是指一定時期內營業收入與應收帳款平均餘額之間的比值，是反應應收帳款流動性的指標。其計算公式為：

$$應收帳款週轉率 = \frac{營業收入}{應收帳款平均餘額}$$

$$應收帳款平均餘額 = \frac{期初應收帳款 + 期末應收帳款}{2}$$

$$應收帳款週轉天數 = \frac{360}{應收帳款週轉率}$$

如果是企業內部相關人員使用該指標分析，則應用賒銷收入淨額代替營業收入進行計算。營業收入應該減去銷售退回、銷售折讓、銷售折扣等計算淨額。計算公式為：

$$應收帳款週轉率 = \frac{賒銷收入淨額}{應收帳款平均餘額}$$

應收帳款週轉率是反應應收帳款週轉變現能力的重要財務指標，一般用來反應企業應收帳款變現速度和管理效率。一般來說，應收帳款週轉次數越多，說明企業應收帳款回收速度越快，發生壞帳損失的可能性越小，企業管理工作的效率越高，企業資金的流動性越強，越有利於提高企業短期債務的償還能力。

使用上述公式進行分析時需要注意幾項前提條件：①該公式只適用於應收票據數額較少的情況（因為應收票據也是賒銷收入的一部分），當應收票據數額較多時，應改用商業債權週轉率進行分析；②應收帳款的取值應是帳面原值，也就是沒有減除壞帳準備的數額，因為企業週轉和回收的應收帳款是原值而不是淨值；③要注意增值稅的影響，應收帳款中是包含銷項增值稅的，所以銷售收入還應該乘以（1+增值稅率）。

例6-19 根據A公司財務報表數據，計算並分析該公司應收帳款週轉率。相關數據見表6-16。

表6-16　A公司應收帳款週轉率計算表

項目	前年	去年	本年
營業收入/億元	116.68	135.57	191.57
應收帳款平均餘額/億元	10.88	9.88	8.32
應收帳款週轉率/次	10.72	13.72	23.02
應收帳款週轉天數/天	34	27	16
應收帳款週轉率（B公司）/次	5.28	5.72	4.55
應收帳款週轉天數（B公司）/天	68	63	79

從表6-16可以看出，A公司應收帳款週轉率從前年到本年呈上升趨勢，週轉天數呈下降趨勢，並且本年變化幅度更大。在營業收入不斷上漲的情況下，應收帳款在不斷下降，這說明該公司銷售商品時主要靠現金銷售，應收帳款平均餘額不斷下降也說明企業管理應收帳款的措施是有效的。結合2017年行業均值5.7次綜合考量，A公司應收帳款管理處於行業領先水準，企業資金流動性強。

B公司應收帳款週轉率遠遠落後於A公司，略低於行業均值，說明該公司應收帳款管理措施還有待改進，資金流動性還需要提高。

影回應收帳款週轉率的因素有許多，比如：大量使用賒銷方式、大量使用現銷方式、季節性影響、銷售額大幅上升或下降等。在評價一個企業應收款項週轉率是否合理時，要參考行業屬性和行業平均指標。

（二）存貨週轉率

存貨週轉率也叫存貨週轉次數，是指一定時期內營業成本與存貨平均餘額的比率。

該指標可以反應存貨的流動性，可以作為衡量企業存貨管理水準的依據。其計算公式為：

$$存貨週轉率 = \frac{營業成本}{存貨平均餘額}$$

$$存貨平均餘額 = \frac{期初存貨+期末存貨}{2}$$

如果外部使用者沒有辦法獲取營業成本的數據，也可以用營業收入代替：

$$存貨週轉率 = \frac{營業收入}{存貨平均餘額}$$

$$存貨週轉天數 = \frac{360}{存貨週轉率}$$

存貨週轉率和週轉天數都是反應存貨管理水準的指標。正常情況下，存貨週轉率越快，存貨的流動性就越強，存貨的利用效率越高，企業的獲利能力就越強。反之，則說明存貨有可能發生了滯銷，存貨的變現能力弱，存貨管理水準差，企業經營能力出現了問題。有些企業有強烈的季節性，那麼計算存貨週轉率時應該以季度或月度來計算平均存貨餘額。

但存貨週轉率過高的話，也可能是存貨水準太低導致的，甚至有可能企業經常缺貨。存貨水準過低有可能是企業採購次數頻繁，採購批量小，這樣的話不能形成規模效應，致使企業採購成本過高。因此，制定合理的存貨週轉率應結合企業的行業特徵、企業的銷售管理策略以及企業存貨結構綜合考量。

存貨週轉率是分析和評價企業採購、生產、銷售等環節管理水準的綜合性指標，分析它的影響因素時，可以從存貨的構成入手。存貨包括原材料、在產品和產成品等項目，可以分別計算其週轉率，分環節找出存貨管理中存在的問題。除此之外，還需考慮存貨的計價方法、企業的經營期間對存貨管理的影響。盡可能地提高存貨週轉率，降低存貨占用資金，提高企業經營管理水準。

例 6-20 根據 A 公司財務報表數據，計算並分析該公司存貨週轉率。相關數據見表 6-17。

表 6-17 A 公司存貨週轉率計算表

項目	前年	去年	本年
營業成本/億元	103.18	115.87	160.6
存貨平均餘額/億元	40.42	52.65	52.43
存貨週轉率/次	2.55	2.20	3.06
存貨週轉天數/天	141	164	118
存貨週轉率（B公司）/次	6.65	7.78	2.90
存貨週轉天數（B公司）/天	54	46	124

從表 6-17 中可以看出，A 公司存貨週轉率去年比前年有所下降，主要是存貨平均餘額增長幅度較大導致，本年該指標呈現上升趨勢，且上升幅度較大，因為本年該公司採取了合理的銷售策略使得本年度銷售收入大幅增加，存貨週轉率也得到了相應的提高。不過，結合行業均值 6.8 次綜合考量，A 公司存貨週轉率太低，存貨管理方式急

需改進，但還要結合自身實際情況找出問題所在，對症下藥。

前年與去年 B 公司的存貨週轉率均優於 A 公司，但是本年 B 公司的存貨週轉率卻大幅下降，說明 B 公司在本年銷售情況非常不理想，需要進一步分析下降原因。

存貨週轉率水準要結合行業特徵和市場供應情況來綜合考察。比如，電子產品行業（產品更新換代頻繁）和乳製品行業（乳製品不易保存容易變質）要求存貨週轉率越高越好；而白酒和紅酒行業（白酒和紅酒放置時間越長升值空間越大）的存貨週轉率卻是越低越好。除此之外，當企業預測到其生產的產品未來會供不應求，就會提前多存一些存貨以待未來升值或避免未來因缺貨而造成的收入損失。

綜上，正確判斷企業存貨週轉率的方法，需要將企業的存貨週轉率與該行業的平均水準進行比較。如果高於行業平均水準，說明企業產品競爭力強，企業營運水準高。反之則表明企業產品競爭力弱。

(三) 流動資產週轉率

流動資產週轉率是指一定時期內企業營業收入與流動資產平均餘額的比率。該指標反應了企業流動資產的週轉速度，是從企業流動性最強的成本入手分析企業投入生產領域的資本的運作效率，以此尋找影響企業資本質量的主要因素。其計算公式為：

$$流動資產週轉率 = \frac{營業收入}{流動資產平均餘額}$$

$$流動資產平均餘額 = \frac{流動資產期初餘額 + 流動資產期末餘額}{2}$$

$$流動資產週轉天數 = \frac{360}{流動資產週轉率}$$

企業投入一定資本在生產活動過程中，產出越大，那麼資本的使用效率就會越高。所以，流動資產週轉率越高，週轉速度就越快，流動資產管理水準就越好；反之，週轉速度就越慢，流動資產的利用效果就越差。分析流動資產週轉情況時還應結合存貨和應收帳款等具體流動資產的週轉情況，這樣才能找到影響流動資產管理水準的具體原因。

例 6-21 根據 A 公司財務報表數據，計算並分析該公司流動資產週轉率。相關數據見表 6-18。

表 6-18　A 公司流動資產週轉率計算表

項目	前年	去年	本年
營業收入/億元	116.68	135.57	191.57
流動資產平均餘額/億元	90.4	108.6	115.9
流動資產週轉率/次	1.29	1.25	1.65
流動資產週轉天數/天	279	289	218
流動資產週轉率（B 公司）/次	1.06	1.07	0.73
流動資產週轉天數（B 公司）/天	339	337	490

從表 6-18 中可以看出，A 公司流動資產週轉率去年相比前年有所下降，根據上述分析應該是去年存貨水準上升所致，本年該指標上升，且上升幅度較大。結合 2017 年行業均值 1.8 次來看，A 公司流動資產管理政策制定合理，這才使得公司本年流動資產

週轉率有所上升，但是低於行業均值，說明企業流動資產管理還有需要改進的地方，流動資產管理水準還需進一步提高。

B 公司流動資產週轉率遠遠落後於 A 公司，尤其是本年出現了大幅下降，說明 B 公司流動資產管理效率低，流動資產的經營利用效果非常不理想。

四、固定資產營業能力分析

固定資產週轉率是指企業一定時期內營業收入與平均固定資產餘額之間的比率，是反應固定資產週轉快慢的重要指標。其計算公式為：

$$固定資產週轉率 = \frac{營業收入}{平均固定資產餘額}$$

$$平均固定資產餘額 = \frac{期初固定資產淨值 + 期末固定資產淨值}{2}$$

$$固定資產週轉天數 = \frac{360 天}{固定資產週轉率}$$

固定資產週轉率表示在一定期間內企業每 1 元固定資產能夠產生多少營業收入。固定資產週轉率越高，說明一定時期內企業固定資產提供的營業收入越多，企業固定資產的利用效率越高，越能說明固定資產結構分佈合理、投資得當，管理水準越好，營運能力越強。反之，則說明企業固定資產利用效率越低，生產的產品越少，設備越有可能出現閒置，企業的營運能力越差。

例 6-22 根據 A 公司財務報表數據，計算並分析該公司固定資產週轉率。相關數據見表 6-19。

表 6-19　A 公司固定資產週轉率計算表

項目	前年	去年	本年
營業收入/億元	116.68	135.57	191.57
平均固定資產餘額/億元	38.77	42.03	43.61
固定資產週轉率/次	3.01	3.23	4.39
固定資產週轉天數/天	120	112	82
固定資產週轉率（B 公司）/次	2.02	2.15	1.77
固定資產週轉天數（B 公司）/天	179	167	203

從表 6-19 中可以看出，A 公司的固定資產週轉率從前年至本年不斷上升，說明該企業固定資產提供的營業收入在不斷提高，固定資產利用效率也在不斷提高，固定資產投資得當，營運能力在不斷提高。

B 公司固定資產週轉率相比於 A 公司非常不理想，說明該公司固定資產利用效率較低，固定資產投資很不理想，營運能力較差。

分析固定資產週轉率時，需要考慮固定資產淨值因計提折舊而逐年減少、因更新重置而突然增加的影響；比較不同企業間的固定資產週轉率時，還要考慮採用不同折舊方法對淨值的影響。

五、總資產營運能力分析

總資產週轉率，是指一定時期內企業營業收入與總資產平均餘額的比率。它是衡

量企業全部資產的管理水準和使用效率的一項重要指標。其計算公式為：

$$總資產週轉率（週轉次數）=\frac{營業收入}{總資產平均餘額}$$

$$總資產平均餘額=\frac{期初資產總額+期末資產總額}{2}$$

$$總資產週轉天數=\frac{360}{總資產週轉次數}=360\times\frac{總資產平均餘額}{營業收入}$$

總資產週轉率越高，說明企業總資產週轉速度越快，資產的管理水準越高；反之，資產的管理水準越差。從週轉率公式來看，提高企業銷售收入，降低總資產占用額可以提高總資產週轉率。同時總資產週轉率還受到流動資產週轉率和固定資產週轉率的影響，當流動資產週轉率和固定資產週轉率越高時，總資產週轉率也會越高。因此，分析總資產週轉情況時還要結合流動資產和固定資產週轉情況進行綜合分析，這樣才能找到問題的原因，從而更好地解決問題。

例 6-23 根據 A 公司財務報表的有關資料，計算該公司總資產週轉率的有關指標，見表 6-20。

表 6-20　A 公司總資產週轉率計算表

項目	前年	去年	本年
營業收入/億元	116.68	135.57	191.57
總資產平均餘額/億元	145.43	168.39	180.42
總資產週轉率/次	0.80	0.81	1.06
總資產週轉天數/天	450	444	339
總資產週轉率（B公司）/次	0.62	0.58	0.41
總資產週轉天數（B公司）/天	585	622	873

從表 6-20 中可以看出，A 公司總資產週轉率從前年到本年逐年增高，本年比去年提高了 0.25 次，增幅為 30.86%。結合 2017 年行業均值 0.6 次綜合考量，說明該企業總資產管理政策制定合理，總資產利用效率在不斷提高，並處於行業領先水準，公司整體資產的營運能力也越來越好。

B 公司總資產週轉率指標表現很不理想，與 A 公司相差甚遠，並且呈逐年下降趨勢，說明該企業總資產利用效率在大幅下降，公司整體資產的營運能力出現了較大問題。

第五節　發展能力財務比率分析

一、發展能力的概念

企業的發展能力，也稱為企業的成長性，是指企業通過自身的生產經營活動，使用內部資金不斷擴大累積而形成的發展潛能。企業發展能力衡量的核心是企業的資本實力和價值增長率。企業能否健康發展取決於多種因素，包括外部經營環境、企業內在素質及資源條件等。

二、發展能力分析的內容

(一) 盈利能力分析

企業的盈利能力直接關係到企業的生存與發展，因此，企業盈利能力分析是企業發展能力分析的一項重要內容。企業盈利能力分析可以從企業產品的市場佔有率情況和產品的競爭能力兩個方面入手，在分析產品的競爭能力時還要同時分析企業採取的競爭策略。

(二) 週期性分析

無論是行業還是企業，在發展過程中都呈現出明顯的週期性。當企業處於不同發展階段時，企業發展能力的指標分析可能會出現不同的計算結果。

三、發展能力指標分析

企業未來的發展能力決定了企業的價值，因此投資者特別關注企業的發展能力。通過分析企業的發展能力來評價企業的持續發展能力，有利於投資者做出正確的投資決策。考察企業發展能力主要分析營業收入增長率、淨利潤增長率、資本累積率、總資產增長率等指標。

(一) 營業收入增長率

營業收入增長率是指企業一定時期營業收入增長額與上期營業收入總額的比率。它反應了企業營業收入的增減變動情況，是評價企業發展能力的一項重要指標。其計算公式如下：

$$營業收入增長率 = \frac{本期營業收入增長額}{上期營業收入總額} \times 100\%$$

$$本期營業收入增長額 = 本期營業收入 - 上期營業收入$$

例 6-24　A 公司前年、去年、本年營業收入見表 6-21，根據表 6-21 中數據計算該公司營業收入增長率。

表 6-21　A、B 公司營業收入　　　　　　　　　　　　　　　　　　單位：億元

項目	前年	去年	本年
A 公司營業收入	116.68	135.57	191.57
B 公司營業收入	31.38	35.89	29.06

$$去年 A 公司營業收入增長率 = \frac{1,355.7 - 1,166.8}{1,166.8} \times 100\% = 16.19\%$$

$$本年 A 公司營業收入增長率 = \frac{1,915.7 - 1,355.7}{1,355.7} \times 100\% = 41.3\%$$

同理可以計算出 B 公司去年和本年營業收入增長率為 14.37% 和 -19.03%。

分析 A 公司前年至本年營業收入增長率指標可以看出，該公司三年營業收入呈不斷上漲趨勢，尤其是本年營業收入大幅提高。結合 2017 年行業均值 8.6% 來看，該企業的產品價格合理，產品質量得到了市場的認可，產品市場佔有率正逐年上漲，企業未來會有較好的發展前景。

而 B 公司的計算數據說明，該企業生產的產品，市場認可度較差，企業未來的發展前景堪憂。

分析企業營業收入的增長率時還需要考慮以下兩個問題：

第一，營業收入增長的同時營業成本也會增長，如果營業成本增長率高於營業收入增長率，說明企業的淨利潤不會增長，並且企業的營運能力存在很大問題。這時就要分析企業哪個環節的成本費用過高而造成利潤減少。

第二，營業收入的增長是由企業資產的增長引發的，如果營業收入增長率低於資產的增長率，說明企業的營業收入增長不會帶來企業淨利潤的增長，那麼企業的可持續發展能力是存在問題的。只有企業的營業收入增長率高於總資產增長率時，企業的發展能力才有較好的潛力。

（二）三年營業收入平均增長率

個別年份營業收入因為一些特殊原因會發生短期波動，這種波動會影響到營業收入增長率。如果上期營業收入大幅下降，而本期又恢復正常，這樣計算出的營業收入增長率會偏高，反之營業收入增長率會偏低。為了避免這種情況，一般計算三年營業收入平均增長率。同時，營業收入三年平均增長率表明企業營業收入連續三年的增長情況，反應企業的持續發展態勢和市場擴張能力。其計算公式如下：

$$三年營業收入平均增長率 = (\sqrt[3]{本年營業收入/三年前營業收入} - 1) \times 100\%$$

例 6-25 A 公司前年至本年營業收入見例 6-24，大前年該公司年末營業收入為 89.39 億元，計算其三年營業收入平均增長率。

$$三年營業收入平均增長率 = \left(\sqrt[3]{\frac{191.57}{89.39}} - 1\right) \times 100\% = 28.93\%$$

該指標能夠反應企業的營業收入增長趨勢和穩定程度，較好地體現企業的發展狀況和發展能力，避免因特定因素引發的營業收入不正常增長而使報表分析者對企業的發展潛力做出錯誤判斷。

（三）淨利潤增長率

淨利潤增長率是企業本期淨利潤增長額與上期淨利潤的比率。其計算公式如下：

$$淨利潤增長率 = \frac{本期淨利潤增長額}{上期淨利潤} \times 100\%$$

$$本期淨利潤增長額 = 本期淨利潤 - 上期淨利潤$$

這裡要分析淨利潤的構成因素，若企業的淨利潤主要由營業利潤提供，則說明企業的盈利能力強，發展前景良好；但若是企業的淨利潤主要由營業外收入或其他項目提供，則說明企業的正常業務盈利能力欠佳，企業的持續發展能力需要提高。

例 6-26 A 公司前年、去年、本年淨利潤見表 6-22，根據表 6-22 中數據計算該公司淨利潤增長率。

表 6-22　A 公司淨利潤　　　　單位：億元

項目	前年	去年	本年
淨利潤	0.685	5.105	7.54

$$去年淨利潤增長率=\frac{5.105-0.685}{0.685}×100\%=64.5\%$$

$$本年淨利潤增長率=\frac{7.54-5.105}{5.105}×100\%=47.70\%$$

該指標為正數，說明企業本期淨利潤增加，淨利潤增長率越大，說明企業收益增長得越多；淨利潤增長率為負數，則說明企業本期淨利潤減少，收益降低。從例6-26中可以看出，從去年開始，A公司淨利潤增長迅猛，企業發展態勢強勁。

（四）總資產增長率

總資產增長率，是企業一定時期總資產增長額與期初資產總額的比率。該指標反應了企業一定時期內資產規模的增長情況。其計算公式為：

$$總資產增長率=\frac{本期總資產增長額}{期初資產總額}×100\%$$

$$本期總資產增長額=期末資產總額-期初資產總額$$

總資產增長率是從資產規模的角度來考察企業的發展能力，表明企業資產規模的增長對企業發展的影響。其值越高，說明企業一定時期內資產規模增加的速度就越快。但分析該指標時，需要關注資產規模擴張的質量，以及企業的後續發展能力，避免盲目擴張。

例6-27 A公司前年、去年、本年資產總額見表6-23，根據表中數據計算該公司總資產增長率。

表6-23　A公司總資產　　　　　　　　　　　　　　單位：億元

項目	前年	去年	本年
資產總額	14.697	18.981	17.102

$$去年總資產增長率=\frac{18.981-14.697}{14.697}×100\%=29.15\%$$

$$本年總資產增長率=\frac{17.102-18.981}{18.981}×100\%=-9.90\%$$

從計算結果上看，去年A公司總資產增長率較高，而本年該指標為負數，分析資產負債表可以看出本年該指標大幅下降是償還長期借款所致。與營業收入增長率和淨利潤增長率相比，營業收入增長率明顯低於二者，說明企業有良好的持續增長發展能力。

正常情況下，總資產增長率越高，說明企業一定時期內資產規模增長速度越快。但是如果企業的營業收入增長率及淨利潤增長率遠遠低於總資產增長率，並且這種情況還在持續，則需要提高警惕。因此，企業經營者在關注總資產增長率增長時，還要關注資產規模擴張的質量，以及企業的可持續發展能力。

（五）資本保值增值率

資本保值增值率，是扣除企業客觀因素後的本期末所有者權益總額與期初所有者權益總額的比率。該指標反應企業當期靠自身努力實現的資本增減變動的情況，它是衡量企業發展能力的一個重要指標。其計算公式為：

$$资本保值增值率 = \frac{扣除客观因素后的本年末所有者权益总额}{年初所有者权益总额} \times 100\%$$

一般认为，资本保值增值率越高，表明企业的资本保全状况越好，所有者权益增长越快，债权人的债务越有保障。该指标通常应当大于100%。

例6-28 A公司前年、去年、本年所有者权益见表6-24，根据表中数据计算该公司资本保值增值率。

表6-24　A公司所有者权益　　　　　　　　　　单位：亿元

项目	前年	去年	本年
所有者权益总额	5.966	6.781	7.309

$$去年资本保值增长率 = \frac{6.781}{5.966} \times 100\% = 114\%$$

$$本年资本保值增长率 = \frac{7.309}{6.781} \times 100\% = 108\%$$

通过计算可以看出，去年A公司资本保值增值率高于本年水准，结合2017年行业均值105.4%来看，该企业两年的资本累积率均保持了持续增长，且高于行业平均值，这使得企业资本累积越来越多，企业可持续增长能力良好。

（六）资本累积率

资本累积率，是企业一定时期所有者权益增长额与期初所有者权益的比率，它反应了企业当期资本的累积能力，是评价企业发展能力的重要指标。其计算公式为：

$$资本累积率 = \frac{当期所有者权益增长额}{期初所有者权益} \times 100\%$$

当期所有者权益增长额 = 期末所有者权益 - 期初所有者权益

资本累积率越高，表明企业的资本累积越多，应对风险、持续发展的能力越强。

例6-29 A公司前年、去年、本年所有者权益见表6-25，根据表中数据计算该公司资本累积率。

表6-25　A公司所有者权益　　　　　　　　　　单位：亿元

项目	前年	去年	本年
所有者权益总额	5.966	6.781	7.309

$$去年资本累积率 = \frac{6.781 - 5.966}{5.966} \times 100\% = 13.66\%$$

$$本年资本累积率 = \frac{7.309 - 6.781}{6.781} \times 100\% = 7.79\%$$

通过计算可以看出，去年A公司资本累积率高于本年水准，但两年的资本累积率均保持了持续增长，且高于2017年行业均值5.1%，说明企业资本累积越来越多，企业可持续增长能力良好。

投资者使用资本累积率衡量投入企业资本的保值性和增长性。该指标越高，表明企业资本累积越多，企业发展后劲越强劲；该指标越低，企业经过一年的经营并没有

獲得資本累積；該指標為負數，說明企業資本受到侵蝕，投資者利益受到了損害。資本累積率是對總資產增長率的補充，也是評價企業發展能力的重要指標。

(七) 資本三年平均增長率

資本累積率反應的是企業當期的情況，因此分析時具有一定的滯後性，而資本三年平均增長率反應的是連續三年企業資本的累積情況，反應了企業的持續發展水準和穩步發展的趨勢。其計算公式如下：

$$三年資本平均增長率 = \left(\sqrt[3]{\frac{期末所有者權益總額}{三年前期末所有者權益總額}} - 1 \right) \times 100\%$$

例6-30 A公司大前年、前年、去年、本年所有者權益見表6-26，根據表中數據計算該公司資本三年平均增長率。

表6-26　A公司所有者權益　　　　　　　　　　　　單位：億元

項目	大前年	前年	去年	本年
所有者權益總額	59.75	59.66	67.81	73.09

$$三年資本平均增長率 = \left(\sqrt[3]{\frac{73.09}{59.75}} - 1 \right) \times 100\% = 6.95\%$$

該指標越高，表明企業所有者權益得到的保障程度越高，企業可以長期使用的資金越充裕，抗風險和保持持續發展的能力越強。

四、可持續增長能力分析

可持續增長率是指企業保持目前的股權結構、經營效率（不改變銷售淨利率和資產週轉率）和財務政策（不改變銷售淨利率和資產週轉率）的情況下，其銷售所能實現的增長速度。該指標與企業的融資和股利政策密切相關。其計算公式是：

$$可持續增長率 = 淨資產收益率 \times (1 - 股利發放率)$$

例6-31 A公司本年淨資產收益率為10.7%，股利發放率為2.32%，計算其可持續增長率。

可持續增長率 = 10.7% × (1 - 2.32%) = 10.45%

通過計算可持續增長率，人們可以分析企業未來的發展趨勢，可持續增長率越高，說明企業未來的獲利能力越強；反之，則說明企業未來發展乏力，需要探索新的發展動力。

計算可持續增長率時，有五個假設條件：①不增發新股（包括回購股份），如果需要外部融資，採用債務融資方式；②企業維持當前的營業淨利率，但有可能通過新增債務而增加利息支出；③企業維持當前的總資產週轉率；④企業目前的資本結構是目標資本結構，並且打算繼續維持下去；⑤企業維持目前的利潤留存率，並且目前的利潤留存率就是目標利潤留存率。

在上述假設條件成立的情況下，可持續增長率等於銷售的增長率。企業的這種增長率狀態，稱為可持續增長或平衡增長。

可持續增長的思想，不是說企業的增長不可以高於或低於可持續增長率，問題在

於管理人員必須事先預計並且解決企業的增長率超過或低於可持續增長率所導致的財務問題。任何企業都應控制銷售的增長，使之與企業的財務能力平衡，而不應盲目追隨市場。企業的管理不能僅僅依靠公式，但是公式能夠為人們提供簡便的方法，幫助人們迅速找出企業潛在的問題。可持續增長率模型為人們對企業增長進行控制提供了一個衡量標準。

企業發展能力分析是企業財務報表分析的一個重要方面。企業發展的核心是企業價值的增長，但由於企業價值評估的困難，企業發展能力分析可以按價值驅動因素展開，可以分銷售（營業）增長情況、資產擴張情況、資本擴張情況及股利擴張情況進行分析。在與財務報表分析其他內容的關係上，企業發展能力分析既是相對獨立的一項內容，又與其他分析密切相關，在分析過程中要結合其他財務分析進行，同時企業發展能力分析還應特別注意定量分析和定性分析的結合。

本章小結

本章主要介紹了財務報表比率分析的相關內容，重點介紹了財務報表比率指標體系的相關指標的計算及分析方法。分別是：
（1）影響償債能力指標的因素、相應指標的計算過程及分析；
（2）影響盈利能力指標的因素、相應指標的計算過程及分析；
（3）影響營運能力指標的因素、相應指標的計算過程及分析；
（4）影響發展能力指標的因素、相應指標的計算過程及分析。

本章重要術語

財務比率　流動比率　速動比率　現金比率　現金流動負債比率
資產負債率　產權比率　權益乘數　利息保障倍數　現金負債總額比率
營業毛利率　營業利潤率　營業淨利率　成本費用淨利率　總資產報酬率
總資產淨利率　淨資產收益率　每股收益　每股股利　市盈率　市淨率
股利支付率　應收帳款週轉率　存貨週轉率　流動資產週轉率
固定資產週轉率　總資產週轉率　營業收入增長率
三年營業收入平均增長率　淨利潤增長率　總資產增長率
資本保值增值率　資本累積率　資本三年平均增長率　可持續增長率

習題·案例·實訓

一、單選題

1. A 企業的流動資產為 57 萬元，資產總額為 187 萬元，流動負債為 42 萬元，負債總額為 98 萬元，則該企業的營運資金是（　　）萬元。
   A. 89　　　　B. 15　　　　C. 130　　　　D. 56

2. 下列指標中不是反應企業償債能力的指標是（　　）。
   A. 資產負債率　　　　B. 存貨週轉率
   C. 速動比率　　　　　D. 現金比率

3. 對企業的長期償債能力進行分析時，（　　）與資產負債率之和等於 1。
   A. 所有者權益比率　　B. 權益乘數
   C. 利息保障倍數　　　D. 總資產報酬率

4. 年初資產總額為 1,340 萬元，年末資產總額為 2,040 萬元，淨利潤為 386 萬元，所得稅為 125 萬元，利息支出為 53 萬元，則總資產報酬率為（　　）。
   A. 34.7%　　B. 33.3%　　C. 42.1%　　D. 27.6%

5. 上市公司盈利能力分析與一般企業盈利能力分析的區別，關鍵在於（　　）。
   A. 股票價格　　B. 股利發放　　C. 股東權益　　D. 利潤水準

6. 如果企業管理效率低下，有很多的閒置設備，則表明固定資產週轉率（　　）。
   A. 高　　　　B. 低　　　　C. 不變　　　　D. 波動幅度大

7. 若企業占用過多的存貨和應收帳款，一般不會直接影響企業的（　　）。
   A. 資金週轉　　B. 獲利能力　　C. 償債能力　　D. 長期資本結構

8. M 公司 2017 年的主營業務收入為 652,000 元，年初資產總額為 810,000 萬元。年末資產總額為 760,000 萬元，則該公司的總資產週轉率為（　　）。
   A. 0.80　　B. 0.83　　C. 0.86　　D. 0.75

9. 流動資產週轉率增加不會引起的結果是（　　）。
   A. 企業盈利及償債能力變強　　B. 變現能力變強
   C. 週轉天數變多　　　　　　　D. 週轉速度變快

10. L 公司本年的主營業務成本是 254,000 元，存貨週轉率是 4 次，期初存貨是 54,500 萬元，則期末存貨為（　　）元。
    A. 72,500　　B. 63,500　　C. 118,000　　D. 98,000

11. 下列（　　）指標可以表明企業營業收入增減變動情況，評價企業發展能力。
    A. 現金比率　　　　B. 可持續增長率
    C. 營業增長率　　　D. 總資產增長率

12. 明達公司去年年初淨資產總額為 522 萬元，年末為 578 萬元，淨利潤為 145 萬元，股利發放率為 12%，其可持續增長率為（　　）。
    A. 16%　　B. 24.4%　　C. 23.2%　　D. 22.1%

13. 總資產增長率是指（　　）。
    A. 企業一定時期總資產增長額與期初資產總額的比率
    B. 企業一定時期總資產增長額與上年同期資產總額的比率
    C. 企業總資產增長額與期初資產總額的比率
    D. 企業總資產增長額與上年同期資產總額的比率
14. 表明企業資產增減變動情況，評價企業發展能力的重要指標是（　　）。
    A. 總資產增長率　　　　　　B. 營業收入增長率
    C. 可持續增長率　　　　　　D. 現金比率
15. 下列關於企業償債能力指標的說法中，錯誤的是（　　）。
    A. 流動比率高意味著短期償債能力一定很強
    B. 營運資金為正，說明企業財務狀況穩定，不能償債的風險較小
    C. 可動用的銀行貸款能夠影響企業的償債能力
    D. 資產負債率屬於長期償債能力指標

二、多選題
1. 下列財務比率中，可衡量企業長期償債能力的指標有（　　）。
    A. 利息保障倍數　　　　　　B. 產權比率
    C. 權益乘數　　　　　　　　D. 速動比率
2. 債權人對財務報表進行分析的目的有（　　）。
    A. 為決定是否給企業貸款，需要分析貸款的報酬和風險
    B. 為了解債務人的短期償債能力，需要分析其流動狀況
    C. 為了解債務人的長期償債能力，需要分析其盈利狀況和資本結構
    D. 為決定採用何種信用政策，需要分析公司的短期償債能力和營運能力
3. 影響企業短期償債能力的表外因素有（　　）。
    A. 未決訴訟形成的或有負債　　B. 償債能力的信譽
    C. 準備很快變現的長期資產　　D. 可以使用的銀行貸款
4. 下列（　　）指標可以反應上市公司的盈利能力。
    A. 淨資產報酬率　　　　　　B. 市盈率
    C. 股利支付率　　　　　　　D. 總資產淨利率
5. L公司近三年的總資產報酬率連續下降，造成此景況的原因可能是（　　）。
    A. 產品市場佔有率下降
    B. 存貨成本上升但售價受市場制約幾乎沒變
    C. 替代產品大量上市且價格低廉
    D. 採用了新型技術
6. 企業總資產週轉率不斷上升，說明（　　）。
    A. 企業資產管理水準提高
    B. 企業流動資產管理水準大大提高
    C. 企業產品市場佔有率大大提高
    D. 企業採用了新技術

7. 對流動資產週轉率的表述，正確的有（　　）。
   A. 流動資產平均佔用額越低，營業收入越高，流動資產週轉率越高
   B. 在營業收入一定的情況下，固定資產在總資產中佔的比率越高，固定資產週轉率越低，流動資產週轉率越高
   C. 在營業收入一定的情況下，流動資產平均佔用額越高，流動資產週轉率越高
   D. 如果企業資產總額及其構成都保持不變，則固定資產週轉率越高，流動資產週轉率越高
8. （　　）可以反應流動資產週轉速度。
   A. 流動資產週轉率　　　　　　　　B. 流動資產墊支週轉率
   C. 存貨週轉率　　　　　　　　　　D. 應付帳款週轉率
9. 企業發展能力的內容有（　　）。
   A. 償債能力分析　　　　　　　　　B. 發展能力指標分析
   C. 可持續發展能力分析　　　　　　D. 營運能力分析
10. 關於發展能力指標的計算公式，正確的有（　　）。
    A. 營業收入增長率＝本期營業收入增長額÷本年營業收入總額×100%
    B. 資本保值增值率＝扣除客觀因素後的本年末所有者權益總額÷年初所有者權益總額×100%
    C. 資本累積率＝當期所有者權益增長額÷年初所有者權益總額×100%
    D. 可持續增長率＝淨資產收益率×（1－股利發放率）

三、判斷題

1. 由於速動資產去除了存貨等變現能力較弱且不穩定的資產，速動比率比流動比率更能客觀、準確、可靠地反應企業的短期償債能力。（　　）
2. 流動比率越高，企業償還短期債務的能力越強，說明企業有足夠的現金或存款來償還短期債務。（　　）
3. 用來衡量企業短期償債能力的指標主要有資產負債率、速動比率、流動比率和利息保障倍數。（　　）
4. 如果企業的利潤總額主要由投資收益貢獻，則說明企業的主要經營業務在下滑，對企業利潤的貢獻在降低。（　　）
5. 站在股東的立場，當借款利息率低於總資產報酬率時，負債比例越小越好，否則負債比例越大越好。（　　）
6. 企業固定資產的利用效率越高，閒置設備越少，管理水準越高。（　　）
7. 成本費用率越高，表明企業為取得收益所付出的代價越小，企業成本費用控制得越好，企業的獲利能力越強。（　　）
8. 企業的發展能力最終還要看盈利能力，企業盈利能力越強，發展潛力也越大。（　　）
9. 優化資產配置，使其更加合理，會提高資產的利用效率。（　　）
10. 在企業每年銷售收入不斷增長、銷售利潤不斷提高時，如果企業管理當局把利潤都分配了，企業的後續發展能力不會受到影響。（　　）

四、綜合分析題

1. 長城公司某年度財務報表的部分數據信息如表 6-27 和表 6-28 所示。

表 6-27　資產負債表　　　　　　　　　　　　　　　　　　　單位：萬元

資產	期末數	期初數	負債和所有者權益	期末數	期初數
流動資產：			流動負債：		
貨幣資金	44,823.6	50,084.0	應付票據	18,940.0	12,089.3
應收票據	1,073.2	1,425.2	應付帳款	56,849.6	55,016.6
應收帳款	73,323.6	59,607.5	流動負債合計	192,713.1	187,923.1
存貨	46,813.2	61,464.2	長期借款	3,032.5	
流動資產合計	183,536.8	182,463.1	負債合計	197,225.2	188,040.9
固定資產	80,284.7	70,343.3	未分配利潤	7,818.2	6,578.4
非流動資產合計	131,804.4	118,197.1	所有者權益合計	118,116.0	112,619.3
資產合計	315,341.2	300,660.2	負債和所有者權益合計	315,341.2	300,660.2

表 6-28　利潤表（簡表）　　　　　　　　　　　　　　　　　單位：萬元

項　目	本期金額	上期金額
一、營業收入	218,202.4	189,563.6
減：營業成本	172,715.4	147,305.5
稅金及附加	448.3	391.6
銷售費用	21,159.5	19,336.2
管理費用	14,569.8	13,545.1
財務費用	2,927.5	3,788.0
資產減值損失	2,285.8	1,482.7
加：公允價值變動損益（損失以「-」號填寫）		
投資收益（損失以「-」號填寫）	1,982.4	1,245.9
二、營業利潤	6,078.5	4,960.4
加：營業外收入	897.9	591.9
減：營業外支出	133.2	238.9
三、利潤總額	6,843.2	5,313.4
減：所得稅費用	982.7	677.5
四、淨利潤	5,860.4	4,635.9

要求計算該公司的以下各項指標：

(1) 流動比率、速動比率、現金比率、資產負債率、利息保障倍數。
(2) 應收帳款週轉率、存貨週轉率、流動資產週轉率、總資產週轉率。
(3) 營業淨利率、總資產淨利率、淨資產收益率。
(4) 營業收入增長率、總資產增長率。

2. A企業2016年和2017年的有關財務數據如表6-29所示。

表6-29 A企業的有關財務數據   單位：萬元

項目	2016年	2017年
營業收入	12,000	20,000
淨利潤	780	1,400
支付股利	220	220
期末總資產	16,000	22,000
期末所有者權益	8,160	11,000

要求：計算A企業2017年的營業收入增長率、淨利潤增長率、總資產增長率、資本累積率及可持續增長率。

五、案例分析

浩雲科技：2018年營收淨利高增長，「一核三線」全面打開成長空間

2019年4月17日晚間，浩雲科技（300448）發布2018年年報。年報顯示報告期內，公司實現營業收入7.65億元，同比增長34.31%；營業利潤1.79億元，同比增長34.04%；歸母淨利潤1.40億元，同比增長26.12%。自前年上市以來，浩雲科技營業收入複合增速17.96%，歸母公司淨利潤複合增速28.49%，財務數據亮眼，向投資者交出一份靚麗的答卷。

業績報告交滿意答卷，多項財務指標持續改善：

分業務看，報告期內金融物聯業務實現營業收入4.82億元，同比增長8.00%，奠定公司業績基礎。公共安全、智慧司法業務分別實現營業收入1.38億元、0.69億元，同比增速分別達到226.11%、94.78%，成為業績增長雙引擎。盈利能力方面，報告期內公司銷售毛利率高達46.46%，連續六年超過40%；銷售淨利率20.66%，較上市初期增長6.51個百分點。

截至2018年年底，公司在手現金及等價物4.75億元，占期末總資產的29.48%；報告期內經營活動現金流量淨額1.39億元，連續四年正增長。近幾年，浩雲科技通過穩健的併購不斷切入「智慧物聯」及「大數據營運」核心戰略領域，雖逐漸形成一定商譽，但與同行業相比，商譽占比仍然維持在較低水準。2018年公司商譽帳面金額1.06億元，在總資產中占比6.59%，低於IT行業平均商譽占比近八個百分點。

靚麗的業績是浩雲科技不斷追求技術進步、適應市場發展的必然結果。2018年公司研發投入4,838.67萬元，占營業總收入比重為6.32%，研發投入保持持續增長；研發團隊246人，占比19.42%。高資金投入、重視人才儲備，公司自研能力得到有效保障。浩雲科技從強化自身研發團隊、深化產學研結合兩方面入手，技術儲備不斷豐富。

據工信部預測，2020年中國物聯網市場規模超萬億，發展勢頭迅猛。2018年公司瞄準物聯網發展契機，以原有終端產品、海量數據儲備及物聯網技術為基礎順勢切入，制定了以智慧物聯管理為核心，聚焦公共安全、智慧司法、金融物聯三大領域的「一核三線」戰略，將公司使命推向「構築智慧和安全新世界」的新高度。

「擴大公共安全、智慧司法的市場佔有率，深挖金融物聯應用需求，構建各行業智慧物聯管理解決方案」，浩雲科技如是描述 2019 年發展策略。經過數年戰略佈局，浩雲科技「一核三線」的戰略架構脈絡清晰，步伐堅定，「智慧物聯管理平臺 4.0」能夠兼容公共安全、智慧司法、金融物聯三大領域客戶的核心需求，產學研持續加碼，各領域落地案例多點開花，公司成長空間被全面打開，業績持續高速成長值得期待。

（資料來源：浩雲科技：2018 年營收淨利高增長，「一核三線」全面打開成長空間 [EB/OL].（2019-04-22）[2019-10-08]. https://stock.hexun.com/2019-04-22/196901018.html? from =rss.）

案例思考：分析企業盈利能力時，除去財務數據，還有非財務數據需要研究分析，在本案例中非財務數據有哪些？分別隱含了哪些信息？

六、實訓任務

根據本章學習內容和實訓要求，完成實訓任務 6。

（一）實訓目的

1. 熟悉企業財務比率指標體系及掌握指標的計算、基本分析評價。
2. 對選定的目標分析企業及被比較企業的財務報表運用財務指標分析體系，對比分析目標分析企業的償債能力、獲利能力、資產管理效率及發展能力進行系統分析。

（二）實訓任務 6：目標分析企業財務比率指標分析

1. 運用 Excel 工具正確計算目標分析企業及被比較企業的償債能力指標，包括短期償債能力指標及長期償債能力指標，對比分析目標分析企業償債能力，並得出相應評價結論。
2. 運用 Excel 工具正確計算目標分析企業及被比較企業的資產營運能力指標，對比分析目標分析企業資產營運能力，並得出相應評價結論。
3. 運用 Excel 工具正確計算目標分析企業及被比較企業的盈利能力指標，包括一般企業盈利能力指標和上市公司盈利能力指標，對比分析目標分析企業盈利能力，並得出相應評價結論。

連結 6-3

第六章　部分練習題答案

一、單選題

1. B　2. B　3. A　4. B　5. B　6. B　7. D　8. B　9. C　10. A　11. D　12. C　13. A　14. B　15. A

二、多選題

1. BC　2. ABCD　3. ABCD　4. BC　5. ABC　6. ABC　7. AB　8. ACD　9. BC　10. BCD

三、判斷題

1. √　2. ×　3. ×　4. √　5. ×　6. √　7. ×　8. ×　9. √　10. ×

四、綜合分析題

1. （1） 95.24%, 70.95%, 23.26%, 0.63, 3.34

   （2） 3.28, 3.19, 1.19, 0.71

   （3） 0.03, 0.02, 0.05

   （4） 15.11%, 4.88%

2. 66.67%, 79.49%, 37.5%, 34.80%, 10.73%

五、案例分析

1. 「浩雲科技不斷追求技術進步、適應市場發展」說明浩雲科技比較關注自身的技術研發，可以結合報表中的研發費用來考察浩雲科技的研發投入，以此來判斷浩雲科技的核心競爭力在同行業中的水準，並可得出未來浩雲科技的盈利能力。

2. 結合浩雲科技2019年發展策略可以看出，浩雲科技緊跟時代步伐，其生產的產品主要適用於公共安全、智慧司法、金融物聯三大領域，這三個領域都是國家未來重點關注的領域，說明浩雲科技的發展戰略符合國家發展的大政方針，因此可以爭取到一些有利的政策支持，這些都是可以提高企業盈利能力的宏觀影響因素。

第七章

財務報表綜合分析

　　企業的每張財務報表、每項財務指標都從不同角度揭示了各自具體的經濟意義和評價的側重點。要想全面、完整地分析一個企業的財務狀況和經營成果，必須把所有報表和財務指標結合起來進行分析，以形成一個整體的評價。財務報表綜合分析就是將營運能力、償債能力、盈利能力和發展能力等財務指標分析納入一個有機的整體，系統、全面、綜合地對企業的財務狀況和經營成果進行解剖、分析和評價，從而對企業經濟效益的優劣做出評價。

■學習目標

1. 熟悉財務報表綜合分析的內容。
2. 掌握財務報表綜合分析的方法。
3. 理解沃爾綜合評分法的基本原理。
4. 熟悉企業經濟增加值評價體系及應用。

■ 導入案例

四川長虹電器股份有限公司（以下簡稱「四川長虹」）成立於 1988 年 6 月 7 日，是由國營長虹機器廠獨家發起並控股成立的股份制企業。1994 年 3 月 11 日，四川長虹在上海交易所 A 股上市，其股價於 1997 年 5 月曾一度高達 66.18 元/股，是當時滬市 A 股的龍頭企業。然而，1999 年四川長虹的業績猛然下降，淨利潤從 1998 年的 17.43 億元降為 5.25 億元。此後年度其業績持續走低，淨資產收益率甚至低於國債收益率，這意味著股東承擔的風險比國債要高，但是卻沒有得到相應的回報。儘管四川長虹除 2004 年外其他所有年度的會計利潤均為正數，但是相應的利潤並沒有考慮到股東投入的資本成本。資本的報酬率應該高於資本成本率，這時股東投入資本所獲得的收益才能彌補資本成本支出，股東才能獲得價值增值。

第一節　財務報表綜合分析概述

一、財務報表綜合分析的內涵

財務報表綜合分析工作建立在對資產負債表、利潤表、所有者權益變動表和現金流量表的詳細解讀，以及對企業償債能力、營運能力、盈利能力和發展能力等單項指標具體分析的基礎上。綜合分析通過一系列專門方法的應用，可以全方位揭示企業的財務狀況、經營成果和發展趨勢，可以使利益相關者完成對企業在經營年度和管理者任期內經營績效的分析評價，是財務分析主體把脈企業整體發展情況的重要手段。在實踐工作中，我們還可以把綜合分析的結論作為線索進一步進行各類有針對性的具體能力的單項分析。

從一般意義上理解，財務報表綜合分析是以財務報表為基本依據，運用一系列財務指標對企業的財務狀況、經營成果和現金流量情況加以分析和比較，並通過分析影響企業的財務狀況、經營成果和現金流量的種種因素來評價和判斷企業的財務和經營狀況是否良好，並以此為依據預測企業的未來財務狀況和發展前景。

綜合分析和業績評價是在單項能力分析的基礎上，將單項能力的衡量指標結合起來，系統、全面、綜合地對企業的財務狀況和經營成果進行分析和評價，說明企業整體財務狀況和經營業績。因為只對企業進行單項分析並不能瞭解企業的整體狀況，有些企業可能償債能力很強，盈利能力和營運能力卻一般，因此，進行綜合分析與業績評價有助於企業管理者明確企業管理中的優劣勢，識別企業經營過程中的薄弱環節，並針對性地採取措施，增強企業競爭優勢。

二、財務報表綜合分析的特點

相對於單項分析來說，綜合分析和業績評價有以下幾個特點：

1. 分析方法不同

單項分析通常把企業財務活動分成若干個具體的部分，逐個進行分析；而綜合分析則是從整體的角度進行分析，具有概括性和抽象性，評價範圍廣泛。單項分析是綜合分析和業績評價的基礎。

2. 分析的重點不同

單項分析時默認所有的評價指標是同等重要的，沒有體現出它們之間的聯繫；綜合分析和業績評價的指標有主輔之分，分析時重點強調主要指標，在對主要指標分析的基礎上再進行輔助指標的分析，各指標之間有層次關係，主輔指標應相互配合。

3. 分析的目的不同

單項分析的目的具有很強的針對性，例如，償債能力分析的目的就是評價企業償債能力，找出問題並給出解決方法，而綜合分析和業績評價的目的是要全面評價企業的財務狀況和經營成果。

三、財務報表綜合分析的意義

通過財務報表的綜合分析，人們可以透視企業經濟活動的內在聯繫，並與內部條件、外部環境相結合，深入考察，找出企業自身的優勢和劣勢，做出實事求是的評價，以便管理者進行決策。每個企業的財務指標都有很多，但每個單項財務指標本身只能說明問題的某一方面，且不同財務指標之間可能會有一定的矛盾或不協調性。例如，償債能力很強的企業，其盈利能力可能會很弱，營運能力也可能較差。因此，只有將一系列的財務指標有機地聯繫起來，形成一套完整的體系，相互配合使用，才能對企業經濟活動的總體變化規律做出本質的描述及系統的評價，才能對企業的財務狀況和經營成果得出總括性的結論。財務報表綜合分析的意義也正在於此，概括起來，其主要體現在以下幾個方面：

1. 評估企業的財務實力

通過財務報表綜合分析，人們可以評估企業的財務實力。財務實力是企業綜合競爭力的重要組成內容，企業財務實力主要是通過財務報表所顯示的資產實力、收益能力等體現出來的。對財務實力的評估決定著利益相關者是否願與企業建立關係，而財務報表綜合分析在評價企業財務實力時發揮著其他方法不可替代的作用。

2. 確定企業的償債能力

財務報表的分析最初就是為了確定企業的償債能力而進行的，諸如資產負債率、流動比率、速動比率等財務分析指標，它們在確定企業的償債能力方面是非常有用的。這些指標可用於區分哪些企業的償債能力強，哪些企業的償債能力弱或沒有償債能力。對於那些喪失償債能力的企業，早在出現問題的前五年，各種指標就已暗示它們產生較大失誤的可能性。

3. 評價企業的盈利能力

財務報表綜合分析能較客觀地評價一個企業的盈利能力。保持企業有較強的競爭力的先決條件是企業具有較高且穩定的盈利能力，而盈利能力的大小通常用銷售利潤率、每股盈利（每股淨收益）等指標加以衡量和預測。對企業投資者來說，盈利水準的高低將直接決定其投資的收益分配水準；對企業經營者來說，其主要的受託責任是獲取較高的經營收益，而對於債權人，尤其是長期債權人來說，債務人潛在盈利能力

的強弱決定了其償債能力的強弱。通過財務報表綜合分析來對企業的盈利能力做出綜合的評價，對於企業的所有者、經營者和債權人做出正確的決策，都具有十分重要的意義。

4. 評價企業的管理效率

企業的總資產是由投資者投入企業的資本及債權人貸給企業的資金所形成的負債組成的，投資者將資產委託給經營者使用。投資者與債權人要瞭解資產管理效率或營運效率的情況，通常要借助各種資產週轉率指標加以衡量和評價。財務報表綜合分析包含評價企業管理效率的各類相關指標，能夠對企業的管理效率做出客觀、全面的評價，而這是通過簡單的單項指標分析無法實現的。

5. 評估企業的風險和前景

企業的財務和經營風險、報酬率以及發展前景是利益相關者（包括股東、債權人、經營者、員工、供應商和客戶）進行合理的投資、信貸和經營決策的重要依據。財務報表是體現企業的財務和經營風險、報酬率以及發展前景等主要信息來源的渠道，因此，進行財務報表分析對利益相關者評估企業並進行決策的意義是非常重大的。財務報表提供的有關企業的財務狀況、經營成果和現金流量情況的定量財務信息，是企業的利益相關者評估一家企業的風險、收益及未來發展前景的重要依據。財務報表綜合分析實際上就是這些利益相關者利用企業財務報表評估企業的現在風險和未來前景的一個重要手段。

四、財務報表綜合分析的原則

由於各個企業的內部經濟活動和外部經濟環境均有所不同，影響企業經營與財務活動的因素很多，因此要成功地分析和把握企業總體的財務狀況和經營成果，在進行財務報表綜合分析時，應遵循一定的原則。

1. 綜合性原則

為了綜合分析企業的整體能力，評價指標的設置應符合綜合性原則，即所設置的指標必須能夠涵蓋企業的盈利能力、償債能力、營運能力及發展能力等各個方面。同時，綜合性原則還要求指標體系必須能夠提供多層次、多角度的信息資料，以滿足企業相關信息使用人的信息需要。當然，財務報表分析的綜合性原則還要求在設置指標體系時注重主輔指標的匹配性，在明確了主要指標與輔助指標的主輔地位後，不能平均分配重要性系數，而應構建一套主次分明的評價指標體系。

2. 定性分析與定量分析相結合原則

定量分析能為企業信息使用者的決策提供準確、可靠的數據，而定性分析取決於企業所處的外部環境。外部環境越複雜，越難以用定量分析來衡量，越需要進行定性分析。定性分析與定量分析必須結合運用，兩者不可偏廢。

3. 靜態分析與動態分析相結合原則

企業財務報表既包含反應企業某一特定時點財務狀況的靜態數據，也包含反應企業某一會計期間經營成果、現金流量的動態數據。因此，在進行綜合分析時應注意兼顧靜態數據和動態數據，在對動態數據進行分析時，也要注意其對靜態的財務狀況的制約及對企業償債能力的影響。

4. 信息資料充分原則

只有充分地佔有分析所需的信息資料，才能得出正確的分析結論。因此，在財務報表綜合分析時，一定要遵循信息資料充分性原則。任何不完整、不充分的信息內容都會直接影響財務報表綜合分析作用的發揮，甚至會得出錯誤的分析結論。

五、財務報表綜合分析的方法

財務報表綜合分析方法主要有以下幾種：

1. 杜邦分析法

杜邦分析法是一種典型的將財務目標與財務環節相互關聯、綜合分析的方法。它以淨資產收益率為綜合性的評價指標，並通過對淨資產收益率的分解，找出企業各個環節對其的影響程度，從而綜合評價企業的經營業績與財務狀況問題。

2. 沃爾綜合評分法

沃爾綜合評分法是指將選定的財務比率用線性關係結合起來，並分別給定各自的分數比重，然後通過與標準比率進行比較，確定各項指標的得分及總體指標的累計分數，從而對企業的綜合水準做出評價的方法。

3. 經濟增加值評價法

經濟增加值是以經濟增加值理念為基礎的財務管理系統、決策機制及員工的激勵報酬制度。它是基於企業的稅後營業利潤和產生利潤所需資本投入總成本的一種企業績效財務評價方法。

連結 7-1　　　　　　　　雷達圖分析法簡介

雷達圖法是日本企業界對企業綜合實力進行評估而採用的一種財務狀況綜合評價方法。按這種方法所繪製的財務比率綜合圖狀似雷達，故得此名。

雷達圖是對客戶財務能力分析的重要工具，從動態和靜態兩個方面分析客戶的財務狀況。靜態分析將客戶的各種財務比率與其他相似客戶或整個行業的財務比率做橫向比較；動態分析把客戶現時的財務比率與先前的財務比率做縱向比較，這樣就可以發現客戶財務及經營情況的發展變化方向。雷達圖把縱向和橫向的分析比較方法結合起來，計算綜合客戶的收益性、成長性、安全性、流動性及生產性這五類指標。

（資料來源：百度百科.雷達圖分析法［EB/OL］.［2019-10-11］. https://baike.baidu.com/item/雷達圖分析法/4180703.）

連結 7-2　　　　　　　　　平衡記分卡

20 世紀 90 年代初，美國哈佛商學院的 Robert S. Kaplan 和 David P. Norton 在研究「衡量未來組織的業績」的課題時，提出了平衡計分卡方法。平衡記分卡在傳統的財務評價的原有基礎上引入了非財務評價標準，從財務維度、客戶維度、內部經營過程、學習與成長四個方面選擇相應的測評指標。其實施原理是：依據財務維度、客戶維度、內部經營過程、學習與成長四個方面，劃分出關乎公司短期成果和長遠發展、內部狀況和外部環境、經營業績和管理業績等多種因素，再依據公司的戰略規劃，設計出適當的指標體系，通過考核不同時段指標的實施程度，來衡量公司的戰略落實狀況，協助公司完成戰略目標。

（資料來源：KAPLAN R S, NORTON D P. Using the Balanced Scorecard as a Strategic Management System ［J］. Harvard Business Review, 1996（1）: 1-2.）

連結 7-3 　　　　　　　　**價值鏈分析法**

　　美國學者邁克爾・波特於 1985 年在《競爭優勢》中指出每個企業都是設計、生產、營銷、支付和支持產品一系列活動的集合，企業的價值鏈以及實施單個活動的方式反應了企業的發展歷程、戰略、執行戰略的方法以及企業活動本身的經濟學原理。價值鏈由價值活動和利潤構成，價值活動是企業開展的具備實體和技術獨特性的活動，是企業為買方生產有價值產品的基礎。利潤是總價值和開展價值創造活動總成本之間的差異。企業價值活動分為主要活動和輔助活動兩大類，主要活動包括內部後勤、生產作業、外部後勤、市場營銷和服務，這些主要活動能直接創造價值並傳遞價值；輔助活動主要包括企業基礎設施、人力資源管理、技術開發和採購，這些輔助活動與特定的主要活動關聯，並支持著整個價值鏈。波特認為企業可以通過價值鏈來衡量競爭優勢，價值鏈是一個動態的價值創造過程，每項活動之間不相同但相互關聯。目前價值鏈分析法已被引入企業績效評價中，從價值活動中構建了企業績效評價指標，對企業績效進行評價。

（資料來源：波特. 競爭優勢［M］. 陳麗芳，譯. 北京：中信出版社，2014.）

第二節　杜邦財務分析法及應用

一、杜邦財務分析法概述

　　杜邦財務分析法，也稱杜邦分析體系、杜邦方法，是美國化工集團——杜邦集團從 20 世紀 20 年代開始使用的一種財務分析方法。杜邦財務分析法利用各財務指標之間的內在關係，對企業財務狀況及經濟效益進行綜合分析。這種系統性的分析方法主要側重於對公司財務管理中三個至關重要的方面的管理，分別是：營運管理、資產管理、資本結構。杜邦財務分析法展示了各個重要的財務數據之間的內在聯繫，也可以說是對資本回報率進行了進一步解析。開展負債經營，合理安排企業的資本結構，可以提高淨資產收益率。

　　杜邦分析法以淨資產收益率為核心，將其分解為三個不同但又相互聯繫的指標，即銷售淨利率、資產週轉率、權益乘數。這三個指標分別代表了對企業至關重要的三個方面的信息，即盈利能力、營運能力、財務槓桿。通過這種分析，使用者可以更加清晰地分析企業在這三個方面做得如何，同時避免因過分注重資產回報率而被單純的高資產回報率蒙蔽，以致不瞭解企業的真實價值。

　　例如，一個高資產回報率的企業有可能同時是債臺高築的企業，其原因是企業為了提高資產回報率而進行高槓桿經營，這種經營方式在外部因素良好的情況下，如央行實行低利率，行業處於朝陽產業進而被政府支持，上下游企業違約風險小，等等，由於財務槓桿效應，企業可以在直接投資很少的情況下大大提高其淨利潤。然而，在高槓桿情況下，一旦外部環境出現變化，對企業造成的不確定性是巨大的，如應收帳款降低 1 個百分點，在 5 倍槓桿的情況下企業淨利潤將會降低 5 個百分點，而在高額借款的情況下這將對企業造成極大的還款壓力。這種情況下，杜邦分析法將清晰地顯示這種風險，從而為利益相關者做出相對正確的判斷提供參考。

連結 7-4　　　　　　　　**杜邦分析法應用的原因**

關於公司的理財目標，歐美國家的主流觀點是股東財富最大化，日本等亞洲國家的主流觀點是公司各個利益群體的利益得到有效兼顧。從股東財富最大化這個理財目標，不難看出杜邦公司把股東權益收益率作為杜邦分析法核心指標的原因所在。在美國，股東財富最大化是公司的理財目標，而股東權益收益率又是反應股東財富增值水準最為敏感的內部財務指標，所以杜邦公司在設計和運用這種分析方法時就把股東權益收益率作為分析的核心指標。另外，由於存在委託代理關係，股東和經營者會存在委託代理衝突，委託人和代理人之間會建立一種有效的激勵和約束機制，在股東利益最大化的同時能實現經營者的利益最大化。在這種情況下，股東用杜邦分析主要關注權益收益率的大小，經營者則用杜邦分析法主要關注經營結果是否達到投資者要求的權益收益率，如果達到要求，經營者的收入、職位是否得到相應的回報。

(資料來源：MBA智庫百科.杜邦分析法[EB/OL].[2019-10-11].https://wiki.mbalib.com/wiki/杜邦財務分析體系.)

二、杜邦財務分析體系

杜邦分析法以淨資產收益率為核心指標，並層層分解至最基本的會計要素，全面、系統、直觀、綜合地反應公司的財務狀況。

$$淨資產收益率 = \frac{淨利潤}{平均淨資產} \times 100\%$$

$$= \frac{淨利潤}{平均總資產} \times \frac{平均總資產}{平均淨資產}$$

$$= 總資產淨利率 \times 權益乘數$$

$$總資產淨利率 = \frac{淨利潤}{平均總資產} \times 100\%$$

$$= \frac{淨利潤}{營業收入} \times \frac{營業收入}{平均總資產}$$

$$= 營業淨利率 \times 總資產週轉率$$

$$淨資產收益率 = 營業淨利率 \times 總資產週轉率 \times 權益乘數$$

因此，決定淨資產收益率高低的因素主要包括營業淨利率、總資產週轉率和權益乘數三個因素。在揭示出這幾組重要的關係後，還可以進一步往下層層分解，將企業的諸多方面都包含進去，形成一個綜合的分析體系，這稱為杜邦分析體系，如圖7-1所示。

```
                              淨資產收益率
                    ┌──────────────┴──────────────┐
                總資產收益率         ×          權益乘數
          ┌─────────┴─────────┐              1÷(1-資產負債率)
      營業淨利率  ×   總資產周轉率        ┌─────────┴─────────┐
      ┌────┴────┐   ┌────┴────┐      平均負債  ÷  平均資產
    淨利潤 ÷ 營業收入 ÷ 平均資產總額   流動資產+      流動資產+
                                      長期負債      非流動資產
```

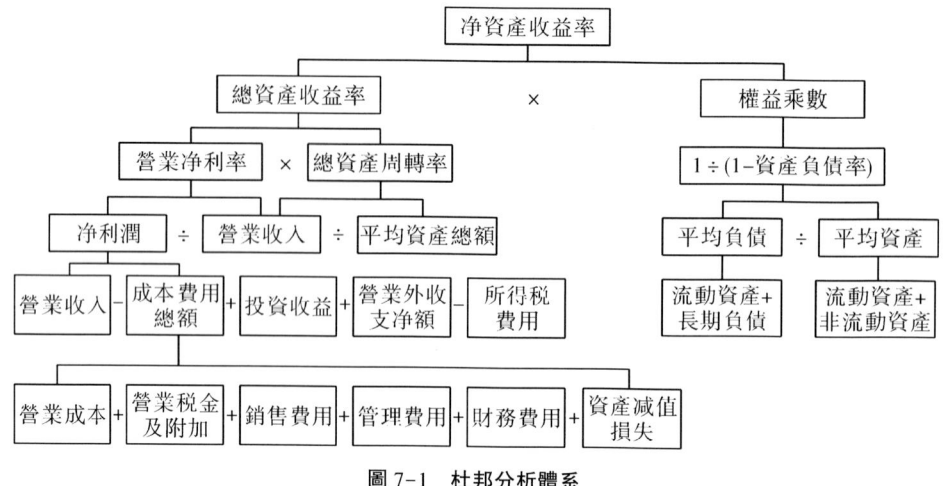

```
營業收入 - 成本費用 + 投資收益 - 營業外收 - 所得稅
          總額              支淨額      費用

營業成本 + 營業稅金 + 銷售費用 + 管理費用 + 財務費用 + 資產減值
          及附加                                        損失
```

圖 7-1　杜邦分析體系

杜邦分析體系為人們進行企業綜合分析提供了極具價值的財務信息。

（1）淨資產收益率是綜合性最強的財務指標，是企業綜合財務分析的核心。這一指標反應了投資者投入資本的獲利能力，體現了企業經營的目標。從企業財務活動和經營活動的相互關係上看，淨資產收益率的變動取決於企業的資本結構、資產營運能力和銷售獲利能力，所以淨資產收益率是企業財務活動效率和經營活動效率的綜合體現。

（2）總資產週轉率是反應企業營運能力最重要的指標，是企業資產經營的結果，是實現淨資產收益率最大化的基礎。企業總資產由流動資產和非流動資產組成，流動資產體現企業的償債能力和變現能力，非流動資產體現企業的經營規模、發展潛力和盈利能力。各類資產的收益性又有較大區別。所以，資產結構合理性以及營運效率是企業資產經營的核心問題，並最終影響企業的經營業績。

（3）營業淨利率是反應企業商品經營盈利能力最重要的指標，是企業商品經營的結果，是實現淨資產收益率最大化的保證。企業從事商品經營，目的在於獲利，其途徑只有兩條：一是擴大營業規模，二是降低成本費用。

（4）權益乘數反應了股東權益與資產總額之間的關係，在一定程度上能反應企業資本結構。同時它也是反應企業償債能力的指標，是企業資本經營即籌資活動的結果，它對提高淨資產收益率起到槓桿作用，即權益乘數越大，企業的負債程度越高。

三、杜邦財務分析法的應用

下面我們利用 A 公司資產負債表和利潤表中的基本數據，來進行杜邦分析，如圖 7-2 和圖 7-3 所示。

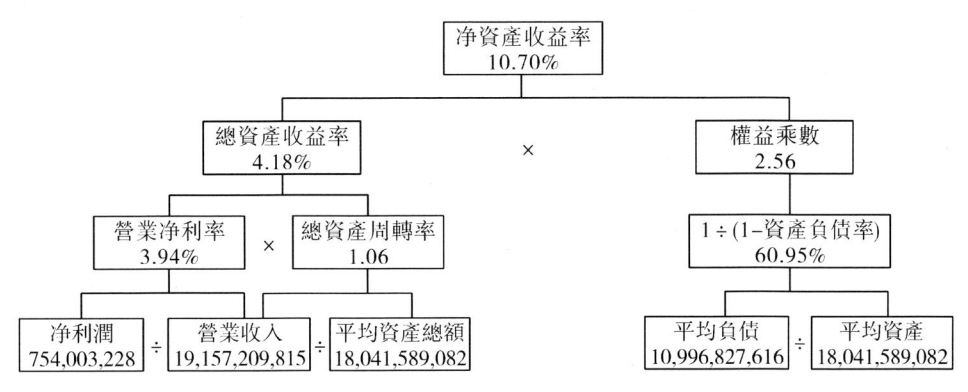

```
                    淨資產收益率
                       10.70%
            ┌─────────────┴─────────────┐
       總資產收益率              ×         權益乘數
          4.18%                            2.56
       ┌────┴────┐                    ┌─────┴─────┐
   營業淨利率  總資產周轉率           1÷(1-資產負債率)
     3.94%  ×    1.06                    60.95%
   ┌───┴───┐  ┌───┴───┐              ┌─────┴─────┐
  淨利潤  營業收入  平均資產總額       平均負債    平均資產
754,003,228 ÷ 19,157,209,815 ÷ 18,041,589,082  10,996,827,616 ÷ 18,041,589,082
```

圖 7-2　本年 A 公司杜邦分析

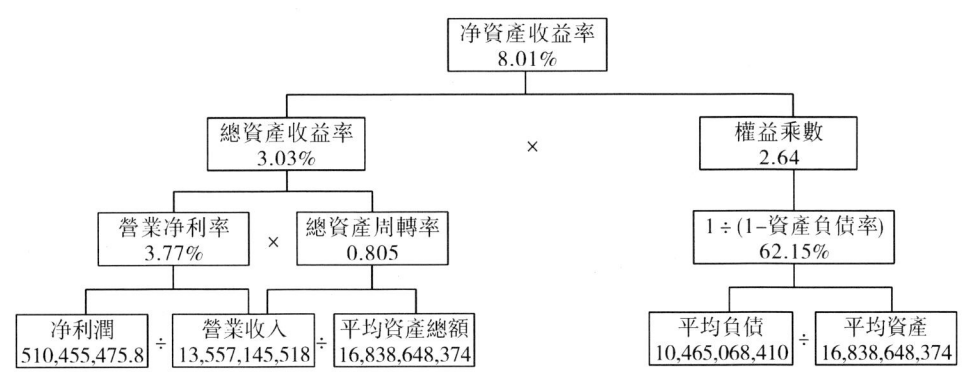

```
                    淨資產收益率
                       8.01%
            ┌─────────────┴─────────────┐
       總資產收益率              ×         權益乘數
          3.03%                            2.64
       ┌────┴────┐                    ┌─────┴─────┐
   營業淨利率  總資產周轉率           1÷(1-資產負債率)
     3.77%  ×    0.805                   62.15%
   ┌───┴───┐  ┌───┴───┐              ┌─────┴─────┐
  淨利潤  營業收入  平均資產總額       平均負債    平均資產
510,455,475.8 ÷ 13,557,145,518 ÷ 16,838,648,374  10,465,068,410 ÷ 16,838,648,374
```

圖 7-3　上年 A 公司杜邦分析

通過對比 A 公司上年和本年的杜邦分析圖，我們可以看出，本年 A 公司的淨資產收益率（10.70%）高於上年的淨資產收益率（8.01%）。自上往下看，本年的權益乘數低於上年，主要原因是資產負債率由上年的 62.15% 下降到本年的 60.95%，可見負債程度有所下降，財務槓桿減少，使淨資產收益率的增長幅度受限；另外，A 公司本年的總資產收益率為 4.18%，比上年總資產收益率 3.03% 增加了 37.95%，使得本年的淨資產收益率保持了增長的趨勢。進一步分析可以看出，A 公司營業淨利率由上年的 3.77% 上升為本年的 3.94%，增加了 4.5%；同時總資產週轉率由上年的 0.805 上升至本年的 1.06，增加了 31.68%。由此可見，A 公司淨資產利潤率的提升，一方面是由於營業淨利潤的稍微提高，另一方面是資產週轉率的大幅提升。可見，A 公司在本年提高資產利用率方面取得了顯著成就。

實踐證明，將企業不同期間杜邦分析的數據進行對比分析，可以從總體上把握企業重要財務比率的變化結果及原因，從而幫助管理人員及時發現原因並找到解決問題的出發點。

四、杜邦財務分析法的局限性

從企業業績評價的角度來看，杜邦分析法只包括財務方面的信息，不能全面反應企業的實力，有一定的局限性。在實際運用中，我們需要對此加以注意，必須結合企

業的其他信息加以分析。這主要表現在：

（1）忽視了對現金流量的分析。現金流量對企業財務風險的預計能力強於會計利潤，與來源於資產負債表和利潤表的會計指標項目相比，更能反應企業的盈利水準和盈餘質量。

（2）對短期財務結果過分重視，有可能助長公司管理層的短期行為，忽略企業長期的價值創造。

（3）財務指標反應的是企業過去的經營業績，衡量工業時代的企業是否能夠滿足要求。但在目前的信息時代，顧客、供應商、雇員、技術創新等因素對企業經營業績的影響越來越大，而杜邦分析法在這些方面是無能為力的。

（4）在目前的市場環境中，企業的無形資產對提高企業的長期競爭力至關重要，杜邦分析法卻不能解決無形資產的估值問題。

（5）傳統的杜邦分析體系利用了財務會計中的數據，但沒有充分利用內部管理會計系統的有用數據資料展開分析。企業要提高營業淨利率，擴大銷售是途徑之一，其根本途徑還是控制成本。內部管理會計系統能夠為成本控制提供更有利於分析的數據資料。

連結 7-5　　　　　　　　對杜邦分析體系的改進的探討

傳統杜邦分析體系的廣泛應用不斷引起學者深入探討的興趣，他們對傳統的杜邦分析體系進行了不同程度的拓展和引申，以促其繼續發展。

1. 引入發展能力指標的杜邦分析體系

美國哈佛大學教授 Krishna G. Pileup 認為傳統杜邦財務分析體系本身缺乏對企業長期發展的規劃。在其著作《企業分析與估價》中，他提出了在傳統杜邦分析體系的基礎上引入可持續增長率指標，並以此為核心進行逐級分解。但是改進的杜邦分析體系只新增了對發展能力的分析，缺乏對企業現金流狀況的考察，因此該體系仍有待進一步完善。

2. 引入槓桿因素的杜邦分析體系

美國波士頓大學教授 Zvi Bodie 等人在研究財務分析時，認為應將槓桿納入體系中進行分析，且同時分解銷售淨利率，並在其書《投資學》中提出將稅收和財務費用因素引入杜邦體系，組成「五因素模型」。該指標的分析有助於瞭解並調整企業資本結構的合理性，從而降低財務風險，增加企業利潤。但是「五因素模型」的一個缺陷是不能夠反應企業可持續發展能力，也不能夠反應企業的現金流狀況。李斌（2007）從以下兩個方面對傳統杜邦財務分析體系提出了完善的意見：

第一，在公式中採用息稅前利潤取代淨利潤，並用總資產息稅前利潤率與銷售息稅前利潤率代替總資產淨利率和銷售淨利率，利用息稅前利潤與銷售收入配比性使得該分析體系更加科學；第二，在公式中引入財務槓桿係數的倒數和所得稅稅率，從而更加全面地反應企業的債務成本以及財務風險，這是傳統體系中所忽視的。因此，傳統的杜邦財務分析體系可表示為：

$$淨資產收益率 = \frac{淨利潤}{股東權益}$$

$$= \frac{淨利潤}{銷售收入} \times \frac{銷售收入}{資產總額} \times \frac{資產總額}{股東權益}$$

$$= \frac{息稅前利潤}{銷售收入} \times \frac{銷售收入}{資產總額} \times \frac{(息稅前利潤-利息)\times(1-所得稅率)}{息稅前利潤} \times \frac{資產總額}{股東權益}$$

$$= \frac{銷售息稅前利潤}{銷售收入} \times 總資產週轉率 \times \frac{權益乘數}{財務槓桿係數} \times (1-所得稅率)$$

3. 引入成本形態的杜邦分析體系

王寧（2001）通過結合管理會計和財務會計的相關理論對傳統杜邦分析體系進行改進，研究出一種新的杜邦財務體系。其中權益淨利率有兩種分解形式：

權益淨利率 = 淨資產淨利率 × 權益乘數

　　　　 = 銷售淨利率 × 資產週轉率 × 權益乘數

　　　　 = 安全邊際率 × 貢獻毛利率 ×（1-所得稅率）× 資產週轉率 × 權益乘數

權益淨利率 = 資產淨利率 × 權益乘數

　　　　 = 銷售淨利率 × 資產週轉率 × 權益乘數

$$= \left(\frac{貢獻毛益率}{經營槓桿係數}\right) \times (1-所得稅率) \times 資產週轉率 \times 權益乘數$$

改進後的杜邦分析體系將成本明確區分為可控與非可控成本兩類，以便於事前預測與事中控制，同時增加了稅收對財務情況的影響。劉金山和盧雅婷（2010）提出改進的杜邦財務分析在實際應用中可以結合管理會計的相關理論，在引入成本性態後使得經過改進的體系具有預測利潤的功能。

4. 引入現金流的杜邦分析體系

鄭洪帖（2001）將現金流量信息引入杜邦分析體系，他將權益淨利率表示為資產現金回收率、資產淨利率與現金債務總額三者的乘積，並以這三者分別反應企業的營運水準、盈利水準和償債能力；洪潔（2013）提出，傳統的杜邦分析體系需要分析現金流量的相關信息，增加淨資產剩餘現金回收率可作為改進的進一步方向。

5. 引入上市公司指標的杜邦分析體系

餘宏奇（1999）的研究的貢獻在於將每股收益引入杜邦財務分析體系，使該體系能夠更加精確地評價上市公司的財務狀況。胡文獻、金式容和林峰（2004）以「每股收益」指標為核心指標提出一種針對上市公司的杜邦財務體系，用該體系反應上市公司盈利能力，並初步證實該體系在中國具有一定的實施可能性。

6. 其他杜邦分析體系

此外還有不少學者從其他角度對傳統杜邦分析體系進行了研究，並根據自身的研究成果提供了相應的改進意見。王艦、孫鳳娥和高紹偉（2008）針對 Excel 設計杜邦分析圖的種種缺陷，採用 Crystal Xcelsius 軟件實現杜邦分析體系的優化。分析結果表明，相對於 Excel 而言，該軟件構建的動態杜邦分析體系能夠幫助管理者更加深入地瞭解企業的經營和財務情況。

（資料來源：賴璐椋. 改進杜邦分析體系在萬科股份公司財務分析中的運用［D］. 南昌：江西財經大學，2016.）

第三節　沃爾評分法及應用

一、財務比率綜合分析概述

在進行財務分析時，人們遇到的一個主要困難就是，計算出財務比率之後，無法找到衡量其高低的標準。與本企業歷史比較，也只能看出自身的變化，卻難以評價其在市場競爭中的優劣地位。為了彌補這些缺陷，1928年亞歷山大・沃爾出版的《信用晴雨表研究》和《財務報表比率分析》中提出了信用能力指數的概念，他選擇了七個財務比率，即流動比率、產權比率、固定資產比率、存貨週轉率、應收帳款週轉率、固定資產週轉率和淨資金週轉率，分別給定各指標的比重，然後確定標準比率（以行業平均數為基礎），將實際比率與標準比率相比，得出相對比率，將此相對比率與各指標比重相乘，得出總評分，這就是沃爾評分法。它提出了綜合比率評價體系，把若干個財務比率用線性關係結合起來，以此來評價企業的財務狀況。

由於沃爾評分法將彼此孤立的財務指標進行了組合，做出了較為系統的評價，因此，其對評價企業的財務狀況具有一定的積極意義。但是由於現代企業與沃爾時代的企業相比，已發生了根本的變化，因此無論是指標體系的構成內容，還是指標的計算方法和評分標準，都有必要進行改進和完善。沃爾評分法最主要的貢獻就是將互不關聯的財務指標按照權重予以綜合聯動，使綜合評價成為可能。

二、沃爾評分法的基本步驟

運用傳統沃爾評分法對企業進行綜合分析的步驟如下：

（1）選擇評價企業財務狀況的財務比率指標，通常應選擇能夠說明問題的重要指標。一般認為，比率指標應涵蓋企業的償債能力、營運能力、盈利能力、發展能力等各方面，並從中選擇有代表性的重要指標。例如：

流動比率＝流動資產÷流動負債
產權比率＝負債÷淨資產
固定資產比率＝固定資產÷總資產
存貨週轉率＝營業成本÷存貨平均餘額
應收帳款週轉率＝營業收入÷應收帳款平均餘額
固定資產週轉率＝營業收入÷固定資產平均餘額
淨資產週轉率＝營業收入÷淨資產平均餘額

（2）根據各項財務比率的重要性程度的不同，分別確定其評分值，各項比率指標的評分值之和應等於100分。重要程度應根據企業的經營狀況、管理要求、發展趨勢及分析目的等具體情況而定。

（3）確定各項財務比率指標的標準值。財務指標的標準值一般可以行業平均數、企業歷史先進數、國家有關標準或者國際公認數為基準來加以確定。

（4）計算企業在一定時期內各項比率指標的實際值。各項比率指標實際值的計算見本書有關項目。

（5）求各指標實際值與標準值的比率，稱為關係比率或相對比率，公式如下：

$$關係比率 = 實際值/標準值$$

（6）對各項財務比率分別計分並計算綜合分數。

$$各項評價指標的得分 = 各項指標的評分值 × 關係比率$$

$$綜合分數 = \Sigma 各項評價指標的得分$$

（7）形成評價結果。在最終評價時，如果綜合得分大於或接近 100 分，則說明企業的財務狀況比較好；反之，則說明企業的財務狀況比同行業平均水準或者本企業歷史先進水準等要差。

三、沃爾評分法的應用

下面採用傳統沃爾評分法對 A 公司本年的財務狀況進行綜合評價，其中財務指標沿用沃爾評分法的傳統指標及其相應比重（見表 7-1），總和為 100 分，標準值參考行業平均值確定。計算過程如下：

表 7-1　A 公司本年沃爾比率計算表

序號	財務比率	比重 ①	標準值 ②	本年實際值 ③	關係比率 ④=③/②	指標得分 ⑤=④×①
1	流動比率	25	2	1.25	0.63	15.64
2	產權比率	25	1.50	1.34	0.89	22.33
3	固定資產比率	15	0.25	0.248,7	0.99	14.92
4	存貨週轉率	10	8	4.51	0.56	5.64
5	應收帳款週轉率	10	6	22.11	3.68	36.84
6	固定資產週轉率	10	4	4.50	1.13	11.26
7	淨資產週轉率	5	3	2.62	0.87	4.37
	得分值					111.00

從表 7-1 的沃爾評分計算結果來看，A 公司本年綜合評價得分為 111 分，說明公司的財務狀況較好。其中，應收帳款週轉率和固定資產週轉率超過標準值，是綜合評分較高的主要原因。值得關注的是，公司的存貨週轉率指標和流動比率指標均低於標準值，短期償債能力值得關注。

進一步，採用沃爾評分法對 A 公司和 B 公司上年、本年的財務狀況進行綜合評價對比，詳見表 7-2。

表 7-2　A 公司和 B 公司沃爾比率分析表

序號	財務比率	比重	標準值	A 公司			B 公司		
				本年	上年	前年	本年	上年	前年
1	流動比率	25	2	1.25	1.17	1.09	1.03	0.93	0.92
2	產權比率	25	1.50	1.34	1.80	1.46	4.22	3.16	2.44
3	固定資產比率	15	0.25	0.248	0.235	0.268	0.223	0.242	0.300
4	存貨週轉率	10	8	4.51	2.17	2.72	2.21	7.52	10.23

表7-2(續)

序號	財務比率	比重	標準值	A 公司			B 公司		
				本年	上年	前年	本年	上年	前年
5	應收帳款週轉率	10	6	22.11	17.00	9.90	4.63	4.77	5.25
6	固定資產週轉率	10	4	4.50	3.03	2.96	1.77	2.20	1.84
7	淨資產週轉率	5	3	2.62	2.00	1.96	2.05	2.22	1.90
	得分值	—	—	111.00	100.73	84.60	114.85	105.34	99.41

從表 7-2 的沃爾評分法綜合得分來看，B 公司三年的得分均高於 A 公司，並且二者得分差距逐年減少。分析具體指標，從產權比率來看，B 公司具有較大優勢，且 3 年指標連續提升並均高於 A 公司，這是 B 公司綜合評分高的主要原因。從存貨週轉率、固定資產比率指標來看，B 公司前年的指標得分高於 A 公司，隨後逐年下降，本年 A 公司反超 B 公司；在流動比率、淨資產週轉率指標上，A 公司三年總體上略高於 B 公司；而在應收帳款週轉率這一指標上，A 公司遠高於 B 公司，且差距不斷拉大，在本年更是達到了 4.77 倍的差距；A 公司的固定資產週轉率逐年提升，到本年達到 B 公司的 2.54 倍。綜合分析可以看出，A 公司的營運效率相對較高，但由於產權比率偏低，綜合評分結果並沒有特別的優勢，需要格外關注企業的財務風險。

四、沃爾評分法的局限性

在使用沃爾評分法進行綜合分析時，應注意到方法本身的局限性對評價結果的影響。首先，它未能證明為什麼要選擇這七個指標，而不是更多些或更少些，或者選擇別的財務比率。其次，它未能證明每個指標所占比重的合理性。最後，當某一個指標嚴重異常時，會對綜合指數產生不合邏輯的重大影響。這個缺陷是由相對比率與比重相「乘」而引起的。財務比率增加一倍，其綜合指數增加 100%；而財務比率減少一半，其綜合指數只減少 50%。

在實務中，有些指標可能在低於標準值時才代表理想值，因此，在指標選擇上，應注意評價指標的同向性，對於不同向的指標應進行同向化處理或選擇其他替代指標，例如資產負債率就可以用其倒數的值來代替。另外，當某一個指標值嚴重異常時，會對總評分產生不合邏輯的重大影響。例如，當某一單項指標的實際值超出標準值很高時，會導致最後總分大幅度增加，掩蓋了情況不良的指標，從而出現「一美遮百醜」的現象。因此，在實務運用時，可以設定各指標得分值的上限或下限，如按標準值的 1.5 倍確定分數上限，0.5 確定分數下限。值得注意的是，沃爾評分法在指標權重分配以及統計性數據收集時具有一定的主觀性，從而帶來數據的不準確性和粗糙性。

五、沃爾評分法的改進建議

針對沃爾評分法的局限性，為了使沃爾評分法能更科學、更全面合理地評價企業績效，本書提出了以下改進建議：

1. 評價指標的改進

評價指標應該全面、系統地反應企業真實情況。傳統沃爾評分法在指標選取方面，僅選取了流動比率、存貨週轉率等償債能力與營運能力指標，沒有考慮企業的盈利能力和發展能力。評價指標應當兼顧企業的償債能力、營運能力、盈利能力、發展能力。

評價指標要基於企業各項能力，可以涵蓋總資產收益率和銷售淨利率等盈利能力指標及營業收入增長率、總資產增長率等發展能力指標。

2. 各項指標賦值權重的改進

對於各項財務比率指標權重，我們要更謹慎、科學合理地在企業各項能力間進行分配，同時還要注意各指標之間的聯繫，同時可以選擇一些科學的方法，如層次分析法等，提高指標分配的合理性和科學性。

3. 評價標準計算方法的改進

為了減少個別指標異常對實得總分造成不合理的影響，我們需要採取一些技術措施進行調整。其中標準比率以本行業平均數為基礎，適當進行理論修正，也可以選擇競爭對手指標值、國際同行的指標值或根據預測財務報表計算的指標值作為標準值。在給每個指標評分時，設定評分值的上限（正常值的1.5倍或2倍）和下限（正常值的一半），以減少個別指標異常對總分造成不合理的影響。此外，給分時採用「加」和「減」的關係來處理，以克服當某一指標嚴重異常時，會對總評分產生不合邏輯的重大影響。具體得分計算可改進為以下方法：

每分比率＝（行業最高比率−標準比率）／（最高評分−評分值）

調整分＝（實際比率−標準比率）／每分比率

綜合得分＝評分值+調整分

第四節　經濟增加值評價體系及其應用

一、經濟增加值評價概述

經濟增加值（economic value added，EVA）是由美國學者 Stewart 提出，並由美國思騰思特諮詢公司（Stern Stewart & Co.）註冊並實施的一套以經濟增加值理念為基礎的財務管理系統、決策機制及激勵報酬制度。它是基於稅後營業淨利潤和產生這些利潤所需資本投入總成本的一種企業績效財務評價方法。

經濟增加值是指稅後淨營業利潤中扣除包括股權和債務的全部投入資本成本後的所得。該評價體系的核心是明確了資本投入的成本，只有企業的盈利高於其資本成本（包括股權成本和債務成本）時，企業才能創造價值。

經濟增加值＝稅後淨營業利潤−平均資本成本佔用×加權平均資本成本

其中：稅後淨營業利潤衡量的是企業的經營盈利情況；平均資本成本佔用反應的是企業持續投入的各種債務資本和股權資本；加權平均資本成本反應的是企業各種資本的平均成本率。

經濟增加值評價體系為企業業績評估提供了更好的評估標準。在現行經濟條件下，大多數企業外部籌資主要來源於股權籌資和債務籌資，兩種籌資方式都需要負擔較高的資本成本，傳統會計利潤條件下，大多數企業都是盈利的，但實際上很多企業的會計利潤明顯小於企業全部的資本成本，尤其是初創型企業。EVA 明確指出企業股權業績評價應當考慮包括企業股權成本和債務成本在內的企業所有的資本成本，進一步定義了股東利潤，使股東財富衡量更準確。

儘管經濟增加值的定義很簡單，但它的實際計算卻較為複雜。為了計算經濟增加值，需要解決經營利潤、資本成本和所使用的資本數額的計量問題，不同的解決辦法，形成了不同的經濟增加值。基本經濟增加值是根據未經調整的經營利潤和總資產計算的經濟增加值。披露的經濟增加值是利用公開會計數據進行十幾項標準的調整計算出來的，這種調整是根據公布的財務報表及其附註中的數據進行的。典型的調整項目包括研究與開發費用，戰略性投資，為建立品牌、進入新市場或擴大市場份額發生的費用，折舊費用。特殊的經濟增加值是為了使經濟增加值適合特定公司內部的業績管理，進行特殊的調整後得到的。真實的經濟增加值是對會計數據做出所有必要的調整，同時對公司中每一個經營單位都使用不同的更準確的資本成本，是公司經濟利潤最正確和最準確的度量指標。

二、經濟增加值的分類和計算

（一）基本經濟增加值

基本經濟增加值的計算分為四個步驟：
（1）稅後淨營業利潤的計算；
（2）資本成本的計算；
（3）資本成本率的計算；
（4）根據公式計算基本經濟增加值。計算公式如下：

基本經濟增加值＝稅後淨營業利潤－加權平均資本成本×報表總資產

基本經濟增加值的計算很容易。但是，由於「經營利潤」與「總資產」是按照會計準則計算的，它們歪曲了公司的真實業績，因此，基本經濟增加值相對於會計利潤是個進步，因為它承認了股權資金的成本。

（二）披露的經濟增加值

披露的經濟增加值是利用公開會計數據進行調整計算出來的，典型的調整項目有：
（1）研究與開發費用。經濟增加值要求將其作為投資並在一個合理的期限內攤銷。
（2）戰略性投資。會計方法將投資的利息（或部分利息）計入當期財務費用，經濟增加值要求將其在一個專門帳戶中資本化並在開始生產時逐步攤銷。
（3）為建立品牌、進入新市場或擴大市場份額發生的費用。會計方法將其作為費用立即從利潤中扣除，經濟增加值要求把爭取客戶的營銷費用資本化並在適當的期限內攤銷。
（4）折舊費用。會計方法大多使用直線折舊法處理，經濟增加值要求對某些大量使用長期設備的公司，按照更接近經濟現實的「沉澱資金折舊法」處理。前期折舊少，後期折舊多。

（三）特殊的經濟增加值

為了使經濟增加值適合特定公司內部的業績管理，還需要進行特殊的調整。這種調整要使用公司內部的有關數據，調整後的數值稱為「特殊的經濟增加值」。它是特定企業根據自身情況定義的經濟增加值，是「量身定做」的經濟增加值。它涉及公司的組織結構、業務組合、經營戰略和會計政策，以便在簡單和精確之間實現最佳的平衡。這裡的調整項目都是「可控制」的項目，即通過自身的努力可以改變數額的項目。

（四）真實的經濟增加值

真實的經濟增加值是公司經濟利潤最正確和最準確的度量指標。它要對會計數據做出所有必要的調整，並對公司中每一個經營單位都使用不同的更準確的資本成本。

三、簡化經濟增加值的衡量

國資委頒布的《中央企業負責人經營業績考核暫行辦法》中關於經濟增加值的相關規定如下：

（一）簡化的經濟增加值定義

經濟增加值是指企業稅後淨營業利潤減去資本成本後的餘額。

經濟增加值＝稅後淨營業利潤－資本成本
　　　　　＝稅後淨營業利潤－調整後資本×平均資本成本率
稅後淨營業利潤＝淨利潤＋（利息支出＋研究開發費用調整項－非經常性
　　　　　　　　損益調整項×50％）×（1－25％）
調整後資本＝平均所有者權益＋平均負債合計－平均無息流動負債－平均在建工程

（二）會計調整項目說明

（1）利息支出是指企業財務報表中「財務費用」下的「利息支出」。

（2）研究開發費用指企業財務報表中「管理費用」項目下的「研究與開發費」和當期確認為無形資產的研究開發支出。對於勘探投入費用較大的企業，經國資委認定後，將其成本費用情況表中的「勘探費用」視同研究開發費用調整項按照一定比例（原則上不超過50％）予以加回。

（3）無息流動負債是指企業財務報表中「應付票據」「應付帳款」「預收款項」「應交稅費」「應付利息」「應付職工薪酬」「應付股利」「其他應付款」和「其他流動負債（不含其他帶息流動負債）」；對於「專項應付款」和「特種儲備基金」，可視同無息流動負債扣除。

（4）在建工程在轉為固定資產交付使用前，沒有在本期給企業帶來利潤，金額太大會產生較大的資本成本，所以將財務報表中「在建工程」科目予以扣除。

（三）資本成本率的確定

在確定資本成本率時確認企業權益資本成本是一個難點，所以國資委參考長期貸款利率統一確定了：中央企業資本成本率為 5.5％，對軍工、發電等資產通用性較差的企業，資本成本率定為 4.1％。資產負債率在 75％以上的工業企業和 80％以上的非工業企業，資本成本率上浮 0.5 個百分點。

（四）其他重大調整事項

發生以下情況之一，對於企業經濟增加值考核產生重大影響時，國資委酌情予以調整：
（1）重大政策變化；
（2）嚴重自然災害等不可抗力因素；
（3）企業重組、上市及會計準則調整等不可比因素；
（4）國資委認可的企業結構調整等其他事項。

對於除中央企業之外的其他公司，經濟增加值會根據自身實際情況進行調整：除國資委規定之外還會涉及大型的受益期限較長的廣告費用、營業外收支、計提的各類資產減值準備、商譽攤銷、投資收益、遞延稅金等。

四、經濟增加值評價的優點和缺點

(一) 經濟增加值評價的優點

(1) 經濟增加值考慮了所有資本的成本，更真實地反應了企業的價值創造能力；實現了企業利益、經營者利益和員工利益的統一，激勵經營者和所有員工為企業創造更多價值；能有效遏制企業盲目擴展規模以追求利潤總量和增長率的傾向，引導企業注重長期價值創造。

(2) 經濟增加值不僅僅是一種業績評價指標，還是一種全面財務管理和薪金激勵體制的框架。經濟增加值的吸引力主要在於它把資本預算、業績評價和激勵報酬結合起來了。

(3) 在經濟增加值的框架下，公司可以向投資人宣傳他們的目標和成就，投資人也可以用經濟增加值選擇最有前景的公司。經濟增加值還是股票分析師手中的一個強有力的工具（便於投資人、公司和股票分析師之間的價值溝通）。

(二) 經濟增加值評價的缺點

(1) 它僅對企業當期或未來 1~3 年價值創造情況進行衡量和預判，無法衡量企業長遠發展戰略的價值創造情況；

(2) 經濟增加值的計算主要基於財務指標，無法對企業的營運效率與效果進行綜合評價；

(3) 不同行業、不同發展階段、不同規模的企業，其會計調整項和加權平均資本成本各不相同，計算比較複雜，影響指標的可比性（例如，處於成長階段的公司經濟增加值較少，而處於衰退階段的公司經濟增加值可能較高）。

(4) 計算十分複雜。計算經濟增加值時需要對會計科目進行調整，調整項目的多少直接影響計算結果的精確性。另外，股權資本成本的確定會受到多重因素影響，難以確定準確的資本成本。

本章小結

財務報表綜合分析是在財務能力單項分析的基礎上，將有關指標按其內在聯繫結合起來，從整體上，相互聯繫地全面評價企業的財務狀況及經營成果。常用的財務報表綜合分析方法有沃爾評分法、杜邦分析法和企業綜合績效評價。

沃爾評分法又稱綜合評分法，在財務報表分析中，它是在進行分析時，選定若干財務比率，將選定的財務比率指標用線性關係結合起來，並分別給定各自的分數比重，然後通過與標準比率進行比較，確定各項指標的得分及總體指標的累計分數，根據所得分數對企業某類或整體綜合的業績水準做出評價的方法。

杜邦分析法又稱杜邦財務分析體系，是利用幾種主要的財務比率指標之間的內在聯繫來綜合分析企業的財務狀況及經營績效的方法。該方法是以企業淨資產收益率為起點，將其分解為總資產淨利潤率與權益乘數的乘積，再將總資產淨利潤率分解為銷售淨利潤率與總資產週轉率的乘積，分析各指標間的相互影響作用關係，這樣有助於深入揭示企業獲利能力及權益乘數對淨資產收益率的影響。

经济增加值是以经济增加值理念为基础的财务管理系统、决策机制及员工的激励报酬制度。它是基於企业的税後营业利润和产生利润所需资本投入总成本的一种企业绩效财务评价方法。

本章重要术语

财务报表综合分析　　沃尔评分法　　杜邦分析法　　经济增加值

习题·案例·实训

一、单选题

1. 杜邦分析法的核心指标是（　　）。
　　A. 总资产净利率　B. 营业净利率　　C. 净资产收益率　D. 资产周转率

2. 某公司当年实现营业收入 3,800 万元，净利润 480 万元，总资产周转率为 2，则总资产净利率为（　　）。
　　A. 12.6%　　　　B. 6.3%　　　　C. 25%　　　　D. 10%

3. 夏华公司下一年度的净资产收益率目标为 16%，资产负债率调整为 45%，则其资产净利率应达到（　　）。
　　A. 8.8%　　　　B. 16%　　　　C. 7.2%　　　　D. 23.2%

4. 某企业的资产净利率为 20%，若产权比率为 1，则权益净利率为（　　）。
　　A. 15%　　　　B. 20%　　　　C. 30%　　　　D. 40%

5. 丙公司 2011 年的销售净利率比 2010 年提高 10%，权益乘数下降 5%，总资产周转次数下降 2%，那麼丙公司 2011 年的净资产收益率比 2010 年提高（　　）。
　　A. 2.41%　　　B. 4.42%　　　C. 8%　　　　D. 2.13%

6. 把若干财务比率用线性关系结合起来，以此评价企业信用水準的方法是（　　）。
　　A. 杜邦分析法　　　　　　　B. 沃尔评分法
　　C. 预警分析法　　　　　　　D. 经营杠杆系数分析

7. 下列指标中，不能用来计量企业业绩的是（　　）。
　　A. 投资收益率　　B. 经济增加值　　C. 资产负债率　　D. 现金流量

8. 某企业去年的营业净利率为 5.73%，资产周转率为 2.17，今年的营业净利率为 4.88%，资产周转率为 2.88。若两年的资产负债率相同，今年的净资产收益率相比去年，变化趋势为（　　）。
　　A. 下降　　　　B. 不变　　　　C. 上升　　　　D. 难以确定

9. 某公司 2014 年年末的产权比率为 75%。若该公司年度末的所有者权益为 40,000 万元，则该公司 2014 年年末的资产负债率为（　　）。

A. 45.95%　　　B. 48.72%　　　C. 50%　　　D. 42.86%
10. 某公司的總資產淨利率為10%，若產權比率為1.5，則淨資產收益率為（　　）。
　　A. 15%　　　B. 6.67%　　　C. 10%　　　D. 25%
11. B公司2014年年末的負債總額為120,000萬元，所有者權益總額為480,000萬元，則產權比率是（　　）。
　　A. 0.25　　　B. 0.2　　　C. 4　　　D. 5
12. 經濟利潤最正確和最準確的度量指標是（　　）。
　　A. 基本EVA　　　B. 披露的EVA　　　C. 特殊的EVA　　　D. 真實的EVA
13. 根據公司公開的財務報告計算披露的經濟增加值時，不需納入調整的事項是（　　）。
　　A. 計入當期損益的品牌推廣費　　　B. 計入當期損益的研發支出
　　C. 計入當期損益的商譽減值　　　D. 計入當期損益的折舊費用

二、多選題
1. 可以用來計算企業業績的財務指標有很多，包括（　　）。
　　A. 經濟增加值　　B. 現金流量　　C. 每股收益　　D. 市場價值
2. 從杜邦分析圖中可以發現，提高淨資產收益率的途徑有（　　）。
　　A. 使銷售收入增長高於成本和費用的增加幅度
　　B. 降低公司的銷貨成本或經營費
　　C. 提高總資產週轉率
　　D. 在不危及企業財務安全的前提下，增加債務規模，增大權益乘數
3. 依據杜邦分析法，當權益乘數一定時，影響淨資產收益率的指標有（　　）。
　　A. 營業淨利率　　B. 資產負債率　　C. 總資產週轉率　　D. 產權比率
4. 下列各項中，影響資產週轉率的有（　　）。
　　A. 企業所處行業　　B. 經營週期　　C. 管理力度　　D. 資產構成
5. 對企業財務報表進行綜合分析，採用杜邦分析體系時，主要分析了企業的（　　）。
　　A. 綜合能力　　B. 盈利能力　　C. 營運能力　　D. 償債能力
6. 下列各項中，與淨資產收益率密切相關的有（　　）。
　　A. 營業淨利率　　B. 總資產週轉率　　C. 總資產增長率　　D. 權益乘數
7. 下列關於杜邦體系的說法，正確的有（　　）。
　　A. 杜邦分析體系通過建立新指標進行全面分析
　　B. 杜邦分析體系是通過相關財務比率的內在聯繫構建的綜合分析體系
　　C. 杜邦分析體系的核心指標是淨資產收益率
　　D. 對杜邦分析體系進行比較分析不僅可以發現差異，而且可以分析差異產生的具體原因
8. 計算披露的經濟增加值時，下列各項中，需要進行調整的項目有（　　）。
　　A. 研究費用　　　　　　B. 爭取客戶的營銷費用
　　C. 資本化利息支出　　　D. 折舊費用

9. 根據公司公開的財務報告和公司內部的有關數據計算特殊的經濟增加值時，需納入調整的事項有（　　）。
    A. 通過自身的努力可以改變數額的項目
    B. 計入當期損益的爭取客戶的營銷費用
    C. 對會計數據做出所有必要的調整
    D. 每一個經營單位基於各自不同的風險的資本成本

三、判斷題

1. 綜合分析可以分為流動性分析、盈利性分析及財務風險分析等部分。（　　）
2. 杜邦分析法的最核心指標是淨資產收益率。（　　）
3. 在其他條件不變的情況下，權益乘數越大，則財務槓桿系數作用就越大。（　　）
4. 在總資產利潤率不變的情況下，資產負債率越高，淨資產收益率越低。（　　）
5. 流動資產週轉率屬於財務績效定量評價中評價企業資產質量的基本指標。（　　）
6. 依據杜邦分析原理，在其他因素不變的情況下，提高權益乘數，將提高淨資產收益率。（　　）
7. 營業週期越短，資產流動性越強，資產週轉相對越快。（　　）
8. 權乘數的高低取決於企業的資本結構，負債比重越高，權益乘數越低，財務風險越大。（　　）
9. 產權比率就是負債總額與所有者權益總額的比值。（　　）
10. 財務報表分析主要為投資人服務。（　　）

四、綜合分析題

R公司近兩年有關財務數據資料見表7-3，請運用杜邦財務分析體系對其本年的財務狀況進行綜合評價。

表7-3　R公司近兩年的財務數據　　　　單位：萬元

項目	上年	本年
總資產平均餘額	575,411.5	566,611
負債平均餘額	112,558	119,536.5
淨資產平均餘額	462,853.5	447,074.5
營業收入	221,673	242,100
淨利潤	108,745	27,478
營業成本	180,154	183,001
銷售費用	14,840	23,566
管理費用	11,228	12,702
財務費用	61	1,887
全部成本	206,283	221,156

連結 7-6

第七章部分習題答案

一、單選題
1. C　　2. C　　3. A　　4. D　　5. A　　6. B　　7. C　　8. C
9. D　　10. D　　11. A　　12. D　　13. C

二、多選題
1. ABCD　　2. ABCD　　3. AC　　4. ABCD　　5. BCD
6. ABD　　7. BCD　　8. ABD　　9. AB

三、判斷題
1. √　　2. √　　3. √　　4. ×　　5. ×
6. √　　7. √　　8. ×　　9. √　　10. ×

四、綜合分析題

R 公司的財務比率指標如表 7-4 所示。

表 7-4　財務比率計算表

項目	上年	本年
淨資產收益率	23.49%	6.15%
權益乘數	1.243	1.268
資產負債率	19.565%	21.10%
總資產淨利潤率	18.90%	4.85%
營業淨利潤率	49.06%	11.35%
總資產週轉率	0.385	0.427

參考文獻

[1] 張新民, 錢愛民. 財務報表分析 [M]. 4 版. 北京: 中國人民大學出版社, 2017.

[2] 王淑萍. 財務報告分析 [M]. 4 版. 北京: 清華大學出版社, 2016.

[3] 王化成. 財務報表分析 [M]. 4 版. 北京: 清華大學出版社, 2016.

[4] 胡玉明. 財務報表分析 [M]. 大連: 東北財經大學出版社, 2012.

[5] 李克紅, 薄雪萍. 財務分析 [M]. 北京: 清華大學出版社, 2018.

[6] 田秋娟, 童立華, 週日謙. 財務分析 [M]. 上海: 立信會計出版社, 2018.

[7] 吳世農, 吳育輝. CEO 財務分析與決策 [M]. 2 版. 北京: 北京大學出版社, 2013.

[8] 池國華. 財務分析 [M]. 上海: 立信會計出版社, 2018.

[9] 倪明輝. 財務報表分析 [M]. 北京: 機械工業出版社, 2016.

[10] 劉國峰, 馬四海. 企業財務報表分析 [M]. 北京: 機械工業出版社, 2016.

[11] 趙秀芳, 胡素華. 財務分析 [M]. 大連: 大連理工大學出版社, 2018.

[12] 劉文國, 王純. 上市公司財務報表分析 [M]. 上海: 復旦大學出版社, 2012.

[13] 趙靜. 格力電器的財務報表分析及發展對策建議 [J]. 商業會計, 2018 (4): 103-105.

[14] 吳有慶. 基於財務分析角度對利潤表的思考 [J]. 會計之友, 2015 (11): 29-31.

[15] 夏青. 現金流量表在企業財務管理中的地位及應用 [J]. 財經界 (學術版), 2017 (23): 555-556.

[16] 韓飛. 現金流量表分析與應用研究 [J]. 會計師, 2019 (10): 8-9.

[17] 弗里德森. 財務報表分析 [M]. 4 版. 北京: 中國人民大學出版社, 2016.

[18] 弗雷澤, 奧米斯頓. 財務報表解析 [M]. 9 版. 北京: 北京大學出版社, 2013.

[19] 雷淑琴. 上市公司現金流量質量分析: 以一汽夏利為例 [J]. 商業會計, 2019 (4): 41-42.

［20］楊孝安，何麗婷. 財務報表分析［M］. 北京：北京理工大學出版社，2017.

［21］唐松蓮. 財務報表分析與估值［M］. 上海：華東理工大學出版社，2017.

［22］謝志琴，武俠. 公司財務報表分析［M］. 北京：北京理工大學出版社，2016.

［23］梁畢明，徐芳奕，陳鳳霞. 財務分析［M］. 北京：高等教育出版社，2016.

［24］趙和喜，梁畢明. 財務分析［M］. 北京：高等教育出版社，2018.

［25］徐芳奕，梁畢明，陳鳳霞. 財務分析習題與案例［M］. 北京：高等教育出版社，2017.

［26］KAPLAN R S, NORTON D P. Using the balanced scorecard as a st-rategic management system［J］. Harvard Business Review，1996（1）：1-2.

［27］波特. 競爭優勢［M］. 陳麗芳，譯. 北京：中信出版社，2014.

［28］PALEPU K G, HEALY P M, BERNARD V L. Business analysis and valuation：using financialstatements［M］. 北京：高等教育出版社，2005.

［29］LI J, MERTON R C, BODIE Z. Do a firm's equity returns reflect the risk of its pension plan?［J］. Journal of Financial Economics，2006（1）：237-243.

［30］週日穎. 運用杜邦分析法對企業財務報表綜合分析［J］. 化工技術經濟，2004（3）：19-21.

［31］熊楚熊. 財務報表綜合分析［J］. 財務與會計，2009（20）：59-60.

附錄 | 財務報表分析實訓使用模板（參考模板）

財務報表分析實訓使用模板（參考模板）

財務報表分析理論與實務

作　　者：洪潔，趙昆 著	**國家圖書館出版品預行編目資料**
發 行 人：黃振庭	財務報表分析理論與實務 / 洪潔，趙昆著 . -- 第一版 . -- 臺北市：財經錢線文化事業有限公司，2020.11　面；　公分　POD 版　ISBN 978-957-680-485-4(平裝)　1. 財務報表 2. 財務分析　495.47　109016914

出 版 者：財經錢線文化事業有限公司
發 行 者：財經錢線文化事業有限公司
E - m a i l：sonbookservice@gmail.com
粉 絲 頁：https://www.facebook.com/sonbookss/
網　　址：https://sonbook.net/
地　　址：台北市中正區重慶南路一段六十一號八樓 815 室
　　　　　Rm. 815, 8F., No.61, Sec. 1, Chongqing S. Rd., Zhongzheng Dist., Taipei City 100, Taiwan (R.O.C)
電　　話：(02)2370-3310
傳　　真：(02) 2388-1990
總 經 銷：紅螞蟻圖書有限公司
地　　址：台北市內湖區舊宗路二段 121 巷 19 號
電　　話：02-2795-3656
傳　　真：02-2795-4100
印　　刷：京峯彩色印刷有限公司（京峰數位）

官網

臉書

- 版權聲明 -
本書版權為西南財經大學出版社所有授權崧博出版事業有限公司獨家發行電子書及繁體書繁體字版。若有其他相關權利及授權需求請與本公司聯繫。

定　　價：550 元
發行日期：2020 年 11 月第一版
◎本書以 POD 印製

提升實力 ONE STEP GO-AHED

會計人員提升成本會計實戰能力

透過 Excel 進行成本結算定序的實用工具

您有看過成本會計理論,卻不知道如何實務應用嗎?
您知道如何依產品製程順序,由低階製程至高階製程採堆疊累加方式計算產品成本?

【成本結算工具軟體】是一套輕巧易學的成本會計實務工具,搭配既有的 Excel 資料表,透過軟體設定的定序工具,使成本結轉由低製程向高製程堆疊累加。《結構順序》由本工具軟體賦予,讓您容易依既定《結轉順序》計算產品成本,輕鬆完成當期檔案編製、產生報表、完成結帳分錄。

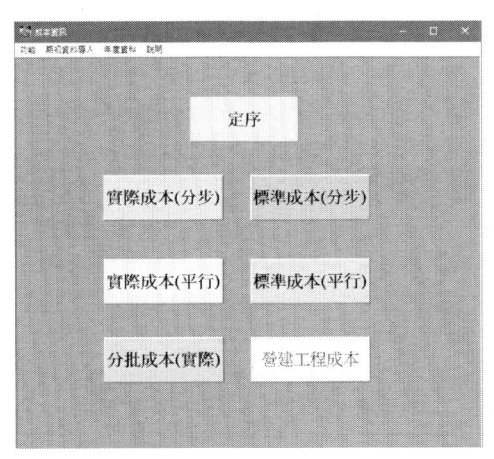

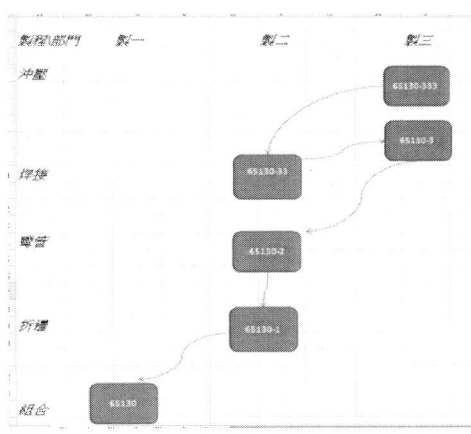

【成本結算工具軟體】試用版免費下載:http://cosd.com.tw/

訂購資訊:

成本資訊企業社 統編 01586521

EL 03-4774236 手機 0975166923 游先生

EMAIL y4081992@gmail.com